深圳大学学术著作出版基金资助出版

城市文脉丛书

德国工业旅游与工业遗产保护

吴予敏 陶一桃 主编

刘会远 李蕾蕾 著

图书在版编目（CIP）数据

德国工业旅游与工业遗产保护/吴予敏,陶一桃主编;刘会远,李蕾蕾著.—北京：商务印书馆，2007（2021.9 重印）
（城市文脉丛书）
ISBN 978-7-100-05734-9

I. 德… II. ①吴… ②刘… III. 工业建筑—文化遗产—德国 IV. TU27

中国版本图书馆CIP数据核字(2007)第003863号

城市文脉丛书
德国工业旅游与工业遗产保护
吴予敏　陶一桃　主编
刘会远　李蕾蕾　著

商务印书馆出版
(北京王府井大街36号　邮政编码 100710)
商务印书馆发行
北京中科印刷有限公司印刷
ISBN 978-7-100-05734-9

2007年12月第1版　　开本 787×960 1/16
2021年9月北京第2次印刷　　印张 20 1/4

定价：118.00 元

目　录

附　录

致读者

在20世纪的第一次世界大战后，源于启蒙运动的现代化精神在欧美的现代主义运动中重获生机。第二次世界大战后，伴随着福特主义的大规模生产和大规模消费，在都市更新的口号下，西方的大都市里一片片单纯强调功能性和现代精神的现代主义建筑冒了出来。

现代主义建筑流派的代表人物柯布西耶曾自豪地宣布：一个伟大的纪元开始了，一种新的精神出现了，……在这个破旧立新的时代里，建筑学的第一要义，就是改变价值取向。改变其作为房屋的组成要素的价值取向……我们必须创立一种大规模的生产的精神，一种建筑大规模房产的精神。一种居住于大规模建造的房屋里的精神，一种设计大规模房产的精神[1]。

柯布西耶的观点来自笛卡尔。笛卡尔说：历史上出现的古老城市，无多少可取之处。它们的建筑规划混乱，大部分东西只是出于巧合，细节上歪歪扭扭，整体上比例失调。当然，在城市中央会有一些好房子，但城市的整体却极为糟糕。

笛卡尔接着提供了相反的景观，他说：有些城市是那么不同啊！它们由工程师建造，在自由的空间里进行着自由的设计，一切比例均合乎均衡的尺度，整体上具备完美的秩序[2]。

然而，笛卡尔如果活到柯布西耶的时代，看到现代建筑追求大工业时代的标准化、大规模，对功能主义的追求"最终变成了富丽堂皇的形式主义和令人震惊的单一主义"。看到现代建筑的这种形式主义"迎合一种'几何学的数学矩阵'"，却忘了"美的精神"，"甚至更糟，它歧视美的精神，将之摒弃出去"[3]。看到理想中"均衡的尺度"、"完美的秩序"变了形，看到单调的现代建筑对古老城镇造成的建设性破坏，笛卡尔又会有何感想呢？被人们感受到了的空间已不再是独特事物的集合，而是

1. 勒·柯布西耶：《走向新建筑》，巴塔沃斯出版社，1987年，转引自《重构美学》（上海世纪出版集团，2006年，第127页）。

2. 笛卡尔："论方法"，载《笛卡尔哲学文集》，英译本，第1卷，剑桥，1985年，第111–115页。

3. 沃尔夫冈·韦尔施著，陆扬译：《重构美学》，上海世纪出版集团，2006年，第129页。

向被征服的地球所能到达的同质性延伸。

社会主义阵营的领袖们对社会主义新城市的描述与笛卡尔、柯布西耶有许多相似之处，相比之下改革开放前的中国只是更注重节约（然而"多快好省"其实是一种最彻底的功能主义，如果把浮夸之类的不正之风排除在外的话），改革开放后中国的"新造城运动"则比柯布西耶有过之而无不及。

1990年11月，谷牧同志给深圳大学《世界建筑导报》参与编辑的一本建筑画册题词："美的建筑是人类智慧和创造精神的丰碑，她是无声的音乐、无言的史诗。"[1]这篇题词没有"成绩是主要的"、"要再接再厉"之类的官话套话，而是自顾自地谈看法，让大家自己去理解。此时谷牧同志已离开国家建委的岗位多年，改革开放后他在国务院主要分管引进外资、创办特区等工作。题词时他已退居二线，不便对60年代初他所领导的"设计革命"（因替代了设计领域的"四清运动"而被认为有政治智慧，曾得到党内领导层一致支持）作公开的反思，但从他对美的强调、对人类智慧和创造精神的强调中，我们可以感受到他强烈地想找回一些什么。

曾经看起来势不可当的以建筑中的功能主义、艺术中的抽象主义为代表的现代主义逐渐走到了自己的反面，人们开始厌倦抽象的、全无装饰的现代主义所谓国际风格建筑，并怀念传统的有地方风格的建筑语言。有些自以为是的、甚至不考虑市民和居住者要求的现代主义建筑师，连同他们的作品一起受到人们的唾弃[2]。

作为一种与现代主义对抗或对现代主义进行改造的现象，从20世纪中叶开始，出现了一种强调"后现代的感受性"的潮流。后现代主义是一个庞杂的思潮，其中的一些流派是我们难以认同的。然而，"后现代古典主义"和"文理主义"强调新的建筑应该既适应都市的文脉，又拓展都市的文脉；强调建筑或城区设计要充分考虑建筑语言的历史延续性和环境协调性，亦即时空两方面的"文理"，同时注重居住者和市民"参与设计"[3]，却给了我们有益的启示。

在我国，2004年冯骥才先生发表于《现代城市研究》1月号的文章"中国城市的

---

1. 谷牧为《中国建筑四十年》题词，同济大学出版社，香港欧亚经济出版社，1992年。

2. 圣路易斯对一个住宅区部分建筑的爆破清除，被詹克斯称为现代建筑之死："它（现代建筑）在被简·雅各布斯等批评家残酷无情地鞭挞而死的十年之后，于1972年最终彻底寿终正寝了。……当臭名昭著的普鲁埃特—伊格厄住宅区，抑或准确地说是其几处地段，由炸药给予最后仁慈的一击时，现代建筑在密苏里州圣路易斯于1972年7月15日下午3点32分（抑或大约在此时辰）死去了。"

3. 玛格丽特·A.罗斯著，张月译：《后现代与后工业》，辽宁教育出版社，2002年，第134页。

再造——关于当前的‘新造城运动’”擎起了保护城市文脉的大旗，我校刘会远、李蕾蕾、刘丽川几位老师，研究生许新华、唐修俊、李冰和本科生杨杏玲、韩豪、丁夏等同学积极响应，掀起了一场讨论。刘会远在与冯骥才先生的商榷文章中提出应拓展文化遗产的概念，把有代表性的工业遗产也纳入冯先生所呼吁保护的文化遗产范围内，刘会远、李蕾蕾在《现代城市研究》发表的连载文章“德国工业旅游面面观”提供了很好的例证。德国的成功案例说明：曾经经历过工业化的城镇，应将有代表性工业遗产（及相应的工业旅游活动）作为编织城市纹理、延续城市文脉的重要环节予以重视。

正如章必功校长在序中所说的，我校刘会远等学者对文脉的追寻（与西方一些后现代理论家不同）带有为发展社会主义现代化而完善制度环境、人文环境的追求，也许这正切中了时代的脉搏。的确，体现着城市文脉的“场所”对说明相互作用的“情境”和潜在制度的固定性是很重要的。刘会远、李蕾蕾在《德国工业旅游与工业遗产保护》一书第三部分对德国工业景观人文内涵的分析就指出，空间规训等制度设计值得中国借鉴。后现代思想家指出，在大工业时代，地方被过分注重整体性的现代文化所忽视，而今天随着后工业社会和信息时代的到来，创新正把“创造的中心”从一个自上而下的方向转变为自下而上的过程。呵护着地方文脉并保留着情境知识的地方，往往在社会创新中能够自下而上地异军突起。我们真诚地希望，面临“造城运动”同质性延伸所带来（或将带来）的建设性破坏，对我国都市文脉的追寻和深入探讨的工作应进一步抓紧进行。

商务印书馆计划将近几年在《现代城市研究》杂志关于保护城市文脉的讨论文章结集出版《追寻文脉　追求和谐》一书，同时出版刘会远、李蕾蕾在连载文章基础上补充修改而成的《德国工业旅游与工业遗产保护》。我校章必功校长为这两本书一并写了序，并支持我校传播学院、经济学院联合其他院所发挥我校作为一所综合性大学进行跨学科研究的优势，在这两本书的基础上发展出一套“城市文脉丛书”。

我们二位现在只是丛书编委会的召集人，编委会名单附后。我们建议本丛书不一定每一期都由主编组稿，可视具体情况由不同学科背景的编委做执行主编。

感谢商务印书馆和《现代城市研究》杂志社的大力支持！

“城市文脉丛书”编委会召集人

深圳大学传播学院院长　吴予敏

深圳大学经济学院院长　陶一桃

2007年10月

"城市文脉丛书"编委会

致　　谢

谨利用本书出版的机会，特向给予我们认真指导、帮助和支持的科隆大学苏迪德教授(Dietrich Soyez)和德国学术交流中心（DAAD）表示诚挚的谢意！并对本书提到的所有热情接待了我们的德国有关单位和个人（包括各个工业旅游景点的管理部门）表示衷心感谢！

刘会远　李蕾蕾

2007年10月

序　一

（代总序）

凝聚了南京《现代城市研究》杂志社和深圳大学多名师生及众多作者心血的两本书《德国工业旅游与工业遗产保护》与《追寻文脉　追求和谐》就要由商务印书馆出版了，我应邀为这两本书一并写序。

《追寻文脉　追求和谐》一书记录了我国文人为保护城市的文脉而进行的一场大讨论的脉络。《现代城市研究》杂志在2004年1月号发表了著名作家冯骥才“中国城市的再造——关于当前的‘新造城运动’”一文后，我校刘会远、刘丽川等教师和徐新华等研究生（还有几名本科生）积极响应[1]，在这家专业杂志上推动展开了一场追寻城市文脉，并对造城运动进行反思的大讨论。这场讨论很有历史意义，并取得了重要的实际效果。如我校研究生唐修俊（在其导师刘会远授意下）在2004年5月号的文章呼吁上海办世博不要拆掉硕果仅存的洋务运动遗迹江南造船厂（原为李鸿章创办的江南制造局），而是保留这一重要历史遗迹、重新开发利用其工业建筑来为世博服务。第二年3月上海一批政协委员也提出了相同内容的提案，并终于被上海市政府采纳。若按投稿时间算，唐修俊的倡议比上海同类提案早了将近一年，虽时间有先后，总归是英雄所见略同，我为深大研究生能进行具前瞻性的研究而感到自豪，而唐修俊的导师刘会远连续六篇文章（“也谈造城运动”之4、5、6、7、8、9）为上海世博会出主意，其中大量回顾历史，表面看来有些偏离《现代城市研究》杂志的专业范围，实际上是作者在苦心为号称“海派”的上海——这个中国最大的沿海城市理清“海洋文化”的文脉。

刘、唐师生还很默契地呼吁北京保留通惠河边的北京市第一机床厂工业建筑，并将

---

1. 我校同学在校内学生办的报纸上也展开了一场讨论，其中经济学院杨杏玲、管理学院韩豪、建筑学院丁夏三名本科生的文章也被《现代城市研究》刊用，他们的文章虽然没有被收入本书，但他们强烈的责任感和书生意气仍然给我们留下了深刻的印象。

其最大的厂房改造成运河博物馆，这也是很有创意的想法。今天中国经济的高耗能其实有一半能源是消耗在大拆大建的造城运动中的（包括钢材、水泥等各种建材的生产），若保留一些坚固的工业建筑并重新开发利用，不但大大节约了能源及各种资源，而且能使后人看到城市发展的脉络，这是值得提倡的。但不知什么原因刘、唐的呼吁（与上海比）在北京没有得到响应，也许是倡议的时间太晚，来不及改变计划了。不过我们从北京798厂等工业建筑得到了保留并开辟成了创意产业园来看，政府的观念也跟着文化人对文脉的追求在逐渐变化。

而刘会远、吕勇、饶志峰（研究生）、段杰的近作《区域中心城市的建设要兼顾区域的经济文化特色》是这场大讨论沉寂了一阵之后的一次有力的再爆发，其对深圳城市发展的建议相信会引起政府的重视。在这篇文章中作者们比较成熟地运用了西方关于现代性与后现代性的一些理论。

西方现代主义的建筑和城市规划因过于强调功能性而逐渐暴露出一些问题。于是“后现代主义抛弃了现代主义对现存骚动中的内在意义的追求，以建构起来的关于历史连续性和集体记忆的观点，坚持一种更加广泛的永恒的基础”[1]。我与刘会远、吕勇年龄差不多，我们这代人永远不会忘记在“文化大革命”的彷徨中，当周总理在四届人大宣布要为实现四个现代化而奋斗时，我们的心情是多么的激动而复杂。这两本书中的主要作者之一刘会远尽管以很大的热情支持后现代主义的“追寻文脉”，但他的语言仍不可避免地带有现代主义宏大叙事的风格。他在现代性与后现代性矛盾对立的张力场中游走，形成了自己独特的风格。而且我的解读——刘会远等作者对文脉的追寻（与西方一些后现代理论家不同的是）带有为发展社会主义现代化而完善制度环境、人文环境的追求，也许这正切中了时代的脉搏。因为中国有后发优势，我们可以在实现现代化的过程中，避免现代主义的问题，提前吸收后现代性的营养，保护城市的文脉，使我们的城市发展得更加和谐、更加适合各个阶层的市民的需要。我想这也正是《现代城市研究》杂志这场大讨论的意义所在。

《德国工业旅游与工业遗产保护》一书，是我校刘会远、李蕾蕾二位作者将他们在《现代城市研究》杂志连载的12篇文章以及主要由他们撰写的电视片《德国工业旅游》解说词等结集出版（他们带的区域经济和传播学的研究生唐修俊、李冰、何峻涛参与了其中

---

1. 戴维·哈维，阎嘉译：《后现代的状况——对文化变迁之缘起的探究》，商务印书馆，2004年，第113页。

部分写作)，由我校传播学院吴予敏院长和经济学院陶一桃书记主编(计划发展出一套丛书)，反映了我校跨学科研究工业旅游与工业遗产保护的实力。刘会远在关于文脉的大讨论中，修正和补充了冯骥才先生的观点，呼吁把有代表性的工业遗产也纳入冯先生的文化遗产保护事业中，这本书的出版为刘会远的呼吁提供了有力佐证。

可贵的是两位作者不仅全面介绍了德国工业旅游与工业遗产保护方面的经验，使中国刚刚开展的工业旅游与工业遗产保护事业得到了一些可以参照的样板，而且还努力挖掘德国工业旅游景点的人文内涵。由于中国正处于工业化的中期阶段，刘会远、李蕾蕾提醒我们：要真正全面实行工业化，我们在制度建设、职业道德的培养等方面还有不少路要走。同时他们对德国逆工业化时期一些经验教训的总结也告诉我们，保护有代表性工业遗产并合理地开发利用是有利于经济转型的。这些使他们的著作超出了旅游专业的局限而具有经济学、社会学、人文地理学、历史学等人文学科的价值。

感谢《现代城市研究》编辑部为深大师生的学术研究提供了一个很好的园地！感谢商务印书馆出版《德国工业旅游与工业遗产保护》、《追寻文脉　追求和谐》这两本有价值的学术著作！

深圳大学校长 章必功

2007.10.8

序　二

由好奇、自豪、甚至面对工业技术时所产生的敬畏而点燃的工业旅游，如同工业本身一样，存在了很长时间。但是，工业遗产旅游却是一个非常晚近的现象，它显然是老工业化国家在逆工业化过程中，特别是1970年代以来的欧洲所触发的。在这一时期，不仅该领域的专家，例如英国的工业考古学家，而且更广泛的一般公众开始意识到，各种见证了19—20世纪工业化发展的有形和无形之物正在消失。

这种对过去工业日益增长的理解和欣赏，在德国甚至引发了一种显著的价值转向，出现了一个新词：工业文化（德语叫Industriekultur），现在它已变成日常用语。这说明，工业现在第一次在其发展历史中，不仅被广泛地当作是纯粹的技术事实，而且是我们文化整体的一部分。各种新出现的名牌工业世界已经成为最有吸引力的旅游目的地，成为这一发展进程中最新近的一个标志。

本书最全面地反映和分析了这一过程的结果以及它们的旅游、经济和文化含义。本书丰富的文字、照片、视频文献以及学术描述和反思，将给中国读者提供一个绝好的机会，去理解这一演化过程，从而得出具有潜在比较意义和不同发展的中国人自己的结论。

作者们的最初动机来自于2002年早期的德国考察计划，自那以来，作者们连续在学术界，特别是地理学界和规划界以及中国其他兴趣社群开展研究报告，获得高度赞赏。他们如同所有先行者一样，肩负着巨大的经济和声誉风险，探索这一至少在亚洲尚未明了的“版图”。他们现在能够获得丰厚的收获，为这一广泛而新兴的跨学科领域作出了充分的贡献，让更多的人了解这一领域，同时激发了并正在激发大量学术、政府和个人，关注工业遗产及其旅游和教育价值。

如此说来，还有许多工作需要完成：如同在世界的每一地方，而不只是德国和欧洲其他国家，有关工业事实的表征仍然是不完全的——除了采矿和钢铁工业外，未来还有许多其他部门值得关注，而且，至今所忽略的典型工业化和逆工业化过程中社会和环境方面的黑暗一面，也值得关注。越来越清楚的是，整个新兴工业化国家的快速发展，也具有可转变成最具价值的遗产、旅游和教育资产，这一切将不是对老工业化国家当前典型的价值转化的复制；相反，新的、有意义的工业事实的表征世界将建立起来。中国在这一方面，能够成为一个典范。我很高兴看到作者们所不断取得的成绩，而不仅仅是这本书的出版。

2007年10月

Preface

Industry tourism, fuelled by curiosity, pride and even awe in the face of technological feats, has existed as long as industry itself. Industrial heritage tourism, in constrast, is a very recent phenomenon, apparently triggered during de-industrialization processes in old industrialized countries, in particular in Europe as of the 1970s onward. During this period of time not only specialists in the field, such as so-called industrial archeologists in the United Kingdom, but a broader general public came to realize how fast the tangible and intangible witnesses of 19th and 20th century industrialization were disappearing.

In Germany, the rapidly growing appreciation of the industrial past even led to a remarkable value shift, as testified to by the emergence and the ensuing career of an illustrative neologism that now has become a current term even in everyday language: Industrial culture (in German *Industriekultur*). This means that industry now is widely regarded, for the first time in its history, not only as a crude fact of technology, but as an integral part of our culture at large. New industrial brand worlds that have become most attractive tourist destinations, are one of the most recent signs for this ongoing development.

The outcome of these processes, as well as their touristic, economic and cultural implications, are thoroughly mirrored and analyzes in this volume. Its variety of text, photo and video documentations as well as the academic presentations and reflections will give the Chinese readers an excellent opportunity to appreciate this evolution and to draw their own conclusions with regard to potentially comparable as well as differing developments in China.

The editors' initiative, taking form already in early 2002, to plan the trip to Germany and to consistently pursue, ever since, the reporting to fellow academics, in particular geographers and planners, and to other interested communities in China, are highly laudable. They shouldered, as every pioneer does, considerable financial and reputational risks to venture into, territories' still uncharted, at least in Asia, and they now are able to reap a rich harvest: to have substantially contributed to making this new fascinating field of broad interdisciplinary interest more widely known and to have triggered, and still triggering, a host of academic, government and private initiatives in China with regard to industrial heritage and its valorization for tourism and education.

This being said, it is also clear that there remains to be done a lot. As everywhere else in the world, not least in Germany and Europe, the representation of the industrial fact is still incomplete, besides mining and iron and steel industry many other industrial sectors deserve increased attention in the future, as well as hitherto neglected facts of darker sides of social and environmental facets of typical industrialization and de-industrialization processes. It is also becoming apparent that there are fascinating developments in NICs as a whole that could be turned into most valuable heritage, tourist and education assets. It seems highly probable that these will not just reproduce current valorizations that have become characteristic for old industrialized countries. Instead, new rewarding representational worlds of the industrial fact will develop, and China can become a model in this respect. I am very pleased to see how the editors are consistently contributing to this evolution, not least by this volume.

10. 2007

1 工业旅游的缘起和德国的发展过程与经验

工业，或者工厂，曾经是一个与休闲活动和旅游景观截然矛盾和对立的概念。然而，近年来，关于“工业旅游”或者“工业观光”的报道，不断出现在报刊、互联网等大众媒体和新媒体中，成为我国继主题公园、农业旅游之后的新兴旅游项目。并以其新创意、新内涵、新视角在旅游市场中崭露头角[1]。

作为一种新的旅游现象，工业旅游与传统的大众旅游产品，例如，自然风光游览、人文胜迹观光、滨海度假、主题公园游乐等等，具有明显不同的特征。工业旅游的核心吸引力是人类生活的另一半——反映人类生产与工作的工业文化与文明。因此，现有的（和部分被重新开发利用的）工厂、企业、公司，以及在建的工程等工业场所，都是旅游客体和旅游者活动的地方。工业企业的厂区环境、独特的工业建筑、生产线与生产场景、生产工具、劳动对象和产品、企业管理、企业文化、企业的发展历史与文物等等，都是可以开发和利用的旅游吸引物，旅游者在工业企业之内从事工业旅游活动，因此增长了专项知识、开拓了眼界、扩大了阅历，也可以获得工业美学（技术哲学、科学哲学等方面）的感受和工业产品的购买和消费[2—4]。

由此可见，“工业旅游”主要是依托（现在的、过去的、在建的）工厂、企业、交通设施和建设工程等工业生产与营运之地，并以其作为旅游地和观光、游览对象。但旅游观光内

1. 魏小安、刘效平、张数民：《中国旅游业新世纪发展大趋势》，广东旅游出版社，1999年，第179 – 185页。

2. 姚宏：“发展中国工业旅游的思考”，《资源开发与市场》，1999年第2期（括号中内容为笔者所加）。

3. 佟春光：“工业旅游大创意”，《企业研究》，2001年第8期。

4. 何振波：“工业旅游开发初探”，《武汉工业学院学报》，2001年第2期。

涵和吸引物，不仅包括物质上的、可见的工业生产景观，还包括软性的企业文化与发展历史等。在我国，由于国际著名工业企业的全球空间转移及我国有效吸引外资的政策，外资、合资企业不断增加，也由于国营骨干企业的设备更新，甚至包括最近大型民营工业企业的发展，相当程度上改变了改革开放以前不少工业企业的“禁区”和污染环境的形象，现代工业企业园林化的优美环境，也成为重要的吸引物[1]。

“工业旅游”这个概念现在已被人们广泛接受了，在我国各地最早开展这一旅游项目的常常是那些有着新的或比较新的现代化大企业的城市（或干脆由这些企业自办），它们向游客展示其引以自豪的现代化大工业的规模以及生产中的壮观场面（如上海宝钢、北京首钢让游客欣赏出钢水或铁水时钢花飞溅的景象），许多人以为工业旅游是伴随着工业化和现代化而出现的一个新生事物。但我们考察德国工业旅游的发生、发展过程，发现工业旅游的起源来自工业遗产的保护和再开发，同时与工业考古学、产业结构调整、城市复兴等专业和议题密切相关，并感到研究工业旅游不能仅仅局限在旅游的范围内。而且德国工业旅游的开展明显受到英国的影响，因此我们必须先对工业遗产的概念及其与工业旅游的关系进行一次溯源。

1.1 源于英国保护工业遗产和开展工业旅游的经验

国外工业旅游的发生和发展与中国的背景差异巨大。老牌的工业化国家工业旅游的产生首先是从工业遗产旅游（Industrial Heritage Tourism）[2] 开始的，而不同于我国主要从活着的工厂观光开始。保护和利用有代表性的工业遗产在学术界是一个与工业考古学密切相关，但尚未引起国内普遍关注的新领域。工业考古学的发展从工业革命的诞生地——英国开始，推动了工业遗产旅游在世界上，主要是在发达的工业化国家如德国、瑞典、美国、加拿大、日本等地，在迈向后工业社会的进程中迅速发展。

1. 李蕾蕾：“工业旅游与珠海金湾区旅游开发战略”，《地域研究与开发》，2004年第2期。
2. 李蕾蕾：“逆工业化与工业遗产旅游开发：德国鲁尔区的实践过程与开发模式”，《世界地理研究》，2002年第3期。

英国是最早的工业化国家，也最先遇到资源型城市在资源枯竭后的城市衰退问题。原中国地理学会理事长吴传钧院士 20 世纪 40 年代留学英国时就曾亲眼目睹过英国威尔士南部煤矿区的衰退。另外，英国在第二次世界大战的时候，很多工业城市遭到了纳粹德国飞机的狂轰滥炸，受到很严重的破坏，很多工厂（包括工业革命时代的有代表性的工业设施）成为废墟。如何挽救英国人引以为豪的工业革命时代的工业遗产，对城市和厂矿受到破坏的部分该如何处理，哪些该保留？哪些可以拆掉？如何进行合理的重建？因应这些需要，英国在其政府部门增加了一个机构，叫城乡规划部（Town and country planning），以解决遭到破坏的工业城市的重建和改造问题。这期间产生于 19 世纪末期的工业考古学，也真正流行起来。

工业考古学 (industrial archeology) 不同于一般出土文物的考古，而是强调对近 250 年来的工业革命与工业大发展时期物质性的工业遗迹和遗物的记录和保护[1]。虽然对矿山、纺织厂、一般性的工厂和设备的文物保护是一件较晚的事情，今天英国的工业文物保护范围已经扩展到更广泛的领域，不仅包括能源动力产业中的水车、蒸汽机、核电站、采矿业中的矿场（矿山、露天矿的矿坑等）和选矿厂、制造业中的农产品加工工厂，以及纺织、化工、陶瓷等生产领域，还包括谷物交易所（corn exchange）等商业性建筑，甚至工人的住房、工厂主办公的建筑、工业码头等相关建筑乃至整体的工业区都可以成为工业考古的对象和工业文化遗产[2]。

工业考古学的发展推动了人们的“工业遗产”意识，以博物馆形式，特别是以科学、技术、铁路博物馆形式保护了大量的工业文物，满足并吸引了部分具有特殊兴趣的人们的旅行和观光，从而使最初的工业遗产旅游得到发展。但是从工业考古到工业遗产的保护，再发展到工业遗产旅游，却经历了相当漫长的时间，以著名的铁桥峡谷 (Iron Bridge Gorge) 为例（图 1.1 — 1、图 1.1 — 2），这个地方从 16 世纪晚期开始，由于煤炭开采业的大规模发展，而成为世界工业革命的一个重要发源地，但是 19 世纪的下半叶这个地方的工业开始衰退，工厂逐渐关门，二战末期，几乎所有的工厂都倒闭了，但是直到 1960 年代才开始工业遗产的保护，1980 年代开创工业遗产旅游，1986 年 11 月该地被联合国教科文组织 (UNESCO)

---

1. Palmer, M. & P. Neacerson, *Industrial Archaeology: Principles and Practice* [工业考古学: 原理和实践]. London & New York : Routledge. 1998: 1, 141.

2. Yale,P., *From Tourist Attractions to Heritage Tourism* [从旅游吸引物到遗产旅游], Huntington: ELM Publications, 1998: 180.

图1.1－1　英国世界文化遗产之一：铁桥峡谷的铸铁桥

正式列入世界自然与文化遗产名录[1]，从而成为世界上第一个因工业而闻名的世界遗产，并形成了一个占地面积达 10 平方公里，由 7 个工业纪念地和博物馆、285 个保护性工业建筑整合为一体的旅游目的地[2]，1988 年共有 40 万人游览此地，工业遗产旅游的发展达到高峰[3]。目前平均每年约有 30 万游客到访[4]。英国的工业遗产地在 1993 年大约有 1000 个，其中被列入国家名册的在 1998 年就超过了 600 个[5]。

今天，欧洲、北美、日本等地工业遗产旅游获得了长足的发展，但是工业遗产旅游的概念还难以得到准确的定义，旅游界往往只给出“工业旅游”的概念，而文物与考古部门也只有“工业遗产”的概念。笔者认为，工业遗产旅游就是起源

1. The Iron Bridge Gorge Museum Trust Ltd., *The Iron Bridge and Town* [铁桥与城镇], Great Britain: Jarrold Publishing. 2000: 23.

2. Jansen-Verbeke, Myriam, Industrial Heritage: A Nexus for Sustainable Tourism Development [遗产旅游：可持续旅游开发的核心], *Tourism Geographies*, 1999, 1 (1): 70-85.

3. Becker, C., A. Steinecke & S. Hoecklin, 1997. *Kulturtourismus: Strukturen und Entwicklungsperspektiven* [工业旅游：结构与开发]. Hagen: 47-57.

4. 评价游客参观一个社会—工业遗产博物馆的体验和获益：运用ASEB网格法评价英国铁桥谷博物馆布利斯特山户外博物馆, Museum Management and Curatorship, 1995, 14(3): 229-251.

5. Woodward, S., *The Market for Indsutrial Heritage Sites* [工业遗产地的市场], *Insights*, Jan 2000: D-21- D-31.

图1.1－2　英国世界文化遗产之一：铁桥峡谷的炼铁炉

于英国，并从工业化到逆工业化的历史进程中，出现的一种从工业考古、工业遗产的保护而发展起来的新的旅游形式。具体而言，就是在废弃的工业旧址上，通过保护和再利用原有的工业机器、生产设备、厂房建筑等等，形成一种能够吸引现代人们了解工业文化和文明，同时具有独特的观光、休闲和旅游功能的新方式。它属于广义的，还包括工厂观光的工业旅游[1]。

工业遗产旅游点的成功，极大地引发了以制造业为主的现代工业企业和公司开展工业旅游的兴趣[2]。作为工业旅游先行者的英国，早在1964年，就有69家公司和企业开辟了各自的博物馆[3]，而英国的工业企业向游客开放虽然已有多年的历史，但真正有意识开展工业旅游的工业企业，则出现在20世纪80年代的早期[4]。工业旅游的发展逐渐为政府部门所认识，1988年英国政府旅游管理部门发现了工业旅游的巨大潜力，并开始积极推动和呼吁全国工业旅游的发展。目前英国开展

1. 李蕾蕾："逆工业化与工业遗产旅游开发：德国鲁尔区的实践过程与开发模式"，《世界地理研究》，2002年第3期。

2-3.Yale, P., *From Tourist Attractions to Heritage Tourism* [从旅游吸引物到遗产旅游] . ELM Publications, 1998.

4. AMS. Seeing Industry at Work[工业观光] . The English Tourist Board, 1988.

工业旅游的企业，涉及了从铅笔厂到核电站的各种工业企业，包括能源产业、纺织业、食品和饮料产业、玻璃和陶瓷产业、消费品制造业、传统手工业等等，工业旅游的开发几乎没有什么产业上的限制。在英国 1990 年的观光年中，6 % 的旅游点是工业旅游点，共有 850 万的游客参观和游览工厂和企业[1]。工业旅游吸引了国际上越来越多的旅游者。

1.2 以鲁尔区为例分析德国开展工业遗产旅游活动的时代背景

第二次世界大战后，欧洲大陆国家德国经历了工业的快速发展后，随着经济的转型，于70年代也开始出现了逆工业化过程。德国鲁尔区就是一个典型的案例。

1.2.1 从工业化到逆工业化

鲁尔区位于德国中西部的北莱茵—威斯特法伦(Nordrhein-Westfalen) 州，面积达4432平方公里，莱茵河的三条支流——鲁尔河、埃姆舍河、利帕(Lippe)河从南到北依次横穿该区，1999年区内人口为538万[2]。该区本身并不是一个行政上和政治上独立的单元，但由于其独特性，自1920年以来，鲁尔区专门成立（并逐渐完善）了一个由区内各城市组成的协会性质的机构（SVR），也就是现在的区域管理委员会（KVR）的前身，负责区域性的发展事务。鲁尔区的工业发展有近200 年的历史，早在1811年，埃森市就有了著名的大型钢铁联合企业康采恩克虏伯公司。随后，蒂森公司、鲁尔煤矿公司等一批采矿和钢铁康采恩也在这一地区创建[3]。19 世纪上半叶开始的大规模煤矿开采和钢铁生产，逐渐使鲁尔区成为世界上最著名的重工业区和最大的工业区之一，也是欧洲最古老的城镇集聚区，并形成了多特蒙德(Dortmund)、埃森 (Essen)、杜伊斯堡(Duisburg) 等著名工业城市。然而，在经历了约100 多年的繁荣发展后，于20 世纪50 年代末到60 年代初开始出现经济衰退，煤炭工业和钢铁工业尤其突出，70 年代后， 逆工业化过程的趋势已十分明显（表1.2.1—1）。到80 年代末期，鲁尔区面临着严重的失业问题， 1987 年达到15. 1 %的最高失业记录，大大超过8. 1 %的全国平均失业率[4]。曾经

1. Wooder, S., Industrial Tourism[工业旅游]. *Insights*, 1992 (B) :63- 70.

2. Dege, W., Margarethe Lavier, Martina Koetters, Wulf Noll & KVR (eds.), *The Ruhr* [鲁尔区], Essen: Kommunalverband Ruhrgebiet. 1990.

3. 赵涛："德国鲁尔区的改造"，《国际经济评论》，2000年第3—4期。

4. Kommunalverband Ruhrgebiet, *The Ruhrgebiet: Facts and Figures* [鲁尔区：事实与数据]，Essen: Woeste Druck, Essen-Keittwig, 2001.

在50 年代是德国人均国民生产总值首位的鲁尔区的埃姆舍(Emscher) 地区，已经沦为德国西部问题最多、失业率最高的地区[1]。

表1.2.1－1　德国及鲁尔区逆工业化过程的数据

年份	1957	1960	1965	1970	1975	1980	1985	1990	1995	2000
A	153	133	101	69	46	39	33	27	19	12*
B	123.2	115.5	110.9	91.1	75.9	69.2	64.0	54.6	41.6	25.9

A 表示德国煤矿的个数。

B 表示德国鲁尔区的煤炭产量（百万吨）。

*在德国12个煤矿中鲁尔区的煤矿只剩下7个。

资料来源：德国烟煤总会发布的2001年烟煤行业年报。

1.2.2　逆工业化的影响与社会反应

虽然逆工业化过程被认为是由于本地制造业工业企业的国际竞争力连续下降，而导致工厂企业纷纷破产、倒闭、外迁或转行等一系列工业衰退的浪潮[2—3]。但是逆工业化过程的区域影响，却远远超出工业和地方经济的范畴。由于大批劳动力的突然失业，导致了众多的社会问题，除了严重的失业问题，还包括年轻劳动力的外迁、区内人口下降、城市税收减少、内城衰落、工业污染得不到治理、城市的中心地位消失、区域形象恶化和吸引力下降等等[4]。如何对待大量废弃的矿山、工厂，如何处理庞大的空置工业建筑与工业设施，成为鲁尔区不可回避的重要问题。一般来说，对此问题的社会反应通常有四种。

(1) 彻底清除与毁灭。由于倒闭和废弃的厂矿被视为经济衰退的标志、是地方的污点甚至是地方耻辱，因此，一个很自然的想法是将这些被视为肮脏、丑陋、粗笨和庞大的东西彻底毁灭，使其从人们的视野中消失。

(2) 毁灭之后再新建。通过毁灭和清除原来的旧厂房和废矿山，得到一些新的空地，并恢复前工业化时期的良好环境，从而可以发展和建设新设施与新产业。

1. 吴唯佳："对旧工业地区进行社会、生态和经济更新的策略——德国鲁尔地区埃姆歇园国际建筑展"，《国外城市规划》，1999年第3期。

2. Blackaby, F. (ed.), *Deindustrialization* [逆工业化]. London: Heinemann. 1979.

3. Bluestone, B. & Harrison, B. *The Deindustrialization of America* [美国的逆工业化]. New York: Basic Books. 1982.

4. Massey, D. & Meegan, R., *The Anatomy of Job Loss* [剖析失业]. London/New York: Methuen. 1982.

(3) 重新再利用。对于一些仍然有利用价值的旧厂房和空置建筑，可以重新利用。

(4) 综合性开发战略。摆脱以往对工业废弃地和废弃厂房与设施的传统价值观，重新发现其历史价值，将工业废弃地视为工业文化遗产，并和旅游开发、区域振兴等相结合，进行战略性开发与整治。然而，采用第4 种综合性和系统性的战略，特别是通过工业遗产的旅游开发，来处理工业废弃地和传统工业区衰退问题，从而达到区域复兴的思路，在德国却经历了一个曲折而相当漫长的过程。

1.3 工业遗产旅游概念在德国鲁尔区的接受过程

德国鲁尔区的工业遗产旅游与英国一样，都是以长期的工业衰退和逆工业化过程为催化剂，但是工业衰退并没有自发地使人们产生将工业旧址和废弃厂房等当作文化遗产并与旅游业的开发结合起来的观念。工业遗产旅游概念的形成和接受过程，在德国经历了多年的怀疑和犹豫，当人们开始思考对工业废弃地和工业空置建筑的处理、再利用时，总是在最后一刻才意识到旅游开发的价值和用途[1]。根据笔者的访谈调研，鲁尔区的这个过程长达10 多年之久，大致经过了四个阶段（图1.3—1）。

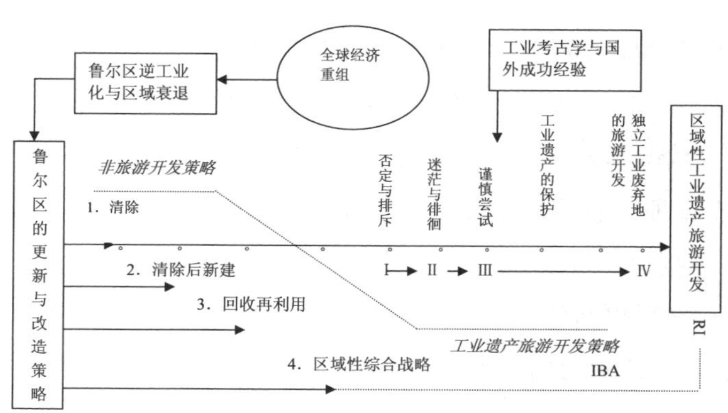

图1.3—1　德国鲁尔区工业遗产旅游开发之起源与发展

图片说明：
1. IBA是指鲁尔区Emscher Park的国际建筑展(Internationale Bauausstellung)。
2. RI表示鲁尔区的工业遗产旅游之路 (route industriekultur)。
3. Ⅰ-Ⅳ表示4个阶段。

1. Jansen-Verbeke, Myriam, Industrial Heritage: A Nexus for Sustainable Tourism Development[工业遗产：可持续旅游开发的核心], *Tourism Geographies*, 1999, 1 (1): 70-85.

(1) 否定与排斥阶段。当工业遗产旅游概念最初由少部分来自于民间的专家学者提出来的时候，地方政府和公众都对此持否定和排斥的态度，人们不相信这些工业废弃地会有任何的旅游吸引力，大部分人甚至认为工业遗产旅游是一种不切实际的妄想；相反，人们宁愿将工业废弃地彻底清除，以便吸引新的产业、新的发展机会，因此，在1980 年代早期，人们主要进行以清除旧工厂为主的更新和改造实践。

(2) 迷茫阶段。虽然人们对新建设充满希望，的确有些新产业在清理过了的工业废弃地的原址上得到了发展，但仍然还有大量的工业废弃地等待处理，原有的办法并不能填满和置换所有的工业废弃地，而彻底清除工业废弃地也是一个成本高昂的工程，甚至还需要有特别的技术方案。例如， 拆除位于鲁尔区奥伯豪森(Obenhausen) 市的一个工业储气罐(Gasometer) ，需要花费2000 万德国马克[1]。而对于废弃钢铁厂的高炉设施，其拆除费用加上运输费用，更是一笔巨大的开支，此外，连带处理钢铁和煤焦化工业长期以来沉积在土壤中的重金属工业污染物，也并非易事。于是，人们陷入迷茫与徘徊之中，不知道是否有任何其他有效的新办法。有些倒闭的工厂和矿山常常被遗弃十几年，甚至几十年之久。

(3) 谨慎尝试阶段。严峻的衰退现实逼迫人们开始重新思考和评价工业遗产旅游的概念，与此同时，英国、美国、瑞典的工业遗产旅游开发的成功案例，亦逐渐促使德国人在别无他法的情况下，开始将部分尚未清除的旧厂房和工业废弃设施，开辟为休闲和其他非工业用途。例如，一些旧厂房被重新整修变为工业展览馆，一些钢铁厂的鼓风机车间被改装为音乐厅和会议厅，一些仓库被用来开饭馆等等[2]。这一阶段，工业废弃地的再开发以及旅游开发得到了谨慎、零星和初步的发展。

(4) 战略化阶段。德国工业遗产旅游开发的真正标志是“工业遗产旅游之路”RI (route industriekultur) 的策划，这是一条区域性的专题旅游线路，而RI 又来自于一个叫IBA 计划的区域综合整治和发展计划，RI 的策划使鲁尔区的工业遗产旅游，从零星景点的独立开发，走向了一个区域性的旅游目的地的战略开发。关于这个开发战略，下文将做具体介绍。

---

1. Kift,Roy, *Tour the Ruhr: the English Language Guide* [鲁尔区旅游：英语指南], Essen: Klartext Verlag. 2000.

2. Dege, W., Margarethe Lavier, Martina Koetters, Wulf Noll & KVR (eds.), *The Ruhr* [鲁尔区], Essen: Kommunalverband Ruhrgebiet. 1990.

1.4 鲁尔区工业遗产旅游的开发模式

德国鲁尔区的工业遗产旅游开发模式表现出多样性的特点，当然高层次的模式属于上一节提到的一个由区域综合整治计划即IBA 计划所带动的区域性统一开发模式，这里称之为区域性一体化模式；而从各个独立的工业遗产旅游地来看，又大致存在三种具体而不同的开发模式。我们先介绍这三种模式。

1.4.1 博物馆模式

该模式以亨利钢铁厂(Henrichshuette) 、措伦煤矿(Zeche Zollern Ⅱ/ Ⅳ) 和关税同盟煤矿—焦化厂(Zollverein) 最为典型。亨利钢铁厂（图1.4.1—1），位于一个保留了文艺复兴时期建筑与文化景观的历史古城——哈廷根(Harttinggen) 。该厂建于1854 年，1987 年倒闭关门。厂内的部分设施曾经由中国某钢铁厂拆分与收购。目前该废弃钢铁厂已经变成一个露天博物馆，其最大特色是设计了一个儿童可以参与并在其废弃的工业设施开展各种活动的游戏故事，从而大大吸引了亲子家庭来旅游。此外，导游人员由原厂工人志愿者承担，活化了旅游区的真实感和历史感，同时也激发了社区参与感和认同感，使整个旅游区具有一种“生态博物馆”(eco - museum) 的氛围。

措伦煤矿位于多特蒙德(Dortmund) 市，规模较小，厂房建筑保存得比较好，新翻修的厂房和办公楼的古典风格得到了展现（图1.4.1—2），使这个地方看起来不像工厂，而更像是一座很有历史的大学[1]（图1.4.1—3）。此外，利用废旧的矿区小火车改装成的园内游览工具，也十分有吸引力。目前这里是露天煤炭博物馆，室内展馆的资料也很翔实，旅游纪念品开发得比较丰富。这个地方同时还是威斯特法伦(Westphalian) 州工业博物馆(WIM) 的总部所在地。WIM 旗下有8 个这样的工业博物馆。

而埃森(Essen) 市的关税同盟煤矿—焦化厂(Zollverein)是德国第三个被联合国教科文组织认定为世界文化遗产的工业遗产地。它除了是一个反映20世纪30年代采矿业先进水平的博物馆外，其典型的包豪斯风格的工业建筑也是吸引游客的一

---

1. Kift, Roy, *Tour the Ruhr: the English Language Guide* [鲁尔区旅游：英语指南], Essen: Klartext Verlag. 2000.

图1.4.1－1 亨利钢铁厂(Henrichshuette)

图1.4.1－2 措伦煤矿（Zeche Zollern Ⅱ/Ⅳ）的古典风格

图1.4.1－3 措伦煤矿（Zeche Zollern Ⅱ/Ⅳ）看起来像一所大学

图1.4.1－4 世界文化遗产地关税同盟煤矿(Zollverein)

大亮点。另外北威州设计中心、红点设计馆和一些广告公司、设计公司的进驻，使这里将发展为德国的工业艺术、现代设计产业中心。关税同盟煤矿—焦化厂及措伦煤矿下文第二章都将作为重要案例介绍。

1.4.2 公共游憩空间模式

位于盖尔森基兴(Gelsenkirchen) 的“北极星公园”(Nordstern Park) 建在一个煤矿废弃地上（图1.4.2—1），属于一种典型的大型公共游憩空间的开发模式。公园入口处高高的煤井架表明了这个工业遗产地过去的“身份”。该地视野开阔，可以举办各种大型的户外活动，事实上该地就因曾经举办过全国花园展而闻名。最重要的是，该地与著名的埃姆舍(Emscher) 河连为一体，而埃姆舍河曾经是鲁尔工业区污染最严重的主要排污河，现经过治理以后，它已变成了一条供人们旅游和休闲的河流（图1.4.2—2），滨水区也作了尽量恢复自然的人性化改造。埃姆舍河整治前后巨大的反差，以及“北极星公园”兼容工业景观和自然景观的特色，使这个经过独到规划和设计的游憩空间充满了吸引力。

而位于杜伊斯堡(Duisburg)市的北杜伊斯堡景观公园(Landschaftspark Duisburg-Nord)，建在著名的蒂森(Thyssen) 钢铁公司所属的旧钢铁厂，现在亦被改造为一个以煤—铁工业景观为背景的大型公共游憩公园，里面的活动最为丰富和多样并强调体验，且具后现代色彩。例如，废旧的储气罐被改造成潜水俱乐部的训练池；一些厂房和仓库被改造成迪厅和音乐厅，甚至交响乐这样的高雅艺术都开始

图1.4.2—1 北极星公园

图1.4.2—2 鲁尔区的排污河埃姆舍(Emscher)河如今变成了旅游休闲河

利用这些巨型的钢铁冶炼炉作为背景，进行别开生面的演出活动；投资上百万德国马克的艺术灯光工程，更使这个景观公园在夜晚充满了独特的吸引力；自行车爱好者也可奔驰在广阔园区的绿色海洋里；生态爱好者则可以随处欣赏到厂区内独特的恢复性生态景观。

在第二部分里也将把北杜伊斯堡景观公园作为一个“体验岛”的案例详细介绍。

图1.4.2－3　绿色的北杜伊斯堡景观公园保护着独特的“工业生态”，生态爱好者可以随处欣赏到厂区内独特的恢复性生态景观。自行车爱好者也可在广阔园区的绿色海洋里一显身手

图1.4.2－4　北杜伊斯堡景观公园(Landschaftspark Duisburg - Nord)的原钢铁厂厂房被改造成会议接待厅

1.4.3 与购物旅游相结合的综合开发模式

该模式的典型代表是位于奥伯豪森 (Oberhausen) 的中心购物区 (Centro) 。Oberhausen 是一个富含锌和金属矿的工业城市。1758 年这里就建立了整个鲁尔区第一家铁器铸造厂。逆工业化导致工厂倒闭和失业工人增加，促使该地寻找一条振兴之路，而奥伯豪森 (Oberhausen) 成功地将购物旅游与工业遗产旅游结合起来，它在工厂废弃地上依据摩尔购物区 (Shopping mall) 的概念，新建了一个大型的购物中心 Centro（图 1.4.3 — 1），同时开辟了一个工业博物馆，并就地保留了一个高 117 米、直径达 67 米的巨型储气罐 (Gasometer) 。Centro 并不是一个单纯的购物场所，还配套建有咖啡馆、酒吧和美食文化街、儿童游乐园、网球和体育中心、多媒体和影视娱乐中心，以及由废弃矿坑改造的人工湖等等（图 1.4.3 — 2）。而 Gasometer 不仅成为这个地方的标志和登高点，而且也成为一个可以举办各种别开生面之展览的实践场所。奥伯豪森 (Oberhansen) 的 Centro 和 Gasometer 由于拥有独特的地理位置以及优越便捷的交通设施，已成为整个鲁尔区购物文化的发祥地，并可望发展成为奥伯豪森 (Oberhausen) 新的城市中心，甚至也是欧洲最大

图1.4.3—1 大型的购物中心Centro

的购物旅游中心之一，吸引了来自荷兰等地的购物、休闲和度假的周末游客（图 1.4.3 — 3）。

1.4.4 区域一体化模式

该模式可以从两个方面来理解。首先，鲁尔区从废弃的空置厂房，到工业专题博物馆，再发展到今天的工业遗产旅游景点，相当程度上得益于一个多目标的区域综合整治与振兴计划，即国际建筑展计划 (Internationale Bauausstellung) ，简称为 IBA 计划，该计划并不覆盖整个鲁尔区，而是面向鲁尔区中部工业景观最密集、环境污染最严重、衰退程度最高的埃姆舍 (Emscher) 地区[1]，因此又被称为德国的埃姆舍公园 (Emscherpark) 模式[2]。这是一个始于 1989 年、由鲁尔区的区域管理委员会（KVR）组织实施的长达 10 年之久的区域性综合整治与复兴计划，该计划对鲁尔区工业结构转型、旧工业建筑和废弃地的改造和重新利用、当地的自然和生态环境的恢复以及就业和住房等社会经济问题的解决等等，给予了系统的考虑和规划。特别是，IBA 计划以项目分解和国际竞赛相结合的方式，获得了工业遗产旅游开发的创意源泉，例如，北杜伊斯堡的景观公园 (Landschaftspark Duisburg - Nord) 就是 IBA 计划中国际竞赛的产物[3]。如果没有这种自上而下与自下而上相结合的 IBA 计划的实施与推动，是否会有今天鲁尔区的工业遗产旅游发展，就很值得怀疑了。

其次，整个鲁尔区的工业遗产旅游开发的一体化特征，还特别表现在区域性的旅游路线、市场营销与推广、景点规划与组合等各方面。KVR 作为一个执行 IBA 计划的区域规划机构，从 1998 年开始，制定了一条区域性的工业遗产旅游路线,从而将全区主要的工业遗产旅游景点整合为著名的“工业遗产旅游之路” (route industriekultur 的缩写 RI) 之中 (图 1.4.4 — 1)。该路线包含 19 个工业遗产旅游景点、6 个国家级的工业技术和社会史博物馆、12 个典型的工业聚落，以及 9 个利

1. Kilper, Heiderose & Wood, Gerald, Restructuring Policies: the Emscher Park International Building Exhibition [重组的政策：埃姆舍公园国际建筑展]. In Cooke, Philip (ed.), *The Rise of the Rustbelt* [M]. London: UCL Press.1995:208-230.

2. Jansen-Verbeke, Myriam, Industrial Heritage: A Nexus for Sustainable Tourism Development[工业遗产：可持续旅游开发的核心], *Tourism Geographies*, 1999, 1 (1): 70-85.

3. Latz, P., 2000, Landscape Park Duiburg-Nord: the Mtamorphosis of an Industrial Site[北杜伊斯堡的景观公园：一个工业场地的质变]. In Niall Kirkwood (ed.), *Manufactured Sites: Rethinking the Post-industrial Landscape*, London & New York: Spon Press: 150-161.

图1.4.3－2　俯瞰奥伯豪森市(Oberhausen)中心购物区(Centro)的综合开发成果

图1.4.3－3　Centro的旅游休闲游客

用废弃的工业设施改造而成的瞭望塔，在 19 个主要的景点中，还专门选出 3 个，设立了为游客提供整个区域工业遗产旅游信息的游客中心。此外，还规划设计了覆盖整个鲁尔区、包含 500 个地点的 25 条专题游线；同时，还通过统一的视觉识别符号的设计，建立了 RI 独特的符号标志——斜插在工业遗产旅游景点的黄色针形柱，与此配套的是若干立式黑色铸铁的旅游信息说明牌（亨利钢铁厂，图 1.4.1 — 1）。而分布在整个鲁尔区、随处可见的路标，也采用棕色作为统一的标准色，旅游宣传册也逐步实现统一的设计。当然，还建立了 RI 的专门网站。总之，鲁尔区工业遗产旅游开发的一体化和整合进程，是一个有意识、有步骤，并逐步细化和深化的过程，这种区域一体化的开发模式，使鲁尔区至少在工业遗产旅游发展方面，树立了一个统一的区域形象，这个形象对区内各城市间的相互协作以及对外宣传，具有重要的作用。

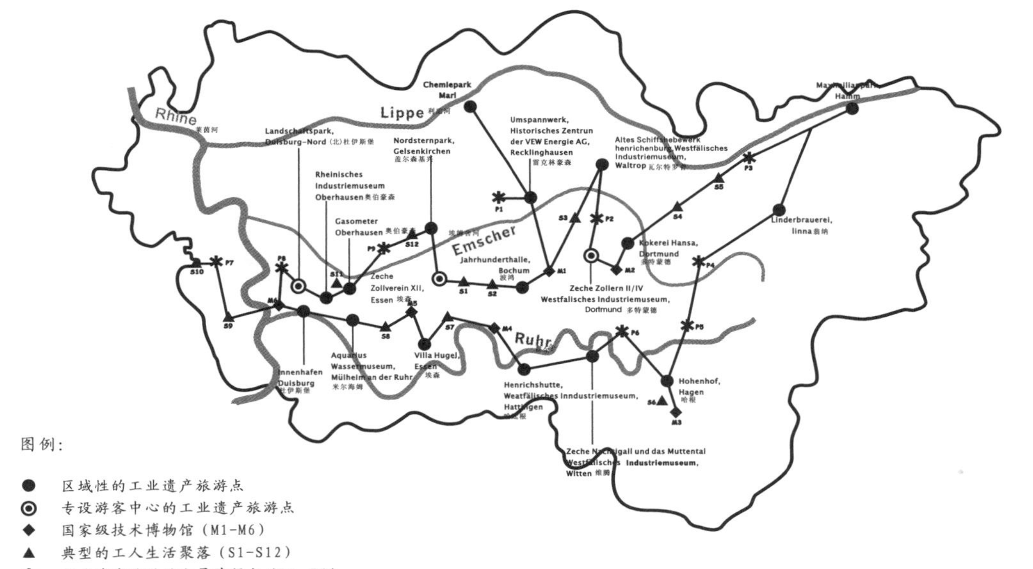

图 1.4.4 — 1　鲁尔区 “工业遗产旅游之路” (route-industriekultur)
资料来源 : Kommunalverband Ruhrgebiet , Touring the Ruhr : Industiral Heritage Trail
[鲁尔旅游 ： 工业遗产之径][旅游宣传折页], Duisberg. 2001.

德国鲁尔区正在发生的巨大变化之一，就是在逆工业化之后所开展得如火如荼、有声有色的工业遗产旅游开发。这项覆盖 4000 多平方公里的土地、500 多万人口的区域性社会实践工程，成为德国鲁尔区之环境综合治理、经济结构转型、社会空间重构以及迈向后工业、后现代社会发展的引人注目的表征。笔者有一点体会，与英国比，德国保护有代表性工业遗产及开展工业旅游活动有一种后发优势，具后现代特征。而英国城乡规划部（Town and country planning）在20世纪中叶所作的规划则不可避免地带有现代主义和功能主义的特征。

走上“鲁尔区工业遗产旅游之路”，可以使我们体验德国过去的工业化和今天的逆工业化、后工业化的经验。当然德国的工业旅游并不仅仅局限于工业遗产游，将有代表性的工业遗产开发为旅游目的地也不是鲁尔区独有的做法，在下文里我们将作全面展开。

2 德国工业旅游的典型案例

在本章我们把从2003年底开始在《现代城市研究》杂志连载的介绍德国工业旅游景点的文章[1]共12篇整理出相应的12节提供给大家。内容并不局限于鲁尔工业区，也不局限于工业遗产旅游（如RWE露天褐煤矿和大众汽车城，就是典型的活着的工业），基本反映了德国工业旅游的面貌。这些景点都是我们在与科隆大学苏迪德（D.Soyez）教授合作拍摄电视专题片《德国工业旅游》[2]的过程中现场考察过的。其中第八节、十一节、十二节的内容因电视声像资料不足，难以构成独立单元，没有被收入电视片。因为先是在杂志上连载，为了吸引读者，文章比较注意文学性，但并不影响对每一个景点的客观评价。这种注意文学性和可读性的文风在书中保留了下来。由于我们所介绍的一些地方在德国历史特别是经济史上有重要地位，所以在谈工业旅游的时候也会顺便介绍一些有关的历史学、经济学等方面的知识（与原连载文章相比有所加强），以有利于读者加深对这些工业旅游景点的认识。

需要说明的是，虽然我们两位作者除了这次拍片外还各去德国考察过一次，但我们不可能反映德国工业旅游的全貌，我们没有谈到的德国工业旅游目的地，不一定不是典型的案例。

2.1 格斯拉尔市拉默斯伯格有色金属矿

2.1-1

图2.1—1　曙光初照的格斯拉尔古城

1. 发表时文章名为《德国工业旅游面面观》，载《现代城市研究》杂志2003年第6期和2004年第1—4，6—12期。2006年第1期该杂志又发表《德国工业旅游面面观（外一则）》，作者为何俊涛、刘会远、李蕾蕾，现作为附录收入本书。

2. 电视专题片《德国工业旅游》由中国中央电视台、深圳大学与德国科隆大学苏迪德教授合作拍摄，已于2006年9月27、28、29连续三天在CCTV第十套节目播出。该片由刘会远、狄文达编导，狄文达摄像，刘会远、李蕾蕾撰稿，狄文达、薛英忠制作，李蕾蕾翻译，周宇、苏迪德现场主持，该片学术交流版解说词及专家点评已作为附录收入本书。

我们从一座千年古矿开始介绍德国保护有代表性的工业遗产并开展工业旅游活动的案例。拉默斯伯格（Rammelsberg）有色金属矿曾经在德国国家生活中发挥过重要作用，这个矿与格斯拉尔（Goslar）古城一起于1992年被联合国教科文组织列入世界文化遗产名录。这是德国第一次有工矿业遗迹成为世界文化遗产，从而也成为德国保护有价值的工业遗迹及开展工业旅游活动的一个重要的突破点。

拉默斯伯格矿位于哈茨（Harz）山麓。该矿山富含银、锌、铅、铜等，储量达2700万吨，是德国最大的有色金属矿体。已连续开采了一千多年。据考证，该矿山早在公元3世纪就已经有人类开采，但有文字记载的采矿则开始于公元968年。当时主要出产银，用于银币的铸造。在中世纪此矿山还曾经为整个欧洲提供铜矿资源。1895年新矿体发现后开始了工业化开采，直到1988年由于剩余的矿层已不再具备开采价值而关闭。现在该矿山被整体保护下来，部分地下采矿坑道被整修开放，与地面的选矿车间及室内博物馆融为一体。以独特的（让观众亲临现场体验的）方式向世界展示其辉煌的矿业历史。

拉默斯伯格有色金属矿在德国历史中的地位有多重要呢？只要告诉你这句话你就明白了：因为有了拉默斯伯格有色金属矿才有了格斯拉尔古城的兴起，而这座古城一度成为“德意志民族的神圣罗马帝国”的重要活动基地，因而在欧洲历史上有着重要地位。

这是一个什么样的帝国呢？自公元919年原属东法兰克王国的萨克森公爵亨利一世（919—936年在位）建立德意志王国，亨利一世及他的继承者鄂图一世（936—973年在位）实行强兵黩武政策，公元961年鄂图一世利用罗马教皇请求镇压反教皇的罗马贵族的机会，占领了北意大利。为此，教皇加冕他为“罗马人的皇帝”，德意志王国从此改称“罗马帝国”，后又改称“德意志民族的神圣罗马帝国”——而历史学家则称其为德意志历史上的“第一帝国”——其实这个称号只表现了德意志统治者的虚荣心[1]。当鄂图一世及后继者亨利二世等把主要精力徒劳无功地放在意大利的时候，德意志本土的世俗封建领主们则利用这个机会加强他们的割据势力，皇帝徒有虚名，他的基本收益主要来源于自有的领域。在这种形势下，拉默斯伯格矿山出产的白银对于支撑所谓神圣罗马帝国的正常运作有重要作用。1050年亨利二世在此修建了皇宫城堡，从11世纪到13世纪有多次帝国议

1. 德国人艾米尔·路德维希在第二次世界大战期间写于美国的《德国人——一个民族的双重历史》一书中对德意志统治者的虚荣心作了入木三分的揭示，他指出：“对于世界来说，即使把所有的德国皇帝和首相加在一起，也比不上莫扎特和舒伯特，比不上丢勒和科隆大教堂；没有任何一次德国的胜利能与它的艺术、绘画相媲美。对于作者来说，描绘出这一武士民族的精神世界要比介绍它的各次战役重要得多，介绍它热衷于战争的精神因素及其后果要比描写战争本身更有意义。”正是受了艾米尔·路德维希的影响，笔者以歌德诗篇结束这一节，以平衡前面对帝王的介绍。

图2.1—2 格斯拉尔古城古老的木结构房屋

图2.1—3 格斯拉尔古城的皇宫城堡，左侧为矿石标本雕成的艺术品

会在这里召开，格斯拉尔一时间成为德国乃至欧洲历史的中心。

如今德意志第一帝国甚至希特勒的第三帝国都已经离我们远去，但这座沉积着哈茨地区历史的古城格斯拉尔依然向我们述说着这里曾经因盛产白银而富甲天下的历史。至13世纪，小镇已加入了汉萨同盟，金属商们纷纷向英国和法国扩展生意。1500年矿山开采达到顶峰时期，木结构的房子被商人们装饰得越来越豪华。

从图 2.1—2可以看出格斯拉尔古城的房子是非常有特色的，绝大多数为木结构的房屋，而且将木头的梁柱等特意显露在墙体外面（当然涂有彩色的油漆进行保护）。旧城区的这些独具风格的房屋有三分之二是1850年以前的，其中有168座居然建于1550年之前的中世纪。如今这些房子依然被精心地保护和使用着。

在这个盛产有色金属的城市里还有不少金属雕塑陈列在市区的各个角落，例如市场广场中心的帝国之鹰，还有在市场广场和教堂之间短短几十米的巷子中一个被万钉洞穿仍顽强倾听的巨耳头像（图2.1—5），它代表了什么？在白天天晴的时候，会有许多市民和游客坐在这里小憩，“巨耳”可以听到人民的声音，但为什么要付出被大钉洞穿的代价？或许这又与格斯拉尔的另一个别称——“女巫之城”有关。当地有个传说，即在哈茨山区的主峰布罗肯峰上，每年的4月30日到5月1日的夜间，女巫们要和魔鬼一起举行宴会庆祝冬天的过去。歌德的《浮士德》中也描写了这个有名的传说。每年4月30日晚上，格斯拉尔的妇女们扮成女巫在广场上表演，一派狂欢情景。这个巨耳头像也许就是被女巫施魔法的结果。

除了金属雕塑，还有十个用矿石标本雕出的艺术品被陈列在这座城市和矿区显著的地方（图2.1—3），各代表一个世纪，加在一起体现矿山千余年的开采历

图2.1－4　市场广场中心的帝国之鹰雕塑

图2.1－5　在市场广场与教堂之间这个虽万钉洞穿仍顽强倾听的巨耳头像很耐人寻味

图2.1－6　拉默斯伯格有色金属矿正门

史。这些艺术品都是用精选的矿石标本（既要考虑矿石本身的造型，又要考虑其含有不同的有色金属成分）制作的，因金属含量很高，所以局部被抛光处理的地方散发着金属的光泽，非常诱人。

图2.1－6就是拉默斯伯格有色金属矿的外景，有资料说其主体建筑是包豪斯风格的，但与我们第三节将介绍的一处典型的包豪斯风格的现代主义工业建筑相比，这处建筑（可能因使用传统建材等原因）和古城的传统建筑是比较协调的。

有着一千多年开采历史的拉默斯伯格矿山在1988年停产了，这在格斯拉尔，在整个德国都是一件大事，著名装置艺术家Christo（就是曾经把柏林议会大厦包起来的那个人）特地赶来，把这个千年矿山的最后一车矿石打了个包（图2.1－7），使之成为永久的纪念品。

图2.1－8是一个画室，以前是矿物测试车间。这里陈列的画都是艺术家们用这个矿山出产的不会褪色的矿物颜料来进行创作的，已成为博物馆的重要藏品，这些反映轰轰烈烈生产场面的画作把我们拉回到过去的时代。

我们走进了矿工上下班时更衣的地方（图2.1－9），这里基本保留着原来的样子，几片金属网上幻灯打出的矿工身影若隐若现。博物馆馆长说他们追求的就是金属网上的这种若隐若现的效果，这间更衣室里曾经挤满了工人，他们在这里留下了许多痕迹，现在虽然已人去屋空，但他们的音容笑貌依然会时常在这些金属网上若有若无地显现出来。如果用电脑或录像重播过去的场面不会有这样的效果（而且洗澡更衣的场面太具象、不雅）。

我们来到了选矿车间，馆长解释该矿山的整个矿物处理过程都充分利用了重力作用（装矿石的斗车可以沿着有坡度的轨道自动滑行），以节省劳力。被开采的矿石从地下深处提升上来后，顺着沿山坡按生产程序依次而建的工厂各个车间经历着粉碎、分选、洗矿、冶炼等一系列工序。我们拍的同名电视片中，就有满载矿石的斗车沿着有合理坡度的轨道自动滑过的情景。

图2.1－10显示的这些至今还可以转动和振动的机械，有的用来粉碎矿石，有的是在选矿过程中加了不同的化学品后，再给以搅拌让化学反应更为彻底，以使各种有色金属矿更有效地分离出来。

我们逆着矿石处理的程序溯源参观，乘坐改装的小火车进入到地下500米深的采矿坑道。这里保留了许多采矿作业的场地和工

2.1-7

图2.1－7　最后一斗车矿石被装置艺术家Christo和他的妻子Jeane-Claude打了个“包”，成为永久的展品

2.1-8

图2.1－8　矿区为艺术家提供了使用矿物颜料进行创作的画室。画室上方悬挂着艺术家的作品

2.1-9

图2.1－9　过去矿工的更衣处

图2.1—10　至今还可以运转的选矿机械

图2.1—11　体验用锤子和钢钎打炮眼

图2.1—12　为古老巷道提供动力的古老水车

具，代表着上个世纪采矿业的历史和技术。参观者可以体验比较原始的用铁锤、钢钎打炮眼（图2.1—11），也可以用风镐打炮眼。

作为前工业化时代采矿动力和历史的见证，在矿道的地下世界保留了3个巨大的水车，图2.1—12是我们看到的其中一台，这是用来抽取地下水的木制机械，有趣的是它本身也是用水驱动的，不过从山上引来的水驱动了机械后要小心地从这个平面上引走而不要流入下面的深井。

隧道里，最吸引人的就是洞壁上这些色彩斑斓的矿物质（图2.1—13）。虽然这个矿已经失去了开采价值，但各种伴生的矿物质被地下水溶解后渗出，又凝结

图2.1—13 洞壁上有色彩斑斓的矿物质结晶。氧化铜的蓝绿色、氧化银的黑色、氧化锌的白色、氧化铁的红色……构成了一个色彩斑斓的地下世界，对游客特别是青少年游客产生了极大吸引力

在洞壁上。你看，绿色和蓝色是氧化铜、白色是氧化锌、暗红色是氧化铁、黑色是氧化银……这个色彩斑斓的地下世界对孩子们特别有吸引力。平常我们人类生活在地壳与大气这两个圈层的界面上，博物馆保留的矿井隧道使人能深入地下神秘世界。我们相信，来此领略了地下神秘世界的孩子们将来会有许多人成为矿业工程师。

就要离开地下世界了，当我们要迈入新建展馆的时候，看到一段含矿的岩层延伸进入展馆内（图2.1—14），馆长说：它既是展馆的地基，同时也是展馆的展品，告诉人们矿脉是怎样在岩层中延伸的。

图2.1—15中这面斑驳残破的墙是旧的矿区与新展馆的分界线，博物馆的设计者故意保留了旧墙的原貌。

该矿山的保护和开发理念是“在真实场地保存历史”。从前面的介绍中大家应该都感受到了这种理念。追求真实是这个博物馆的最重要的原则，但有时为了让观众探究选矿机械的奥秘，会对原选矿设施作一些改动，但改动的痕迹非常明显，这些痕迹在告诉观众，这里被改造过。

你看，这些矿石标本像珠宝

图2.1—14　这个含矿的岩层既是新展馆的地基，同时也是展品

图2.1—15　在旧矿区与新展馆之间特意留下了这面斑驳残破的墙

图2.1—16　各种矿石标本像宝石一样陈列在人们面前

图2.1—17　矿山的吉祥物

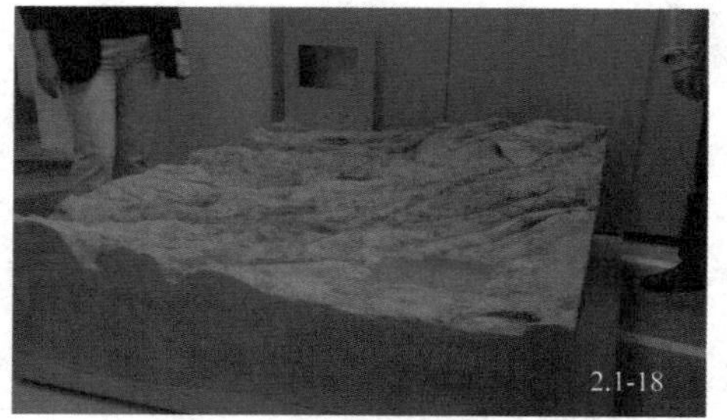

图2.1—18　一块留有车辙和脚印的古代路面

图2.1—19　因开矿和冶炼的需要，一度砍光了周围的森林

一样陈列在设计新颖的玻璃柜中（图2.1—16）。这些标本全部来自拉默斯伯格矿本身。本矿以外的矿石标本是绝对禁止进入展馆的。

橱窗里有一块古代路面（图2.1—18），留下了车轮碾过的深深轨迹。俗话说：前有车，后有辙。将凝固着历史轨迹的路面庄严地陈列在这里，象征着矿山博物馆深刻的历史反思。

千百年来，开矿需要坑木，冶炼也要燃烧木头，曾给生态带来巨大破坏。博物馆真实地展现了这段历史教训（图2.1—19）。

在第二次世界大战中，这个矿也使用了大量从被占领国家抓来的苦力，博物馆也没有回避这段历史，甚至追踪这些昔日的苦力到外国对他们进行访问。

只有尊重历史的人才能赢得人们的尊重。

这个长着角的马似乎是一个圣物（图2.1—17）。在中国有许多“马刨泉”一类的地名，是说泉水的发现是被某某马踏出来的。这个矿的发现也有类似的传说。但马头上长着角，就已经不是马了，欧洲一些王室以这种“独角兽”为吉祥物，它代表着权力。拉默斯伯格矿山以此兽为圣物，说明了这个矿在国家生活中的重要性。

图2.1—20　此矿所提炼出的各种金属制成的艺术品及种种用具

图2.1—21　主持人周宇在歌德的画像（剪影）前默念其诗句

这个展厅里的展品，都是不同历史时期用这个矿山生产的有色金属制造的（图2.1—20）。它记载了矿山昔日的辉煌。在这琳琅满目的展品中我们听到了历史钟声的回响。

苏迪德教授告诉我们：2000年以“人类—自然—技术”为主题的世博会在德国举办，拉默斯伯格是其中的一个分会场，被称为“岩石上的世博会”，一方面展示了人类工业文明和技术的创新和保护的范例，另一方面也展示了这个世界文化遗产保护和管理的范例。

歌德在写给矿工的一首诗里这样问道：“是谁帮你们觅宝、幸运地公诸于世？只有靠聪明和诚实的帮助；这两把钥匙让你们打开每一座地下宝库的大门。”

是的，只有靠聪明和诚实才能在这五彩斑斓的神秘地下世界觅宝，也只有靠聪明和诚实才能寻觅到人类曲折发展道路的真正规律。

我们的主持人周宇正在歌德的剪影前默念他的诗句（图2.1—21），这是来自欧亚大陆东端和西端的两个人在这座千年矿山的超时空对话。

图2.2—1　从山上远眺弗尔克林根炼铁厂

2.2 世界文化遗产——弗尔克林根炼铁厂

弗尔克林根炼铁厂（Voelklingen）位于德法边界德国最小的州——萨尔州(Saar)的弗尔克林根市（Voelklingen）。该厂建于1873年，在1890年前后就已是当时德意志帝国最重要的炼铁厂之一。1986年弗尔克林根炼铁厂停产，但高炉等炼铁业基本的工业设施得到了完整的保护。1996年这里被认定为世界文化遗产，成为德国第二个被联合国教科文组织列入世界文化遗产名录的工业遗迹。弗尔克林根炼铁厂在德国的工业史上有着重要的地位，从图2.2—1可以看出这个工厂的宏伟气势。那些代表工业文明的林立的高炉、高塔传给了我们什么信息？这些占据了庞大空间的工业建筑物又说明了什么时间过程呢？

大家知道第一次工业革命源于18世纪中期的英国，这次工业革命一般被称为“蒸汽时代”，而改进托马斯•纽科门原始蒸汽机的瓦特不过是格拉斯哥大学的实验员，当时许多发明都来自经验丰富的工人（例如手摇纺纱机就是织工发明的），一些新的工业部门是在手工业的发展中转化过来的。

19世纪中叶到20世纪初的第二次工业革命是在德国、美国发生的，发明家多是专家、学者，他们将科学与技术相结合的成果运用到工业生产中去，出现了许多发明创造，大大提高了生产力。

在第二次工业革命中，德国的西门子兄弟作出了卓越贡献，老大维纳•西门子在1866年发明了自激流发电机，这是世界上第一台应用于工业的发电机，开辟了人类电力生产新纪元（第二次工业革命一般被称为电气时代）。

老二威廉•西门子[1]是平炉炼钢的发明者。大约从1846年起，他就开始研究燃料效率问题。1856年威廉•西门子和他三弟弗里德里希•西门子得到一项将蓄热原理用于所有需大量热能的炉子的专利。最初，此法主要是用于玻璃熔化炉，可节省50%的燃料。1867年采用煤气发生炉，成功地在酸性炉衬的反射炉内熔炼生铁和矿石成钢，而成为“生铁和矿石法”的平炉炼钢法。

法国冶金学家皮埃尔•艾米尔•马丁于1865年用德国西门子兄弟发明的蓄热室，以生铁和熟铁在反射炉内炼钢首次获得成功，这种炼钢的平炉被称为马丁炉亦称“西门子—马丁炉”。

德国钢铁业界不但迅速掌握了西门子—马丁炉的技术，而且掌握了当时的优

图2.2—2、3　厂区雄伟的高炉等钢铁工业景观仍然有一种震撼人心的力量

1.威廉·西门子20多岁后移居英国，1850年在英成立了西门子公司代表处。1855年四弟卡尔·西门子亦在俄建立分支机构。

2.2—4　在弗尔克林根炼铁厂正门访问团向博物馆馆长赠送纪念品

2.2—5　馆长在展厅介绍展览情况

2.2—6、7　纪念“9·11”事件图片展的部分图片

质钢冶炼法——贝西默发明的酸性转炉炼钢法，德国钢铁产量迅速提高，有力地支持了机械等其它工业门类的发展。

在第二次工业革命中建成和发展的弗尔克林根炼铁厂，集中了那个时代的许多先进技术，反映着那个时代的信息，那一排排比肩而立的巨大高炉仿佛时刻在提醒着人们：科学技术是第一生产力！[1]

如今这座因失去竞争力而关闭的冶炼厂，其被保留的基本部分已成为工业博物馆，周边一些小型的模具房等车间也被改造为地方大学的实验中心和实习基地。这里还被用于文化目的，目前该厂的矿石堆场已经改造成摄影和图片艺术展厅。

我们访问时，一个纪念“9·11”事件两周年的摄影图片展览正在这里进行，钢结构世贸中心残骸的照片，陈列在钢铁厂遗迹里，特别发人深省。

这里的馆长Mendgen先生同苏迪德教授一样都是热心于保护有代表性工业遗产并积极开展工业旅游研究的学者。在矿石堆场改造成的这个展厅里（图2.2—5），他向我们介绍了其保护利用工业遗产的基本理念：“这个地方历史上是通过炼铁获得收入的，而现在成了一个历史纪念地、文化场所。我们必须找到新的获得收入的方式，因此我们将这个铁矿石堆料场转化为展览空间。这就意味着我们要尽可能用一个地方，保留这里的所有历史细节。另一方面，还需要一个有吸引力的地方来举办展览。我们非常成功地运用了这个理念，虽然博物馆已经有十多年了，但来参观的人仍然很多而且还在上升，现在每年有超过15万的人参观这里。”

的确，在富有历史感的旧厂房里举办一些历史文化展览是一个很好的理念，就拿正在进行的纪念“9·11”事件的展览来说，你看这一幅幅画面不正像从天车轨道上滑过来一般吗（图2.2—6、7）？钢结构世贸中心的残骸也得到了厂房锈蚀的钢结构框架的衬托，旁边还保存的原料以及出料口似乎在提醒人们，这里的一切都会被送往历史的大熔炉。这一切不是很有象征意义吗？颇有点儿东方哲学“轮回”的意境。你也能深刻领会到物质不灭的真理。

1. 尤尔根·哈贝马斯 1968年已在《作为“意识形态”的技术与科学》一文中已指出：科学技术已经成了“第一生产力”，成了“独立的变数”和“独立的剩余价值来源”，“马克思本人在考察中得出的剩余价值来源——直接生产者的劳动越来越不重要”…… 转引自郭官义为尤尔根·哈贝马斯《重建历史唯物主义》一书所写的译序，社会科学文献出版社，2000年。

图2.2—8　走进现作为展厅的备料车间，仿佛进入了时光隧道

图2.2—9　一幕幕历史画面仿佛从这个吊车的轨道上滑过

图2.2—10　钢结构世贸中心的残骸与厂房锈蚀的钢结构框架很相衬

图2.2－12　高炉群下方是过去的露天堆料场，曾有制片公司在这里拍过恐怖电影。而现在恐怖电影场面和露天堆料场的场景都已被茂密的树林所覆盖

图2.2－13　在攀登高炉的过程中看到的周围景观

图2.2－16　来参观的人络绎不绝，特别是由学校组织的青少年

图2.2－14、15　各种历史画面陈列在动力机房古旧机械中间，我们仿佛体会到了推动历史前进的某种动力

我们跟着Mendgen先生和苏迪德教授参观厂区保留原貌的部分，先是沿着阶梯登上高炉。

站在考珀炉顶的平台上，炼铁厂内部的各个系统展现在面前，可以看见4个管子从高炉顶伸出来，据Mendgen先生介绍，在炼铁过程中煤气以及烟尘就是通过这些管子从高炉中排出。这些烟尘和煤气被清洁后可以重新利用（煤气可用在考珀炉中加热将输入高炉中的空气）。

Mendgen先生还介绍说高炉群下方（图2.2－12）是过去出铁水和铁渣的地方，停止生产后曾有制片公司在这里拍过恐怖电影。而现在恐怖电影场面和出铁水、铁渣的场景都已被茂密的树林所覆盖。现已有学者对曾被工业污染的土地上生长出来的植物进行研究，称之为工业生态学。但也有少数学者坚持认为：炼铁厂应保持它的原貌。

在攀登的过程中还可以看到弗尔克林根世界遗产地的周边景观（图2.2－13）。

听说动力机房有一个世界千年文化年表展，这引起了我们的兴趣，连忙赶过去。还未到动力机房，我们在电梯里就听到了机器的轰鸣声，这其实是在播放过去生产时的录音，以增加历史感。几个巨大的飞轮（图2.2－14）首先映入我们的眼帘，它们是为鼓风机等提供动力的设备，鼓风机产生的风经热风炉（考珀炉）加热到一定温度后再进入高炉。有关资料记载，由蒸汽推动的巨大轮子过去通常是以每分钟75转来为鼓风机提供必要的动力，而飞轮上的线圈还可以用来发电。鼓风机上的许多细节表明了1905年到1914年机械工程技术的概况。

站在巨大的飞轮前你能感受到推动历史前进的动力。而把这些反映历史进程的展览放在有巨大飞轮的动力机房确实是恰到好处。

弗尔克林根炼铁厂开展工业旅游活动以来，对当地第三产业的带动非常明显。这个隔着铁路与炼铁厂相对的餐馆，是当地最有特色的饭馆，生意非常兴隆（图2.2－17）。

远处有150年历史的两座废矿渣山也成为当地的一大景观，它就像大地母亲再次膨胀起来的一对乳房，给她筋疲力尽的儿女重新注入力量，然后诞生一个新的超越工业文明的文明。

在希腊神话里，大地女神盖亚（Gaea）是诸神伟大的母亲，她把初生的婴儿宙斯交给侍从库瑞斯（Curatas）照管，侍从们以一种狂野的舞蹈用矛击盾，让喧闹声淹没了宙斯的哭声，保护他不被其父克罗那斯所发现。

这座炼铁厂看起来残旧，但在人类科学技术飞速发展的时代，它只代表了人类进行了第二次工业革命的少年时代（如果狩猎、放牧和农耕的时代是人类的童年时代的话），而科隆大学苏迪德教授（图2.2－4 右二）、弗尔克林根博物馆馆长Mendgen先生（图2.2－4 左二）等为保护工业遗迹和开展工业旅游而辛勤工作的德国学者，正像那些呵护幼年宙斯的可爱精灵库瑞斯一样献出了极大的热情，也赢得了中国学者的敬重。

图2.2－17　与炼铁厂隔铁路相望的餐馆生意兴隆

图2.2—18　进餐时还可以看到盛着1000°C以上高温铁水的槽车（内侧铁路左边）驶过，附近仍有钢铁厂在生产

图2.2—19　从高炉顶上远眺两座废矿渣山

2.3 世界文化遗产——关税同盟煤矿

图2.3－1　在关税同盟煤矿门口合影

前两节我们已分别介绍了被列为世界遗产名录的工业遗产地格斯拉尔市拉默斯伯格有色金属矿及萨尔 (Saar) 州弗尔克林根（Voelklingen）市的弗尔克林根炼铁厂，这一节我们介绍德国第三个被联合国教科文组织列为世界文化遗产的工业遗迹——位于北威州（North-Rhine Westphalia）的关税同盟（Zolleverein）煤矿及其附属的炼焦厂（图2.3－1）。

科隆大学的苏迪德教授认为：关税同盟（Zolleverein）煤矿是最重要，也是最具有特色的工业遗产。它是在以前古老采煤活动的基础上逐渐完善，到20世纪的30年代，已成为欧洲最具现代化的煤矿。该矿无论是建筑还是生产过程，都设计和组织得非常合理、非常专业，并成为了一种范本，而且也是当时日产量最高的煤矿。目前所重点保护的是最中心的第12号煤井架（图2.3－2、3）。

我们先要讲一讲关税同盟是怎么回事。在德国的历史上“关税同盟”的成立有着重要的意义。

德意志曾长期处于分裂状态，各地关卡林立，不但形不成统一市场，而且造成政治和军事上的软弱，不断遭受邻国的侵略。歌德曾怀着热切的心情说：“首先德国应该统一而彼此友爱，永远统一以抵御外敌。它应统一，使德国货币的价值在全国都一律，使得我的旅行箱在全境36个邦都通行无阻，用不着打开检查，……德国境内各邦之间不应再说什么内地外地。此外，德国在度量衡、买卖和贸易以及许多其他不用提的细节方面也都应统一。”[1]

经济学家李斯特1819年代表5000商人和工厂主起草《致德意志联邦议会请愿书》提出在国内各邦废除关税，他在同年创办的《德意志工商者报》还撰文指出：不在德国各邦人民之间实行自由交往不可能有统一的德国，不建立共同的重商制度不可能有独立的德国[2]。

终于1826年德意志北部的6个邦国建立了关税同盟，两年后，南部各邦国也建立了关税同盟，1834年南北两个关税同盟在普鲁士的领导下合并为全德关税同盟。德意志的广大区域内实现了商品往来的畅通无阻，这极大地促进了经济的发展，1850—1866年间关税同盟地区的工业总产量增加了一倍，特别是煤炭工业和钢铁工业取得了长足发展。

关税同盟在德国历史上有如此重要的地位，所以德国实业家Franz Haniel在1847年买下此地建厂时以“关税同盟”来命名他的企业（逐渐发展为包括煤矿、选矿厂和炼焦厂的大型企业），可以理解为他对国家的发展、对搞好企业有一种使命感。

煤厂建立之初Franz Haniel就铺设铁轨并使用了当时最现代化的蒸汽火车，这位有远见的企业家相信以后铁路会连接上整个鲁尔区。

1847 年煤井投产，一度成为欧洲最大的煤井。1848年第2号竖井开始工作，到

2.3-2

2.3-3

图2.3—2、3　从侧面看和夜间看到的关税同盟煤矿的标志性建筑——12号井架及选煤车间包豪斯风格的厂房，车间顶层的文字即德文“关税同盟”，我们感到这座标志性建筑也可以被看成是“关税同盟”的纪念碑

1. 转引自马桂琪、黎家勇:《德国社会发展研究》，第134页，中山大学出版社，2002年。

2. 转引自姜德昌、吴疆:《马克骑士》，第55页，吉林人民出版社，1998年。

了一战末，采煤的竖井逐渐从两个扩建到四十个。

1920年，一个更具雄心的计划开始了，围绕12号竖井修建一个能系统处理煤区来煤的洗煤、选煤厂。1927年，建筑师Fritz Schupp和Martin Kremmer 应用包豪斯学校的理念对厂区进行了整体设计，五年之后，12号竖井及其周边洗煤、选煤等工业建筑完成（图2.3—4、5）。这些呈几何形状、对称、和谐的厂房体现了包豪斯建筑风格。所谓包豪斯风格强调的是艺术与功能的结合，措伦煤矿的工业建筑不仅美，而且与它的生产流程配合得天衣无缝，将现代派建筑的功能主义推到了极致。如果不是建筑师充分体现了企业家的雄心，而企业家又对建筑师的设计理念给以充分理解，就不可能体现出现代主义宏大叙事的风格，也不可能有这样完美的效果。就连厂区的灯柱、灯泡也与周围建筑群浑然一体，设计周到但并不铺张，简洁的外墙体与钢制栏杆窗户足以抵御坏天气，厂房内部的钢铁支撑要素也很有特点。

图2.3—1、2、3是被保留的12号竖井，成了这里的地标。了解采煤业的人都知道，矿井总是以成对或成组的形式出现，提升力大的主井用来出煤，副井则用来向井下输送工人、设备，或用作送风的通道。12号竖井就是一个明显的主井，井下的煤被提升上来后，在这座高大的厂房中完成洗煤、选煤的过程。

1986年煤矿关闭，当时只有少数人呼吁将其整体保护下来，经过几年努力终于被州政府列入历史文化纪念地。1989 年由州政府的资产收购机构(LEG) 和埃森 (Essen) 市政府共同组建成管理公司(Bauhutte Zeche Zollverein Schacht XII Gmbh)，永久性地负责该地的规划与发展。煤矿被保护了下来，并得到了重新翻修（图2.3—6）。

1998 年州政府和市政府还成立了专用发展基金。2001 年9 月该地成功进入世

图2.3—5　运输廊道内部的输送带也得到了完整保留

图2.3—4　建筑师Fritz Schupp和Martin Kremmer 设计的包豪斯风格工业建筑体现了艺术与功能的结合，与生产流程配合得天衣无缝，连接各车间的运输廊道、管道至今看来仍给人一种律动感

图2.3－6　前方保留（或重新装置）的一个储气塔的骨架已成为一种象征性的思想之塔

图2.3－7　原动力车间被改造成“红点”设计馆

图2.3－8　“红点”设计馆内部

图2.3－9　厂房外墙成为摄影作品展示空间

图2.3—10　许多设计公司、广告公司在这里安营扎寨

界文化遗产名录，成为德国第3个获此殊荣的工业遗产旅游地。目前，关税同盟煤矿区已变成博物馆对公众开放。

关税同盟煤矿一方面比较完整地保护了这个工业遗迹景观的各个功能单元，另一方面又基本从整体上得到了重新利用。图 2.3—7、8、9这处在1927—1932年建成的动力车间（锅炉房）被英国著名建筑师福斯特（Norman Foster）改建成了北威州设计中心和红点设计馆。当这里成了世界文化遗产地，许多人对这座建筑中间原锅炉房上存在的高大烟囱被拆除提出了质疑。

在被评为世界文化遗产以前已经拆除的烟囱若再重建起来是否有假古董之嫌呢？毕竟12号矿井的井架和洗煤、选煤厂已得到了完整的保护，而对这处工业遗产地的一些附属建筑的开发利用，使得部分曾被冷落和抛弃的工业建筑遗产再次融入到人们活跃的经济文化生活中，从而实现了一种戏剧性的生命转变。

这些几乎要被拆除的旧厂房，现在成了激发人们无穷创意的“灵感之乡”，不仅政府办的设计中心、博物馆和大学要在此安家，连民间的一些广告公司和创意产业也纷纷进入这个园地（图2.3—10），还有不少大型展览相继在这里举办。

属于关税同盟煤矿的焦炭厂，较晚些时候才关闭，也是这个世界遗产地的一部分，它曾是一个非常大型的焦炭厂，约有200个炼焦炉，为钢铁业提供焦炭。虽然人们作出了很多努力（例如开发太阳能等），但既要保护这个巨大焦炭厂的宏伟气势，又能把它充分利用起来是很难的。不过冬天这里会很热闹，由于鲁尔区没有一个天然的湖泊，冬天原炼焦厂用来冷却焦炭的巨大水池变成了巨大的溜冰场，会有许多人来这里滑冰，这里成了少年儿童的乐园，也因而使这个工业遗产地充满了蓬勃的朝气（图 2.3－11、12、13、14）。

有趣的是当地的一些传统节日也利用关税同盟煤矿的场地进行，过去和今天很好地结合在一起。据苏迪德教授介绍，每年有导游组织的旅游者约有十万人光顾这里（包括我们可在电视片中看到的为感受传统蒸汽机火车而来的游客），而自行来这里的游客更达五十万之众，这说明这个地方作为一个旅游目的地已被公众所接受，现在已经成为德国甚至国际上一个重要的景点。而我们还从关税同盟煤矿的工业景观中看到了企业家对整个企业合理精密的管理，看到了功能与艺术完美结合的包豪斯建筑，看到了德国观众对工业化时代的眷恋……一句话，我们感受到了一种强烈的德国气象！就在我们访问德国的期间，关税同盟煤矿的工业

图2.3－11　炼焦炉旁的巨大的摩天轮既给孩子们带来了旋转的乐趣，同时也可鸟瞰厂区全景

图2.3—12、13　炼焦炉前这个巨大的焦炭冷却池在冬天是个热闹的滑冰场。在此处滑冰会有一种穿越时光隧道的感觉

图2.3—14　一家三口在炼焦炉旁的厂区道路骑自行车锻炼。右边是耐心的准爸爸在陪着准妈妈散步，胎儿在母体中已开始接受工业文明的熏陶

景观被印在了最新发行的邮票上，这也充分说明了作为世界遗产地关税同盟煤矿在德国乃至世界上的重要地位（图 2.3—15、16、17）。

然而关税同盟煤矿旧厂区再生后迅速繁荣的局面又使苏迪德教授产生新的忧虑。他指出：“也许应该有一点批评。这个地方的周围是老的工业区，居住着一些很穷的人，住房条件差，失业的没有受教育的外籍工人比较多，有巨大的社会问题。因此我们有一些担心。而关税同盟煤矿由于能够从德国政府、欧盟等地得到大量的资金而获得了发展和改善，将成为一个富裕和后现代的岛，但周围地区却是充满社会问题的衰退的工业地区，这种反差长远来看如何得到改变，我们目前还不知道。”

从这些话中我们可以充分感受到德国学者的社会责任感，而一个现代派强调功能主义的工业建筑群又如何在逆工业化后成为一个“后现代”的岛？这个问题我们也觉得很值得琢磨。

特别鸣谢：

图2.3—2、3、4、5 由北京歌德学院顾问、北京大学教授晁华山协助搜集。
图2.3—13 出自Reinhard Felden/Axel Foehl, Das Ruhrgebiet: the Ruhr/Le Bassin de la Ruhr. 第6-7页图片。
图2.3—15 由苏迪德教授提供（从当地报纸扫描）。

Verbeugung vor der Schönsten

Essens Oberbürgermeister Wolfgang Reiniger zeigt die neue Briefmarke der Serie „Industrielandschaft Ruhrgebiet“. Auf ihr und im Hintergrund ist die zwischen 1928 und 1932 errichtete Zeche Zollverein zu sehen. Sie gehört zum Unesco-Weltkulturerbe und galt als schönste Zeche der Welt. oto. AP

图2.3—15 关税同盟煤矿的工业景观被印在了德国发行的邮票上

图2.3—16 关税同盟煤矿利用旧火车开展了许多活动

图2.3—17 关税同盟煤矿旧工业设施改造成的游泳池

2.4 有着教堂般工业建筑的措伦煤矿

上一节我们介绍了德国第三个被联合国教科文组织认定为人类文化遗产的工业遗产地——关税同盟（Zolleverein）煤矿，并谈到了"关税同盟"的成立对德国的统一和德国经济的发展起到了重要作用。

德意志帝国（第二帝国）1871年成立时[1]，许多人指出这是铁血宰相俾斯麦强权政治、强权外交和军事胜利的结果。而英国经济学家凯恩斯后来却从另一个角度指出："德意志帝国与其说是建立在铁和血上，毋宁说是建立在煤和铁上。"可见煤炭工业、钢铁工业对于德国的振兴起到了多么大的作用。而德国的煤炭工业和钢铁工业又多集中在鲁尔区。这一节我们继续向大家介绍鲁尔区一处很有特色的煤炭工业遗产地——措伦（Zollern II/IV）[2]煤矿（图2.4—1）。和关税同盟煤矿一样，这里的工业建筑也很著名，但并不是包豪斯风格的现代主义建筑，而是大量运用古典建筑语汇的折衷主义工业建筑，特别是一座类似教堂的工业建筑给我们留下了深刻印象。

2.4-1

图2.4—1　措伦煤矿院内东侧靠近门口的工业建筑

1. 1871年1月18日，在凡尔赛宫镜厅，威廉一世宣布德意志第二帝国成立。威廉一世自立为皇帝，俾斯麦成为第一任首相。统一的德意志帝国由22个自主的君主国组成。

2. 罗马数字表示矿井的编号，即目前保留下来的第2和第4号煤井。

措伦煤矿坐落在鲁尔区东部的一个大城市——多特蒙德（Dortmund）市，现在是露天煤炭博物馆，这个博物馆（与中国一般的室内博物馆不同）有大量的露天展品，过去厂区的许多工业建筑都是博物馆的组成部分（也可被看作是展品），这些工业建筑呈现出一种折衷主义的非同寻常的建筑风格。由于新翻修的厂房及其办公楼的古典风格得到了展现，使这个地方看起来不像工厂，而更像是一座很有历史的欧洲大学。除了丰富的露天展品，这里室内展览的内容也很翔实，旅游纪念品开发得比较丰富。这里的展览很注重让参观者亲身体验，不论室外还是室内，都可以看到一些卡通式的说明牌（对孩子们特别有吸引力）教人们如何使用各种工具（图2.4—2、3）。这个地方同时还是威斯特法伦州（Westphalian）工业博物馆（WIM）的总部所在地，WIM旗下有8个这样的工业博物馆。

措伦煤矿建于19世纪与20世纪交替的时候，在100年前的1904年开始出煤。从20世纪初到第一次世界大战前的1913年，德国一步步超越法国和英国，成为仅次于美国的世界第二工业大国。当初这个企业的老板和建筑师想创造出一种特别的东西，以使这个煤矿成为一个样板煤矿。后来这里也的确成了样板，很多参观者来这里学习机械运作等等。

而观众走进措伦煤矿首先吸引他们的是这里别具一格的工业建筑。苏迪德教授说这里的建筑是折衷主义的，并特意向我们介绍了这些建筑中的一些古典的元素（图 2.4—4、5、6）：许多小塔呈现出巴洛克风格、一些窗户及门口的形式是早期哥特式风格，还有些窗户是罗马风格……，建筑专业人士来这里还可以发现更多有趣的细节，它反映了那个时代的特点，自1871年德国统一后虽进入了工业化的高速发展时期（1895—1913年间工业生产约增了1倍），却未完全摆脱统一前的中世纪痕迹，但有一点是肯定的，它表现出企业的权力和自豪感，表现出一种

图2.4—2、3　措伦煤矿院内的露天展品及卡通式的说明牌

图2.4－4　措伦煤矿院落中部的工业建筑

图2.4－5　措伦煤矿东侧存放消防设施的小楼及附近的一处井架

图2.4－6　古老的消防车

德意志精神，也表现出那个时代的审美情趣。

我们在上一节介绍了关税同盟煤矿于20世纪20年代由建筑师Fritz Schupp和Martin Kremmer设计的一组典型的功能主义的包豪斯风格的工业建筑。包豪斯风格在强调功能的同时突出一种简洁的呈几何形状的现代美，后来包豪斯成了现代主义建筑的代名词。但是以建筑中的功能主义、艺术中的抽象主义为代表的现代主义逐渐走到了自己的反面，人们开始厌倦抽象的、全无装饰（“少即是多”）的现代主义国际风格建筑。现代主义与传统的建筑语言相疏离，又与未来艺术家及观察者的更为客观的观察相疏离。许多学者指出现代派“功能主义的致命错误在于它反对交流”。作为一种与现代主义对抗或对现代主义进行改造的现象，从20世纪中叶开始，出现了一种强调“后现代的感受性”[1]的潮流。正如文图里写到的：“建筑师们再也不能忍受正统现代建筑的清教式道德语言的胁迫了。我喜欢的成分是杂交混合而非‘纯粹’，妥协折衷而不是‘清纯洁净’，曲折变形而不是‘直接易懂’，暧昧含糊而非‘清楚可辨’，既是非个性的又是倒错的，既‘有趣’而又乏味，我喜欢约定俗成而非‘设计而成’，通融随和而非拒人于外，增殖过剩而非单一，创新而又多变，不连贯、含糊多义而非直接和明白清晰。我喜欢无序的活力胜过显而易见的统一。我把非推断包括在内，并公开表明喜爱两重性。”[2] 后现代是一个庞杂的思潮，其中的“后现代古典主义”强调新的建筑应该既适应都市的文脉，又拓展都市的文脉，开掘“历史循环论”的主题，重新阐释传统并对传统建筑形式有选择地复归和兼收并纳。

折衷主义是后现代建筑的重要特点，然而我们却在措伦煤矿（早于上一节介绍的关税同盟煤矿现代派包豪斯风格的工业建筑）的建筑群中看到了折衷主义的特点，但这些是未摆脱中世纪影响的早期工业化时期的建筑，与后现代是不搭界的。我们从中可以感受到历史的循环往复，而且就目前所开展的工业旅游等活动而言，这个“后现代的岛”与关税同盟煤矿相比，少了些宏大叙事带给人的压抑和紧张，建筑形式与利用这些建筑的新的活动内容更相衬。

---

1. 玛格丽特·A.罗斯在引用柯勒的这一术语时还指出：“柯勒在言说‘后现代主义’有时会与‘后现代’或‘后现代性’串调，没有完全解释清楚这些术语之间的区别。”由于对后现代建筑缺乏研究，这种串调恐怕在本书中也难以避免，笔者在此提前向读者致歉。

2. 文图里《复杂性与矛盾性》转引自玛格丽特·A.罗斯所著的《后现代与后工业》（辽宁教育出版社，2002年，第122页）。

图2.4—7　措伦煤矿院内西侧靠近门口的很像“教堂”的建筑

图2.4—8　“圣殿”两侧大窗与屋顶夹角处镶嵌着教导人们努力工作的诗体警句

图2.4—9　发放工资的地方像个“圣殿”

我们进入了一个好似教堂的建筑，宽大的厅堂空空荡荡、高高的屋顶既给人一种宗教式的向上升腾的感觉，同时又体现了现实人间的一种进取精神（图2.4—7、8、9）。从裸露的梁、柱、龙骨木架可看到日耳曼桁架式传统建筑结构，因坚固的木构架承担了这高大建筑的荷重，所以窗子开得大而高、明与暗、深色的砖石与砖石间的白色构缝及木构架的鲜艳轮廓线均形成了一种对比，所以在宗教般的凝重中又让人感到几分明朗和轻快。这里是企业向工人发放工资的地方。其实，如果只要满足发放工资的功能，一般的建筑就可以了，但煤矿公司把这里搞得像教堂一样，这就具有了一种象征性，一方面表现了企业的自豪，另一方面也显示了公司的权力，在体现对员工的教化这一点上，这里也确实具有教堂的功能。在彩色大玻璃窗两侧接近屋顶处，镶嵌着一些鼓励人们勤奋工作的诗一

图2.4—10　一幅宣传“煤矿工人带来光明”主题的海报

样的警句。苏迪德教授告诉我们：“这种对工作的强调在那个时代是很典型的，它也解释了为什么德国以及其他西方国家在工业化过程中如此成功。因为工作是一种光荣，干好工作成为一个可靠的人是一种光荣。所有这些综合在一起很好地反映了这种思想设置、生活方式、工作规范等等。当然也有人会说，这些文字和描述反映了控制、控制矿工努力工作使公司赚更多的利润。”苏迪德教授谈了两个方面，其实有人还会说（从阶级斗争的观点来看）那是资产阶级麻痹工人阶级的手段，是一种精神上的奴役；甚至还有人会怀疑德国人民奉献和服从的传统会成为法西斯主义滋生的土壤，……就看你从什么角度来分析和解构了（这也说明了保留这个工业遗产地的必要性）。就我们身临其境的感觉来说，我们强烈感受到的是一种文化。“文化是协调行动方式、思维方式、感觉方式的整体，它们构成能够确定人的集体行为的角色。”[1]经过第二次世界大战的教训及战后艰难的统一过程，在协调行动方式、思维方式……的总体把握上，德国人（起码相对于日本人来说）已大踏步前进了。

展室里有一幅画（图2.4—10）让我们感到既熟悉又亲切，一看就知道它表现了“矿工给人们带来了光明”这个主题，因为在工人阶级当家作主的中国，这一类的宣传画可以经常见到。苏迪德教授同意我们的判断，他说，这个形象象征性地显示了煤炭工人在战后的英雄形象。因为煤炭是战后德国重建的基础，煤炭保障了德国的能源供应。人人都知道煤炭工人的工作是极端艰苦、极端危险的，然而（平均来说）煤炭工人的工资也是所有经济活动中最高的，所以很多人愿意来做这个工作。煤炭工人很自豪，但他们也付出极端艰苦的代价。同时苏教授还指出这幅海报所显示的另外的内容——煤炭工业困难时期的情况——那时国内的煤炭受到外国廉价石油的威胁，因为1950年代末期，特别是1960年代经济起飞时期，石油大量进到德国市场，成为非常有竞争力的能源。因此，很多煤矿突然之间受到了威胁。煤炭在德国过去一向是非常重要的，它是一个非常大的经济部门，提供了30万个工作机会，当时有1000多家煤矿企业。但是当廉价石油威胁突然出现在面前时，煤炭工业的衰落也就开始了。这幅画的另一个含义便是希望人

1.莫里斯·迪韦尔热：《政治社会学——政治学要素》，华夏出版社，1987年，第63页。

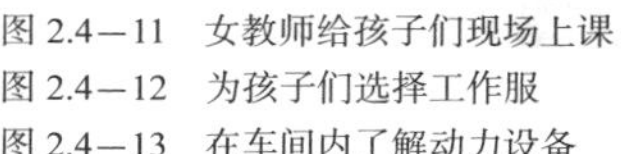

图 2.4—11　女教师给孩子们现场上课
图 2.4—12　为孩子们选择工作服
图 2.4—13　在车间内了解动力设备
图 2.4—14　进入矿区前最后检查矿灯

们不要忘了煤矿工人，也希望人们在外国（相对廉价）进口石油的冲击下不要舍弃作为稳定能源供应源的煤。

德国的博物馆很注重观众的体验和参与，我们的照相机追踪记录下了一批小学生在青年教师带领下来这里体验矿工生活的镜头，愿读者也能间接体验到他们的体验（图2.4—11、12、13、14）。

这些孩子的祖父或者父亲也许就是这个矿上的工人，就在这个类似教堂的建筑中领取过工资并接受过教导。那么，这些老矿工的后代还会像祖辈一样将工作视为神圣吗？

图2.4—15　走出矿区的自豪的“小矿工”

图2.4—11是女教师向孩子们讲解工作服及劳动保护用品存放和使用方法的情景。同我们参观过的其它采矿企业一样，过去每个矿工的工作服及劳动保护用品都是这样吊在半空中的，这样有利于散发工作服中的潮气，而且一切都

图2.4—16　晚霞映照着博物馆的露天展品：专用铁路线的龙门吊车等

是通透的也有利于对工人的管理，使他们无法藏起私人财物。

为了使体验更加逼真，孩子们兴奋地穿上了父辈穿过的工作服（图2.4－15）。这情景使我们产生了一些联想：如果今天中国的学校组织学生去煤矿体验矿工工作的情景，家长们会支持吗？让从小娇惯的独生子女穿上脏兮兮的工作服他们会情愿吗？也许他们的父母领他们散步时见到穿着肮脏工作服的工人，会对他们说：你要是不好好学习，将来就会同他们是一样的下场！改革开放近30年来，我们引进了很多好东西，但国外尊重劳动崇尚良好职业道德的传统并未在中国扎根，反而在很大程度上把一些社会主义的好传统丢掉了。

在动力车间女教师向孩子们介绍这些巨大的机器所产生的动力如何把煤从地下提升上来（图2.4－16）。动力车间的窗户设计得很大，一方面明亮的光线有利于工人们看清机器上的仪表，另一方面也可以随时观察到窗外井架上天车的运作。而这两方面也同样为今天的参观者提供了方便。

进入矿区前孩子们要像当年的矿工一样调试好安全帽上的矿灯。欢乐的表情中透着几分紧张。

孩子们乘坐用当年运煤斗车改造的小火车车厢深入矿区参观和体验。

当满脸煤黑的孩子从矿区出来的时候，一脸自豪的表情，他们战胜了恐惧，征服了以往从没有涉足的地下黑暗世界。

从他们自豪的表情中我们感到：矿井可能会因激烈的竞争而关闭，但劳动神圣的传统将会在德国一代代传下去（图2.4－17、18）。

图2.4－17　晚霞中矿渣山顶的瞭望塔。此矿渣山周边绿化得很好，但山顶却故意裸露出煤矸石等各种废矿渣，而且中间略微有点凹陷成浅“盆”状，此“盆”的集雨作用也有利于山体周边植物的生长

图2.4－18　隔着埃姆歇尔河谷，滑雪场所在的石渣山对面有一座更大的已披上了绿装的石渣山。山上的瞭望塔从远处看像一个现代派的雕塑作品

措伦煤矿的重新整修是上文所介绍的IBA计划的一个重要案例。除了对有代表性的工业遗产进行整修之外，IBA计划还在工业遗产地建了一些新的建筑，既然这一节谈的是煤矿，我们就再介绍IBA计划与采煤业有关的几个工程。

先介绍两个被改造利用了的煤矸石山。去过国内煤矿产区的人都会对那些堆积如山的煤矸石山留下深刻印象。德国也存在同样的问题，你可能想不到，从图2.4—19、20、21、22看到的那个有着绿色蛇形建筑的山以前也是一个光秃秃的煤矸石山，那个绿色建筑是一个室内滑雪场，反映了人们将新事物带到老工业区的努力。我们采访了建在废煤渣山上的这个室内滑雪场的负责人。他很自豪地说：

图2.4—19　从瞭望塔上回头看废矿渣山上的室内滑雪场以及周围的工业遗迹和依然运营着的工厂。

图2.4—21　活动绳索把滑雪者拽向滑道上方。

图2.4—20　煤矸石山上的室内滑雪场入口

图2.4—22　乘滚梯上“山”滑雪的年轻人

“我们位于鲁尔区的一个废矿渣山上。鲁尔区过去是一个巨大的以煤和钢铁为主的地区。而现在我们拥有这个山，真正的山作为室内滑雪场。这是一个世界上最大的室内滑雪场，长达640米。这个想法来自于以前的滑雪家Marc Girardelli先生。我不确切地知道他赢得了多少次世界滑雪大奖。他的想法就是修建一个有真正雪的室内滑雪场。我们现在就在这里。”这位负责人的话很有震撼力，一个废矿渣山现在变成了世界上最大的室内滑雪场，这个反差太大了，而这个转变又是由一个著名的体育明星Marc Girardelli设计完成的，这不能不给人留下深刻印象。

从滑雪场隔着埃姆歇尔河谷向对面看去，有一座更高的、已经绿化了的煤矸石山，山上建了一个三角形的、散发着现代气息的金属瞭望塔，已成为当地的标志性景观。在这个被称为Tetraeder的塔上，可以看到整个鲁尔工业区的风貌：一些工业遗产地、一些仍然在运营的焦炭厂、钢铁厂以及其他一些新兴的工业、旧的城镇、新的城镇、埃森大学等等。而从山下看去，Tetraeder塔就像一个现代派的雕塑。

我们拍下了夕阳中的煤矸石山以及雄伟的瞭望塔。是的，有些夕阳工业将不再担当已往为地区发展所担当的重要角色，而新的产业又在旧的基础上成长起来，鲁尔区依然充满了活力。

图2.4－23、24这个高大、别致的建筑是IBA计划的又一个项目。它位于Sodingen地区Herne市，是北威州内务部的继续教育培训中心，叫Mont.Cenis行政学院，里面还有相关的各种机构。如社区管理、图书馆、餐厅、小旅馆等等。它的一切能源都由从废弃煤矿中收集来的瓦斯

图2.4－23　Herne市由废弃矿井瓦斯气体提供能源的行政学院建筑

图2.4－24　行政学院内部不同功能的建筑。一个抽象的飞人雕塑悬挂在建筑物的半空中

供应。房顶上设置了一个综合发电机，可以营造宜人的“微气候”。这个建筑的建成，使这个地方成为Sodingen的新中心，现在这里因此被称为Neue Mitte Sodingen。

煤矿失去了开采价值，瓦斯气体却依然在不断地溢出，把它们收集起来，不但可以当作能源，而且也减少了污染。这给了我们一个启发，国内处理废弃的煤矿（或查到私开的小煤矿）时往往把坑口一炸了事，里面是不是还有瓦斯在继续地往外冒呢？请看图2.4—23前部的装置，它是用来收集废矿井中的瓦斯气体的，别小看这个小小的装置，不仅这个颇具规模的社区中心，还有周围的许多民居，都是由它来供应能源的。IBA计划的这个项目不仅为振兴逆工业化地区提供了一个样板，而且在环境保护和可持续发展方面也做出了榜样。

2.5 德法边界相互呼应的煤钢遗址

图2.5—1　从高处远眺，诺因基兴市原钢铁厂的高炉、高塔、高罐、高烟囱与市内古老教堂的钟楼遥相呼应

20世纪30年代初，两次世界大战的炮火间歇期间，面对着德、法、英等国政界、军界、学界的民族主义情绪，法国一位大度的历史学家吕希安•费希尔却另辟蹊径逆时代潮流去追寻法德的非战与欧洲的合作。他在《莱茵河——历史、神话和现实》[1]一书中指出：“将边界深深地刻在土地上的，既不是宪兵、海关，也不是堡垒后面的大炮，而是感情，是的，是被煽动的激情和仇恨。”他高瞻远瞩地抓住了莱茵河这个“巨大的历史常数”，展望未来“总共只有一条莱茵河”，两岸民族与国家完全可以广泛结交，变分力为合力。

1. 吕西安·费希尔：《莱茵河——历史、神话和现实》，许明龙译，辽宁教育出版社，2003年。

二次大战之后，从煤钢联盟到欧共体再到欧盟，20世纪下半叶的历史验证了费希尔的预言。

这一天我们在有着法国血统的德国地理学家苏迪德教授的带领下，考察了德法边界两侧的钢铁和煤炭工业的遗址。

我们先来到萨尔州接近德法边界的一个非常有特色的小城——诺因基兴（Neukirchen）。苏迪德教授告诉我们这个名字的德文原意是——九座教堂——也就是说，这座城市因拥有九座漂亮的教堂钟楼而得名。

我们将车停在了与一个大型商场的屋顶相连接的停车场，一座钢铁厂被保留的部分高炉、高塔就在停车场旁边（图2.5—1）。

我们走进厂区，从高炉旁回身向市区望去（图2.5—2）果然看到了几个教堂的钟楼。

厂区的一块说明牌（图2.5—3、4）告诉我们：这里的第一座高炉建于1593年，真是历史悠久啊！现在被保护的几座高炉、高塔与中世纪的教堂钟楼错落有致，很协调地矗立在这座城市的空中，用苏迪德教授的话说："这是一种古老文化与新文化的

图2.5—2　从厂区高炉、高塔看下去的市内教堂的钟楼

图2.5—3　钉在高大烟囱壁上的说明牌，请注意左侧第三行文字：第一座高炉建于1593年

图2.5—4　厂区高炉间的各种配套设施和工具

联姻。”在这个城市的旅游标志中，用简练的线条勾勒出的高炉的形象比教堂钟楼的形象还要多（图2.5—3上部）。换句话说当地人自豪地把这些（虽已不再生产的）高大工业建筑作为自己城市的标志。

然而，在1970—1980年代这个钢铁厂陷入困境并最终关闭时，这个城市的负责人一开始想将其完全清除。当时只有附近的萨尔大学的一些师生想将其作为遗产保护下来，他们认为这里是城市认同感的重要标志。但这些师生的逆向思维很难得到市长和市民的理解（图2.5—5、6）。

2.5-6

图2.5—5、6　旧高炉在市民的心目中已同教堂钟楼一样被视为城市的标志，而曾经给这座城市带来过繁荣的企业家也像圣徒一样受到人们的崇拜、尊敬。这两张照片从不同角度拍下了企业家塑像、高炉和周边建筑。下图左侧为比较传统的建筑，而右上图高炉和塑像右侧为比较现代的建筑，所以这个广场一侧的景观体现了该城市发展的脉络

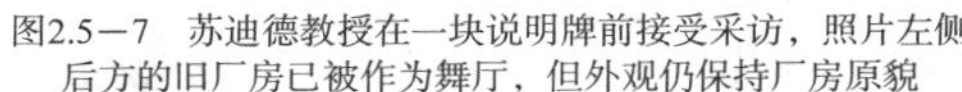

图2.5—7　苏迪德教授在一块说明牌前接受采访，照片左侧后方的旧厂房已被作为舞厅，但外观仍保持厂房原貌

图2.5—8　由巨大水塔改建的风格别致的电影院

苏迪德教授说："那时人们还不理解要把这些保护好。那时的观念认为这些东西是废料垃圾。几乎没有人，或者只有很少的人认为这也是文化。这种文化不像诗歌、文学或音乐，而是一种工业文化。这一点那时还没有意识到。20年前，每个人都认为钢铁厂是一种很普通的事物、没有什么特别的。那时也缺少经费来保护它。而现在，20年后我们看到，人们的态度发生了变化。现在许多人认为这些东西很重要，是我们的历史，我们必须保护它。我们不能保护全部但可以为我们的未来和后代保留一部分。"

现在，旧高炉在市民的心目中已同教堂钟楼一样被视为城市的标志，而曾经给这座城市带来过繁荣的企业家也像圣徒一样受到人们的崇拜、尊敬（图2.5—5、6、7）。而企业家塑像身边的工具、旧高炉旁露天展出的各种设备又使人联想到"技术集成"、"工艺圈"的概念[1]。

图2.5—9　煤矿沉陷区东倒西歪的房子。右侧房屋白色墙壁上两个螺栓（或铆钉）是用钢筋穿过整个房屋以加固危房留下的痕迹

1. [法] 让-伊夫•戈菲：《技术哲学》，商务印书馆，2000年，第18-20页；刘会远："也谈'造城运动'（二）"，曾与本节文字在《现代城市研究》2004年第4期发表，故未展开。该文观点已在本书3.1部分发挥。

而由巨大的旧水塔改造成的别具一格的电影院（图2.5—8），让人感到这是一座文化艺术的殿堂。对改建者的创意我们不能不感到由衷的钦佩。

如果说本章前三节格斯拉尔市拉默斯伯格有色金属矿、弗尔克林根炼铁厂、关税同盟煤矿这三处被联合国教科文组织认定的世界文化遗产树立了保护有代表性工业遗产地完整风貌的榜样，那么，诺因基兴市把局部标志性工业建筑作为一种文化符号来保留并作为自己城市的标志，也同样发人深省。

我们知道钢铁业总是与煤炭业联系在一起的，告别了诺因基兴，苏迪德教授带我们去考察煤矿沉陷区。

这些东倒西歪的房子就是煤矿沉陷区的景观了（图2.5—9）。这些房子显然被加固过，墙面上留有固定钢筋的螺栓和铆钉，经过加固的房子依然有人居住。苏迪德教授指出："这些是旧的矿工住的房子。它们已经被翻修过了。原来的风格是1860或1880年代的。地下的煤被开采完后房子就变成这个形状了。这是一个值得探究的现象，因为人们可以通过它了解煤矿开采。这是一种典型的煤矿遗迹，我希望能够长期保护它。这反映了采煤的影响。现在所有这些旧房子都正在（渐渐地）毁掉。很可惜。我担心20年后，可能就没有机会看见这种景观并明白采矿对地表带来的影响。因此，我认为我们应该保护这样一些房子作为典型的例子向我们的孩子和后代显示采矿公司那时行为的后果。"

景观（Landscape）是人文地理学研究的一个重要范畴。这处东倒西歪的房屋所标示出的沉陷区也许很难成为以赚钱为主要目标的旅游目的地，但在人文地理学者苏迪德博士眼里，这里却是一处重要的景观！苏教授要告诉后代，当年采矿公司不负责任的行为造成了什么样的恶果。可是萨尔州德法边界德国一侧已没有煤矿企业保留至今了。

但当苏教授驾车带我们穿过毫无遮拦的德法边界，我们看到了法国一侧的煤矿遗迹（图2.5—10）。这个有点儿像谷仓的建筑及耸立其上的井架下面是这里最古老的矿井，它得到了完整的保护。而这张照片右侧远方那些现代的井架和连在一起的选煤厂虽已停产，却依然透露出几分现代大工业的气息。

同我们已看过的德国几处工业遗迹一样，这里对工业建筑的利用主要是搞展览，包括煤矿本身历史的展览（图2.5—11）和其他方面的展览（图2.5—12）以及用来做艺术创作的场地。

目前德法边界两侧在煤钢工业遗迹的保护和工业旅游活动开展方面进行了较好的合作，德国边界一侧有弗尔克林根炼铁厂、诺因基兴市的钢铁厂遗迹，但没有煤炭博物馆。而法国边界一侧有这样一个煤炭博物馆。据苏迪德教授介绍：这个工厂叫做Wendel。Wendel是一个大型工业家族，不仅拥有煤矿还拥有其他炼铁厂。这个地方有几个采煤的井架，我们可以看见3个以及一些大型建筑，它们全部被赠送给了一个对此有兴趣的小团体。这个小团体说“我们想保留这个地区的遗产，保留整个煤矿区，因为煤矿现在就要消失了。”突然有一天，Wendel公司就将这一切给了这个小团体。小团体非常震惊地得到了这里的一切，但却不知道如何处理，过了一段时间，直到他们获得了一些资助才开始了一些发展。现在这里变成了一个能够接待参观者的博物馆了，法德两国游客在这里可以获得一种真实的体验。边境两侧形成了一种非常好的互补关系。

经过两次世界大战，欧洲的政治家进行了深刻的反思。如果欧洲人不想在起了变化的世界中走下坡路的话，就必须联合起来，1951年以西德、法国为主再加上意大利、荷兰、比利时、卢森堡一共六个国家首先签订了《欧洲煤钢联营条约》，建立了煤钢一体化市场。有力促进了相关国家经济发展，也为欧洲统一迈出了第一步。今天这些曾为欧洲的发展作出了突出贡献的煤钢企业虽已不再生

图2.5－10　德法边界法国一侧的煤炭工业遗址，左侧像谷仓一样的建筑及耸立之上的井架是其中一个最古老的矿井

图2.5－11　展示煤炭工业历史的展厅

图2.5－12　对外开放的多功能展厅

产，但从德法边界两边在煤钢工业遗址的保护、工业旅游的开展方面的互相协调和合作上仍可以看出欧洲统一的势头。

支持这个煤矿博物馆的民间团体已制定了进一步与德国方面配合发展工业旅游的规划，但与边界那边不远处弗尔克林根炼铁厂、诺因基兴市等比较起来，这里的开发利用程度还比较低，但我们对捐出了整个煤矿产业的Wendel家族，对努力保护和开发这个工业遗迹的民间团体依然充满了敬意。

我们衷心祝愿法国的这座煤炭工业的遗迹能够得到进一步的保护和开发利用，我们衷心祝愿德法边界两边的工业旅游事业能够互相呼应和蓬勃发展。煤炭和钢铁虽然因失去竞争力而不再是这片土地上的主角，但从煤钢联盟开始的欧洲统一大业却依然向我们展示着美好的前景。

2.6 一个恋着绿色的露天褐煤矿

经过连续几天紧张的对德国几处工业遗产的考察，这天我们得到了轻松一下的机会，早晨苏迪德教授带我们参观了布吕尔(Bruehl)这座属于世界文化遗产名录的著名皇家宫殿（图2.6—1）。

这里对苏教授有特殊的意义，他父亲当年作为联邦德国外交部的官员，经常参加政府在这里举办的各种活动，所以，他们一家都很喜欢这个皇家花园。在中国有些游客喜欢到帝王生活过的地方去沾一沾“王气”，这当然是一种迷信的说法。但跟苏迪德教授的长期交往使我们感到，他的宏观视野除了因其从事地理教学与科研工作之外，可能也与他少年时代的成长环境有关。

参观了王宫之后，苏教授带我们考察一处活着的工业——在可持续发展方面做出了突出努力的RWE公司属下的露天褐煤矿。

我们先在露天煤矿的大坑边上远眺，上下两层作业面上几台巨大的采煤机以及整个露天矿宏大的场面把我们震慑住了。

与煤矿方面取得联系后，公关部的Sigglow女士引领我们乘一部专门在矿区使用的大型奔驰客车深入矿区。

一台蒂森克虏伯(Tyssenkrupp)公司生产的巨型采掘机[1]在采煤（图2.6—2、3）。中国的传说中有一种叫饕餮的特别能吃的怪物，所以人们把暴饮暴食的人称

1. 有读者向我们指出：这台蒂森克虏伯(Tyssenkrupp)公司生产的巨型机械的名称应为“轮斗式挖掘机”。在此特向这位读者表示衷心感谢。

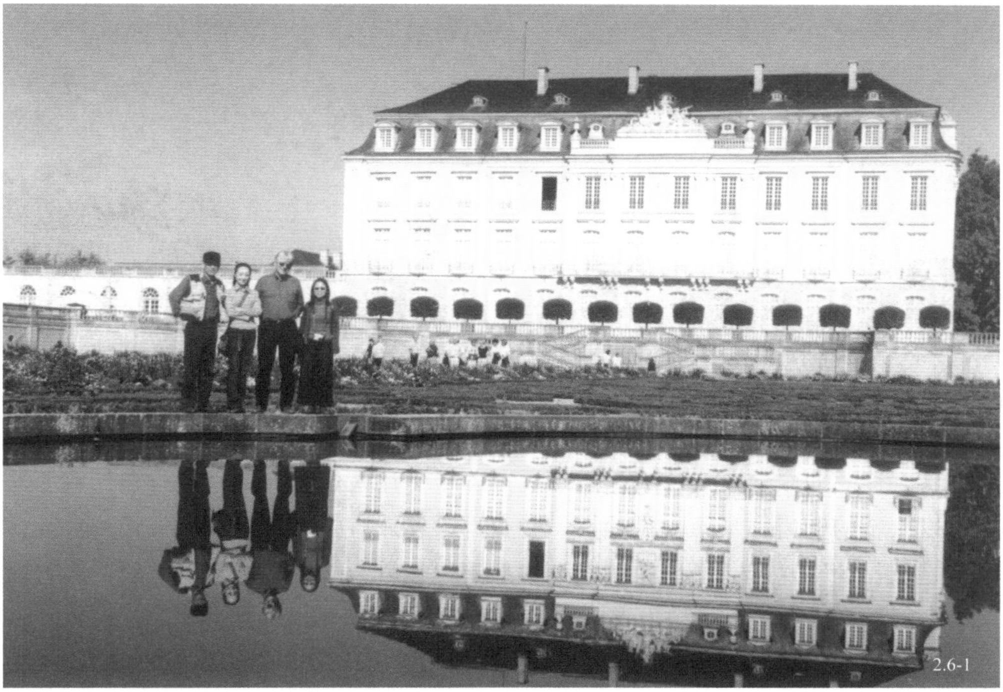

2.6-1

2.6-2

2.6-3

2.6-4

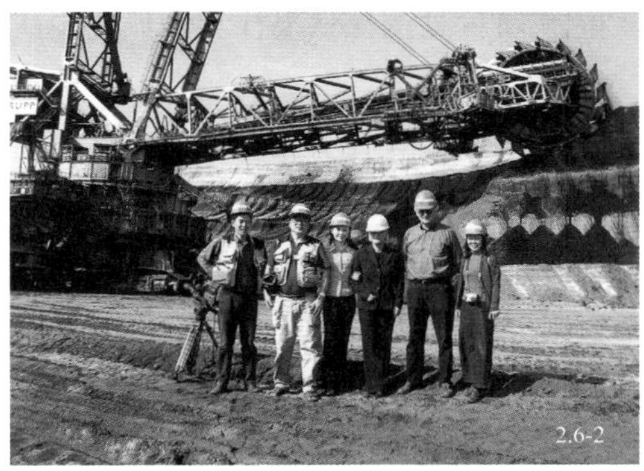

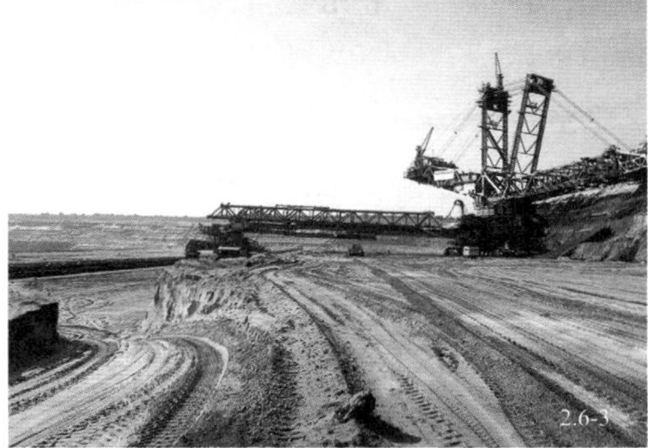

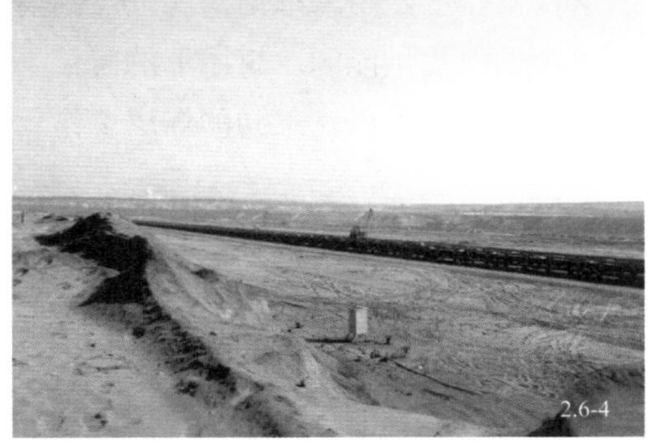

图2.6—1　苏迪德教授和我们在布吕尔(Bruehl)这座属于世界文化遗产名录的著名王家宫殿前合影

图2.6—2　在正在工作的采掘机下合影，右二为苏迪德教授，右三为煤矿公关部的Sigglow女士，右四为中央电视台节目主持人周宇

图2.6—3　露天褐煤矿中巨大的采掘机正在工作，左侧下一台地有一长长的输送带

图2.6—4　露天褐煤矿中长长的输送带

图2.6—5　坑口电站及周围复垦土地上生机盎然的农作物

作饕餮之徒。而眼前这个巨大的采煤机不由得不让人想起饕餮，你看它长着一连串可以旋转的兜齿，毫不含糊地把一兜兜褐煤卷入口中，然后输入长长的食管，也就是长长的输送带，最后在坑口电站里消化吸收为能量。有趣的是欧美慕名而来的参观者喜欢把这个巨型采煤机比喻为恐龙，也挺形象。

而从车窗左侧向煤坑深处一个台地望去，有一条长长的望不到尽头的输送带（图2.6—4）。毫无疑问，这条输送带正是把矿坑深处的煤从下往上倒流着输往坑口电站。

Sigglow女士告诉我们："采掘机技术对于很多人都有吸引力。他们被这些巨型的机器所迷醉。他们对褐煤开采的技术、对土地复垦项目等也有兴趣。我们在这个地方的开采活动很密集，因此我们必须（向公众）透明。

"我们甚至不需做市场营销，就有人会来参观。人们对这里很感兴趣。我们欢迎游客，并且借此机会解释我们的理念，甚至解释褐煤对于能源供应为什么很必需。

"我们所看到的是其中的一台采掘机。这台机器主要用来采掘褐煤以及剥离煤层上的覆盖土层。褐煤主要用来发电，为这个国家提供能源。煤层上的覆盖土被倾倒在煤矿的另一边。用于随后的复垦。这种采掘机可以在不同的煤层工作，最深可达180米。它们非常高效。"

原来这个露天褐煤矿采掘程序是先把剥离的表层土收集起来用于回填的旧矿坑上造地，然后再还给农民，怪不得我们沿途看到了那么多绿色，也怪不得人们纷纷慕名前来参观。

离开矿区，我们在一个坑口电站前面的绿色田地上停了下来（图2.6—5）。

苏教授告诉我们这个地方叫Berrenrather Boerde。有一个巨大的坑口电站。附近还有几个不同年代的电站。他们与褐煤矿是配套的。所有这些电站对德国的能源供应和消费非常重要，德国电能的大约四分之一就是这里由RWE公司所属的电站生产出来的。

图2.6—6　因露天煤矿扩大采掘范围而将被拆毁的村庄

按照地理学者田野调查的方法，苏教授又继续带我们去实地踏勘。这个宁静的美丽的村庄（图2.6—6、7）已经无人居住了，露天褐煤矿不久就要开挖到这里，但搬走的农民得到了适当的安置，并分到了煤矿坑回填后复垦的土地。

图2.6—7　露天煤矿坑口周边景观

在一片正在收获的甜菜地旁（图2.6—8），苏教授告诉我们这些地方都是原来的矿坑，公司将矿坑平整后再覆盖上黄土。然后将复垦的土地归还给农民。因此我们可以看到一个景观利用的循环，奇怪而有趣的循环。

图2.6—8　农民在复垦的土地上获得了甜菜大丰收

苏教授接着说："为了回答和解释这种景观变化的原因，我们建议在坑口电站的原址建一个游客中心解释以前的褐煤开采。我们将游客从那里带到这里，向他们解释工业遗迹、农业遗迹、景观如何由人类改造，又如何很好地被重新利用。

"这就是为什么我们要设计一条叫做'莱茵河地区能源体验'的旅游路线，来解释能源生产的景观

图2.6—9　榨糖厂里堆集如山的甜菜

利用以及几代之后这个地方将变成什么样。”

我们知道世界上第一个工业化的国家英国是以“圈地运动”破坏农业经济来换取工业经济发展的。拥有广大殖民地并有着发达航运业的英国可以这样做。但德国走的是另一条道路。从普鲁士时代一直延续至今，资本主义农业经济取得了很好的发展。从经济学家李斯特提倡农业的规模经营、化学家李比希农业化学研究成果的应用以及农业机械化的普及，有效促进了德国农业的发展，使其能适应工业生产大扩张造成的现实需要。今天在这片露天煤矿的复垦土地上，我们看到了德国工业界及整个社会保护农业的优良传统。看到了他们为农业的可持续发展所做出的不懈努力。

苏教授驾车特意从一个糖厂经过，并将榨糖的原料——一堆堆从复垦土地上收获的甜菜指给我们看（图2.6—9）。

看到复垦的土地上生机勃勃的景象，看到糖厂堆积如山的甜菜，有谁能怀疑田园诗般的生活依然在这片土地上继续着呢?

黄昏我们来到了一处中世纪的古堡（图2.6—10），大家都很高兴，从今天早晨对布吕尔皇家宫殿的参观开始，经过一天对矿区的考察，现在我们来到这个古堡，是不是苏教授刻意让我们体验一下他所设计的工业旅游与传统旅游相结合的旅游路线?很快我们就明白了，苏教授告诉我们，这座古堡已由控制露天褐煤矿的RWE公司购买作为公司总部，RWE公司对古堡保护得很好，同时也向公众开放。工业旅游与传统旅游相结合在企业层面已经开始实践了。

当年古堡和皇宫的主人如果在天有灵，他能相信一个现代电力公司把他曾统治过的古老土地翻了个底朝天，最后又恢复了古老土地的传统耕作吗?这一切显得那么神秘，这一切又那么合情合理!这就是一个坚持可持续发展的现代企业在德国大地上画下的最震撼人心的、既古老又新奇美丽的图画!

图2.6—11中间是煤矿之神Saint Barbara（圣•芭芭拉），在我们所经历过的所有矿区——不论是地下煤矿还是露天矿——都供奉着她的形象，而在我们看来，她就是给人类带来了光明、带来了无尽能量的大地母亲!这位伟大的神面对人类一度对自然环境的肆意破坏也曾痛苦过，而今天，面对这片依然保持着蓬勃生机的绿色土地,神女应无恙，当惊世界殊!

中国一位前辈学者（胡适）说过，文明是一个民族应付他的社会环境的总成绩。从RWE电力公司露天褐煤矿复垦区的一片绿色中，我们看到了一个高度发达的文明!

图2.6－10　古堡前一对母子正通过护城河上的桥梁。右侧说明牌介绍这里已是RWE公司总部，并对游客开放

图2.6－11　煤神圣·芭芭拉（Saint Barbara）和煤矿工人的玻璃彩画

图2.7—1　科隆大教堂钟楼

2.7 北杜伊斯堡旧钢铁厂景观公园

我们的德国工业旅游之旅已经过半，在科隆住了一夜，早晨，苏迪德教授要到他科隆大学的办公室处理一些事情，利用这点时间我们游览了科隆大教堂。

科隆是莱茵河畔鲁尔工业区的一个重要中心城市，科隆大教堂是科隆市的象征，在某种程度上也是鲁尔工业区的象征。这座高达157米的哥特式天主教大教堂，1248年开始动工，1880年才完工。它的建设经历了中世纪封建社会和近代工业社会两个时代，而两座并肩而立的大钟楼又是它的显著标志。在第二次世界大战中，这座教堂奇迹般地保存了下来。这里有拜恩国王路德维希一世奉献的色彩鲜艳的玻璃窗，有斯特芬·罗纳1440年画的著名的祭坛画，等等。由于时间紧张，我们未能在这个宗教和艺术的圣殿里细细体味。

离开大教堂的时候，望着两座钟楼高高的塔顶（图2.7—1），我们议论到：要能登上这157米高的高塔眺望科隆市和莱茵河的风光该是一件多么惬意的事情。

我们赶到科隆大学地理系与苏迪德教授会合，主持人周宇发现我们考察过的RWE露天褐煤矿标在苏迪德教授实验室的一张地图上。苏教授说褐煤矿是他所设计的旅游路线中的一个体验岛，而今天将考察的位于杜伊斯堡(Duisburg)的北杜伊堡景观公园(Nord-Duisburg Landscape Park)也是一个体验岛，可以让我们得到很多体验。

我们知道，近年来西方有经济学家强调“体验”是除产品、商品和服务之外的第四种经济提供物。英国航空公司“跨越业务工作的局限性，以提供体验作为竞争的基础”。“提供了一种让客人从长途旅行中不可避免的紧张和忧虑状态下舒缓出来的特色服务”[1]。各国的各个商业部门纷纷效仿。可是在工业旅游中出现“体验岛”这个概念却是我们没有想到的。

图2.7－2　与原钢铁厂配套的铁路得到了保留，铁水包（右侧）和能耐1000多度高温的铁水槽车（将未冷却的铁水直接送炼钢厂炼钢，可节约铁锭再加热的能量）作为展品依然停在铁轨上

我们来到早已不再生产钢铁并已成为景观公园的原蒂森(Thyssen) 钢铁公司北杜伊斯堡钢铁厂（图2.7－2）。这个厂于1985 年停产，它曾是一个集采煤、炼焦、钢铁于一身的大型工业基地。现在这个景观公园面积也很大，约2. 3 平方公里。不过，仅从保留下来的高炉的类型和气势来看，并没有超过我们已考察过的世界文化遗产弗尔克林根炼铁厂，那我们还能享受到什么新的、更强、更深刻的体验呢?

1.引自B.约瑟夫·派恩、詹姆斯·H.吉尔摩:《体验经济》，夏业良等译，机械工业出版社，2002年，第11页。前一句为作者引用英国航空公司前任董事会主席克林·马歇尔先生的话。

图2.7－3　原来的储气罐已改造为潜水俱乐部

图2.7－4　教练正在训练潜水初学者

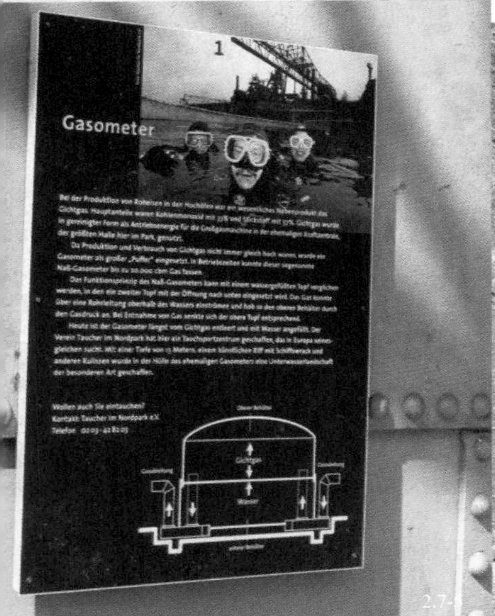

图2.7－5　罐的外壁上嵌有潜水俱乐部的说明牌

图2.7－6　原堆料场已改造为攀岩运动训练场

第一个项目就让我们吃惊，这个巨大的气罐（图2.7－3）中有一个潜水俱乐部（图2.7－4），不过真要体验潜水的话，先要经过训练，因时间关系我们未能下水体验。

从潜水俱乐部出来，苏教授又带我们来体验攀岩，这个攀岩运动的场地原是用来堆放铁矿砂等原材料的堆料场（图2.7－6）。现在也已被设计整修为青少年活动场地，墙体被改造后成为攀岩者的乐园。

图2.7—7 游客咨询中心

图2.7—8 咨询中心保留着原变电站的许多设施

图2.7—9 游客咨询中心的墙上有“工业遗产旅游之路”(route industriekultur，简称RI)路线图

我们到旅游信息中心（图2.7—7）索取资料，这里原来是变电站，许多相关设施还保留在这里（图2.7—8、9），给游客们增加不少体验的情趣。让我们高兴的是，在旅游信息中心门口，我们碰到了来自北京师范大学的几位专家。我们抓住时机采访了王民教授。他说：“我们是北京师范大学来考察鲁尔区的可持续发展的，主要是学校教育中的环境和可持续发展。考察过程中我们也感觉到鲁尔区在发展过程中也遇到很多问题，那么对于废旧的矿井、工厂到底怎么处理？我觉得鲁尔区把有代表性的工业遗迹作为人类文化遗产的一部分来处理，然后把它作为博物馆或旅游目的地进一步地开发是很好的经验。昨天，我们参观了鲁尔区一个废旧的矿井，它现在已经开发成一个很有意思的、内容非常丰富的旅游地，但它首先是文化遗产。这给我们一个启示：对于我们国家的很多地方，比如东北的资源枯竭型的城市，他们在发展过程中怎么对待这些遗迹？这些我们发展过程当中

图2.7－10、11　在向高炉顶攀登过程中看到的厂区景色及鲁尔工业区远景

的问题，比如现在可能有一些危害的工厂、矿山，那么 ，鲁尔区给我们一个比较好的启示就是这个是历史的一部分，我们不能够把这段历史忘掉，也不能说不承认这段历史。我们只有很好地承认这段历史，把它作为人类文化遗产的一部分来开发，教育我们的后代，我们才能够走上一个健康的可持续发展的道路。”

到底是大学教授，在经过深切体验之后立刻总结出了清晰的理论。

在德国已经生活了12年，代表德国某机构与北师大合作的李莹女士接受采访时很激动。她说：“刚才听到你们介绍说深圳大学和中央电视台合作搞这个工业旅游的电视片，我觉得特别高兴和十分钦佩，你们这是十分有见解、有远见的一个做法，因为对有代表性的工业遗产的保护和利用德国有一些比较明智的做法，我希望能传播到中国去，给中国一个借鉴。”

已经成为“老德国”的李莹女士在北杜伊斯堡景观公园经历了各种体验之后与我们交流时的激动情绪深深地感染着我们，以至于在这独特环境中的采访也成了一种独特的体验。

让我们格外兴奋的体验是登上高炉顶部眺望厂区全景及鲁尔地区的整体工业景观（图2.7—10、11）。

早晨我们曾渴望登上科隆大教堂钟楼的塔顶远眺，没想到此刻竟在北杜伊斯堡钢铁厂的高炉上实现了我们“欲穷千里目 ，更上一层楼”的愿望（图2.7—12、13）。我们的目光穿越近处的树林环视四方，在晚霞初现的天幕上，因具规模效益现在依然

图2.7—12　原来高炉前的工作场地现在成了一个开放式剧场的“舞台”

图2.7—13　高架的看台后座下方是观众休息的场所，依然保留着厂房的痕迹，这里也承接举办宴会等活动

图2.7－14　太阳落在了厂区的工业建筑中别有一番壮丽景象

在生产的德国最大的钢铁企业克虏伯钢铁公司以及其他一些仍然运转的或已经停产的企业的高大工业建筑，组成了一幅连绵不断的工业文明的壮丽画卷（图2.7－14）。

这里有几处旧厂房被改造成演出场地，这个场地曾是高炉出铁水的地方，许多钢铁工人对这里至今仍然是魂牵梦绕。现在这里被改造成一个半开放式“剧场”，高炉底部当年奔流铁水之处正好是剧场的舞台。2001年李蕾蕾博士来这里考察时，曾在这个“剧场”看过戏剧演出。旁边的旧厂房里传来一阵乐曲声，一打听原来这里正在举办鲁尔艺术节，今晚就要演出的乐队此时正在彩排。我们好奇地走进这个旧厂房，这里也是景观公园利用旧厂房改造成的演出场地之一。与刚才那个半开放式“剧场”不同，这是一个封闭式的“音乐厅”，被铺着木地板的斜面分成了两个空间，斜面之上是观众席，而斜面之下依然保持着厂房的特征，成了观众进出音乐厅并进行交流的厅堂。我们经过厅堂走进音乐厅看见一些衣着比较随便的乐手正在排练，有趣的是音乐厅内观众席最后面，整个建筑最高处的一个平台上也站着几个正在排练的乐手，演出时乐手将从前方低处的舞台和后方高处的另类舞台两面“夹击”观众。

我们对晚上将要进行的演出产生了浓厚的兴趣，在这个旧厂房改建的“音乐厅”里，这些衣着比较随便的乐手，也许是代表一个工人乐团搞一场自娱自乐的活动吧。当经纪人Ehman告诉我们今晚将有一个专业乐队演奏著名英国作曲家

Harrison Birtwistle的作品时，着实让我们吃了一惊。

Ehman说："这些地方是工业废墟，但是我们看到这个地方对于生活在这里的人们是很特别的。虽然这里没有什么产业了，但是人们对于这些地方仍然有感情。他们来到这里，随处走走。这是他们过去记忆的一部分。

"现在人们尝试着将文化重新带回这些地方，使它们充满着生气。这对于整个地区是很重要的。因为人们从四面八方来到这里，看见剧场和音乐设在这样的地方。这些地方不再是工业废墟，而是可以具有独特感觉的地方。这里有点像伤感的地方，比较伤感但人们喜欢。

"去年开始的大型鲁尔文化节在今年取得了巨大的成功。所有的演出都销售一空，人们真的喜欢这种工业废墟上的演出……人们谈论着它。来自欧洲各地的媒体也来到了这里。他们派出了电视媒体人员。巴黎的记者甚至远在纽约的记者也来了。他们重新开始谈论鲁尔区。我认为这一点很重要。"[1]

经纪人Ehman的话吊起了我们的胃口，但离演出开始还有一段时间，我们在厂区漫步。高炉、高塔之间有一些介绍工业流程的说明牌和电视影像，向观众介绍着炼铁、炼钢的专业知识（图2.7—15）。这里是平原，太阳不是落山，而是落在了厂区的工业建筑中，别有一番壮丽景象。当晚霞消失的时候，暮色中一组可以旋转的多面体标识牌引起了我们的注意（图2.7—16），这多面体的每一面用生动的图片和文字介绍了在厂区生长的植物，它表明该公园非常重视本地生态环境的展示。工厂和工业区由于其独特的工业物质对土、水、气的影响，而可形成独特的厂区生态环境，因而可以生长出独特的厂区植被，并与相关的动物组成独特的生态群落。这里经历了由农田到钢铁厂再到现在的景观公园这样一个功能演变的过程，相应的生态环境也经历了从乡村生态到工业生态的变化，而现在又开始着生态恢复的阶段，这个自然过程被公园管理者有意识地整合到工业遗迹的再开发和利用中。因此，你可以随处看到一种任意而不受人为干预的植物生长的状况，这一点与中国当前普遍存在的将公园人为美化、净化、纯化的开发理念有着本质的差别，值得深思。

在看演出之前，我们采访了英国作曲家 Harrison Birtwistle，他说："我1934年出生在一个非常像这里的一个城镇，那是一个没有真正的音乐厅而是充满铸造

1. 根据录像整理，摘自电视专题片《德国工业旅游》，见本书附录二。

图2.7—15　厂区介绍工业流程的说明牌

图2.7—16　可旋转的厂区植物说明牌

厂和工人的地方。我的创作来自于这样的社会。我感到非常荣幸在这样的一个地方演出，这里不只是简单地废除过去，而是显示出一些与过去的关联。这种宝贵的关联使世界通过艺术会有一个真正的未来。……我们都是我们过去的产物，并且受着过去的影响。我喜欢感觉我的音乐以某种方式通过一条迂回的、长长的道路回到了一个地方，并且属于这个地方。”

其实中国的音乐人了解这位后现代的作曲家，他有一句明言：“我的音乐在乐谱中，也不完全在乐谱中。”也就是说，他的乐曲给指挥家、演奏家留下了二度创作、三度创作甚至是现场即兴发挥的余地。有趣的是Harrison Birtwistle先生也成长于一个（英国的）工业区，他来到这里感到一切都很亲切。但他毕竟是英国著名的作曲家，今晚德国的乐手们能把他的作品完整地体现出来吗？[1]

演出一开始，我们立刻意识到：最初认为这是个业余乐团的判断是错误的，这是一个高度专业化的乐团，而且将英国作曲家的作品演绎得非常充分。用文字

1. 根据录像整理，详见电视专题片《德国工业旅游》（学术交流版），中央新影声像公司2007年出版DVD。

图2.7—17　舞台右侧的半个乐队，一个指挥，一个领奏者（与此同时，舞台左侧还有半个乐队在跟随另一指挥和领奏者演奏着同一乐曲的另一主题）

去描述音乐是一件很困难的事情，但由于国内尚未出现过同类风格的演出，有必要用枯燥的文字把演出的特点作一介绍。

这部（被我们认为是）后现代派风格的交响音乐如同这个被分割的建筑一样也被分成截然不同的层面，因此你可看到有两个指挥各自在指挥乐队演奏两个不同的主题，被不同层面音乐分割的乐队时而对立，时而统一。同时作曲家和指挥也给领奏者留下了发挥的空间，没有固定的第一把交椅，领奏者逐一上前自由发挥，带有一些即兴演奏的色彩（图2.7—17）。[1]

感受着演奏者个性张扬的表演，你会为他们的才华所倾倒，你会感受到他们渴望交流的愿望，但同时也感受到（因双符码、双主题而）充满张力的整个交响音乐的磅礴气势。

听着音乐我们突然领悟到，在工业文明时代产生的这种另类音乐（尽管这是对工业化时代一切都被标准化的特征的一种挑战）就应该在这种"厂房"中演出，"厂房"不是被废物利用，而根本就是这种艺术的母体，"母""子"之间对立而又统一。如果我国邀请这种乐队来华演出，请他们进人民大会堂，或者进入北京展

1. 为理解此音乐，我们曾专门请教了音乐人刘索拉，她的专业知识给了我们很大帮助，在此表示衷心的感谢。

览馆莫斯科传统风格的大剧院演出，反而会让你觉得不协调。

不知为什么，听着这首旋律复杂的交响音乐，眼前又浮现出了早晨所见到的科隆大教堂那高高的双塔，甚至听到了钟楼里传出的悠远的钟声，这是一种错觉吗？不可能的！不，可能！这就是在这个传统工业建筑中演出的特殊效果！今天与过往，英国的音乐与德国的演奏者，以及这首后现代音乐本身的不同层面都在这看似分割实际统一的旧厂房中融合在一起。我又想起了作曲家Harrison Birtwistle先生的话："我喜欢感觉我的音乐以某种方式通过一条迂回的、长长的道路回到了一个地方，并且属于这个地方。"我们也喜欢这个地方，因为这是我们人类共同的精神家园的一部分！

陶醉在音乐之中，忽然想起了苏迪德教授用于工业旅游活动的一个词汇"体验岛"。

这一天我们真的在这个"岛"上经受了身体的和心灵的深刻体验！

2.8 因港而兴的杜伊斯堡

有着一千多年历史的中世纪古城杜伊斯堡（Duisburg）位于莱茵河与鲁尔河交汇处，是个典型的内河港口城市。杜伊斯堡港的历史是鲁尔地区工业发展的缩影。18世纪时这里只是一个小港，1840年起港区不断扩建，建立了储油设备、桥梁和仓库。第二次世界大战期间遭受了毁灭性的轰炸，战后煤炭运输大量增加。随后发展到百万吨级港口大量运输矿石、褐煤、石油和各种废旧金属。尽管如此，当时这里仍然只是服务业和原料加工业的港口。但是由于有大量集装箱和客货两用汽车投入使用，这里在高附加值的货物运输中显示出重要地位。1990年这里成了德国北方内陆第一个自由港，是这里发展进程最为显著的转变标志。内港的古老仓库和港口装卸设施得到了很好的保护利用（图2.8—1），成为港口城市的重要景观，而它的外港至今还保持着繁忙的装卸、储藏等业务（图2.8—2）。苏迪德教授介绍说这里是世界第一大内河港，我们有些怀疑，我国长江运力远大于莱茵河，难道长江与汉水交汇处被称为九省通衢的武汉市没得一比吗？

不过从国际化的角度来说，杜伊斯堡无疑是独占鳌头的。它是新欧洲最大的莱茵—鲁尔工业都市群地区的商业和交通（物流）中心，在围绕杜伊斯堡150公里

图2.8－1　内港的谷物仓库及传统的装卸装置

图2.8－2　苏迪德教授（右）与作者之一在外港区合影。图中左后方为油品码头，右后方为煤炭码头

范围内的地区，拥有3000万人口和30万家企业。水路、铁路和高速公路将杜伊斯堡与中欧、东欧大部分地区联系在一起，并成为包括鹿特丹、安特卫普等在内的北海港口的内陆中心。目前杜伊斯堡共有200个公司主要从事交通和物流业务，有4个联运终端和35万平方米的仓库区，是国际水准的物流中心。

杜伊斯堡这个古城的兴盛与德国运河的发展密不可分。中国人都为拥有京杭大运河而自豪，孰不知1855年黄河改道淤塞北部运河后，目前大运河只有山东南部以下至江浙一段尚在使用。而德国拥有远比我们密集的运河网络，且直到今天仍然运营良好，为德国的工业化作出了突出贡献。

德国的降雨量比较平均（不像中国北方降雨集中在7—8月份）河流水量充沛，公元793年查理大帝就致力于开凿把多瑙河与莱茵河连接起来的运河，像我们秦代开凿的连接长江流域和珠江流域的兴安运河（又称灵渠、湘桂运河）一样，最初是为了军事目的，但后来却显示了重要的经济意义，而且成为其他运河建设的榜样。

到了13—14世纪，易北河与伊尔门瑙河之间、尼斯河与莱茵河之间、多瑙河与易北河之间也都互相连接起来，形成密集的内河交通网络。所使用的运输工具有划船、木排船（既用于木材运输，又用于装载粮食与建筑材料等）、马拉船（马在沿岸牵拉，船逆流而上）。1391—1398年修筑完成的施笃尼兹运河把吕贝克与易北河连接起来，达94公里，可以航行载重量约7.5吨的15米长的船只，每年平均仅运盐量就达到1.2万吨。该运河中有一段地势比较高,当时已成功地采取通过蓄水以抬高水位的办法,在集合了24—30艘船时打开水闸,让它们顺流而下驶往目的地。前文提到我国兴安运河（灵渠），其中的数十处斗门是近现代船闸的先导。此时的德国已掌握了类似技术。

杜伊斯堡的港口正是在这样的背景下发展起来的，早期是一个转运港，主要将鲁尔区的煤炭通过小船等将货物运送到港口，再换成大船通过莱茵河运出去。1716年，港区面积有7000平方米。18世纪，鲁尔河被改造为运河。1899年，多特蒙德到埃姆歇河的运河将北海的港口与鲁尔工业区联系起来。1914年的Rhine-Herne运河和1931年的Wesel-Datteln运河等建立了与莱茵河的联系。这些运河的建成以及古老运河网络的进一步完善，使该地区走向高度工业化的发展阶段（从上一节介绍的北杜伊斯堡旧钢铁厂景观公园可见当时工业发展之一斑），杜伊斯堡

图2.8－3　内港河道旁的古城墙

港也在这个发展时期成为航运中心。

杜伊斯堡的港区分为两部分，一个是位于鲁尔河部分的内港，即老港区；另一个是位于莱茵河部分的外港。19世纪上半叶，内港和外港在当地商人的促动下，在临近老城的地方兴盛起来。内港区临近市政中心和中世纪古城墙（图2.8－3）。在1900年左右从一个谷物市场发展起来，因此内港两岸点缀着各种面粉厂和粮仓。从图2.8－1可以看出，这些一百年前的粮仓是用一种在我们看来很独特的装置来从船上“卸”粮的，那是一个巨大的吸管，直接伸到船舱，把小麦等吸入仓库。后来这里成为工业和船运中心，以驳船、仓库和大型的起重机为景观特色。二战后，内港的重要性迅速衰落，并面临着被拆毁的威胁。但后来作为IBA计划的一部分而被改造为城市滨水区（图2.8－4）。在建筑师、艺术家和城市规划工作者的共同合作下，现在的内港已经变成一个居住、工作和休闲的地方。设有当代艺术博物馆（图2.8－5）、各种各样的餐厅、酒吧、城市博物馆，我们从图2.8－6、7、8、9可以看到这些餐厅、酒吧无论从室内还是室外都保留着粮仓的特色，过去港区的水道两边盖起的高档住宅楼很注意与周围环境协调。另外这个

图2.8－4　过去港区水道两边盖起的高档住宅楼很注意与周围环境相协调。就连这个人行桥也散发着港口的韵味

图2.8－5　利用内港区旧仓库改建的当代艺术博物馆，请注意画面右侧那根黄色的“针”，它是整体规划的鲁尔区“工业遗产旅游之路”（route industriekultur，简称RI）的工业旅游景点标志。下一节还会继续谈到这个规划和这根标志“针”

图2.8－6　改造后的内港区鸟瞰图

图2.8－7　滨水区的高档商务楼

图2.8－8　用旧仓库改建的一处啤酒屋

图2.8－9　啤酒屋内部依然保留着当初粮仓的框架结构

图2.8－10　在内港区的游船码头，一家人正准备乘船出游

世界最大内河港也成为游船旅行的起航点，设在此处的游艇码头可提供许多停泊位（图2.8－10），还附设了一些乘船游、驾船、开摩托艇等娱乐休闲项目。旧面粉厂和仓库区等（在保留有代表性建筑的前提下）被改造为新的混合功能的滨水公园以及散步区（图2.8－11），不但为周围兴建的部分高档住宅区、高档商务楼提供良好的环境，其本身亦成为鲁尔区工业遗产旅游路线的一部分。按苏迪德教

授的话来说，这里正逐渐成为一个“欢乐港”，成为今天仍有吸引力的后现代地区。

在杜伊斯堡内港旁有一个废墟公园，它诉说着这个城市一段惨痛的历史。第二次世界大战时，作为交通枢纽的杜伊斯堡同埃森、杜塞多尔夫和多特蒙德一样是损失最惨重的城市，倒塌的建筑超过一半到三分之二。战争中和战后初期的德国人经历过一段废墟上的生活，德国文坛的“废墟文学”反映了那个时代的面貌。正如汉斯•韦尔纳•里希特写道的：“恐怖改变了活着的人。这以前的一切都再也无法把握。它们就像童话一样渐渐地消失无声了。另一种声音在决定着生

图2.8—11　被改造为新的混合功能的滨水公园以及散步区

图2.8—12　废墟公园

图2.8—13　这个建筑小品像一本被历史的大手同时翻开了几页的“书”

活，那是来自废墟世界中的声音。它比以往更加贴切真实，贴近生活。”那一时期沃尔夫冈•博谢尔特的“返乡者戏剧”《大门之外》[1]、小说《面包》、《夜晚老鼠也睡觉》，亨利希·伯尔的短篇小说《来自“史前时代”》、《噩耗》等作品引起了广泛震动。这批作家的作品不但反映了战争造成的苦难，也反映了这一代德国人对战争的反思。他们背离内心流亡和保守主义所继续的传统，净化曾被纳粹滥用的语言，客观求实地进行表述。甚至提出“砍光伐尽”（沃尔夫冈•魏劳赫 1949）要在当代茂密的文学丛林中树起路标，以求在语言、内容和结构方面建立一个崭新的开端……“废墟文学”在德国文学史上有点儿类似于中国现代文学史上的“伤痕文学”，不久就声势渐微。但是这个时代却被“废墟公园”永远地固定在杜伊斯堡（图2.8－12）。阿多诺指出：“在战后最初的几年里，在被炸弹焚毁的德国城市中，我们可以感觉到艺术的神经是多么深地植根于现实的土壤。面对物质世界的混乱，早已被审美中枢否定的视觉秩序，突然在祈祷声中再现魅力。”[2]

图2.8－14　汽车行进中拍摄到的外港区煤码头

“对秩序的破坏（即是这一破坏来自于此类有目的的理性）仍能唤起对于秩序的审美渴望”[3]。废墟公园的存在使我们多了一个审美的维度，同时也使我们对杜伊斯堡这个港口城市多了一份了解。图2.8－13这个建筑小品像一本被历史的大手同时翻开了几页的“书”，就在“废墟公园”的对面，与其互相呼应。

1.《大门之外》是“废墟文学”的代表作之一，剧情梗概：军士贝克曼从前线归来，得知儿子已死于轰炸，妻子改嫁。绝望中，跳河自尽，未死，被一女子收留。她的丈夫赴前线三年杳无音信。可是正当他们两人要拥抱的时候，其丈夫却拄着双拐拖着一条腿回来了……有关“废墟文学”参见李伯杰等著《德国文化史》，对外经济贸易大学出版社，2002年。

2. 阿多诺：《美学理论》，见阿多诺《全集》，第7卷，法兰克福，第4版，1984年，第237页。转引自沃尔夫冈·韦尔施，《重构美学》，陆扬等译，上海世纪出版集团，2006年，第105页。

3. 沃尔夫冈·韦尔施，《重构美学》，陆扬等译，上海世纪出版集团，2006年，第105页。

图2.8—15　从车窗闪过的运河及船闸。据苏迪德教授介绍，鲁尔区已有一些运河从运输功能改变为专供游船游玩的河流

图2.8—16　鲁尔河中的船只，与我国同等河流中航行的民间船只相比体型都比较大

图2.8—17　鲁尔河上的桥梁，左侧的另一座桥梁是外港区水道的桥梁。两条水道之间有一条长堤，估计是过去马拉船时代 的马路

从图2.8—10河道中那些漂亮的、形形色色的游艇可以看出，今天的德国人民早已告别了“废墟时代”，过上富足的生活。笔者在香港见过大富豪极尽奢华的游艇，而此地这些虽五花八门却未显“贫富悬殊”的各色游艇给我们的另一个启示是：由经济学家艾略特提出，政治家阿登纳强力推行的社会市场经济理论非常适合德国国情，促进了德国经济的发展。社会市场经济的概念的基本内涵是要把市场经济的自由原则和社会的平等原则结合起来，同时以竞争为基础开拓使自由经济和社会平等共同发展的道路。社会市场经济的另一种表述是：经济效率+社会公正。

马桂琪、黎家勇所著《德国社会发展研究》[1] 对战后德国的发展有深入研究，有兴趣的读者可以跟随他们去深入探讨德国复兴的秘密。这里我们只想指出：社会市场经济理论对于改革中的中国来说也是值得学习借鉴的。

阿登纳认为，“适当地占有财产是民主国家得以巩固的一种主要因素”，并鼓励“以诚实的手段挣得适当的财产”。家庭是社会的细胞，如果绝大多数家庭都能拥有一座（或一套）房子，一个小小的花园，甚至（滨海、滨河的家庭还能）有一艘游艇，中国的社会也一定会稳定很多。

河水悠悠，叙述着杜伊斯堡沧海桑田的历史，德国密布的运河网托浮起这座欧洲最大也许是世界最大的内河航运枢纽港。

中国现在热衷于修筑高速公路，而对便宜的水运重视不够，虽然沿线省市已开始为京杭大运河申报世界文化遗产，但是对有重要经济意义也有重大认识价值的大运河北段至今连个恢复计划都没有（天长日久黄河以北废弃的古运河河道将被占用破坏殆尽）德国航运业能够做到几乎把每一条小河都加以利用的程度，这非常值得我们学习，特别是水资源比较丰富的华东、华南地区。

离开杜伊斯堡，一条条来不及在地图上核对名字的运河从车窗上闪过（图2.8—14、15）。我们发现德国的运河两岸大都保留天然的植被（不像我们把许多本没有很大洪水威胁的河流两岸都用水泥沏筑护坡，以为这才是“美”）给亲水的植物、动物保留了生存空间，也保留了地上水与地下水的联系，这值得我们借鉴。

我们在德国的河流中都没有见到过我国农民使用的那种小船（图2.8—16、17）。笔者曾在大运河苏南段进行过调查，国营千吨轮的船员们抱怨那些老乡们的小船占用航道资源是一种极大的浪费，特别是一种超载的违规运营的水泥船运

1. 中山大学出版社，2002年。

图2.8－18　一个仍在运行的梯级船闸的低一级船槽

图2.8－19　一处古老的船闸显出厚重的普鲁士风格（在我们看来上面的两个塔颇像普鲁士士兵的头盔）

图2.8－20　草地和人行道已铺入不再使用的船槽供游人探索船闸的奥秘

的是些不值钱的沙石等，撞了大船他们就弃船逃跑，这些水泥沉船对航道造成了极大的威胁。德国人对航道的科学管理应使我们的领导人受到启发，不能在所有的地方都对“民众”让步，而应加以引导和科学的管理，以使河道资源得以充分利用。

沿路我们还看到水道边有一些古老的船闸至今还在运作，在两条水面悬殊的运河衔接的地方，将满载货物和游客的船轻轻托起或慢慢放下，这一升一降之间也能让人感受到人生甚至世界格局的浮沉（图2.8—18）。

我们在一处船闸前停了下来，这个船闸的部分设施还在正常运转，而有一处设备过于老旧的梯级船闸停运了，草地和人行道被铺进了船槽里（图2.8—19），人们可以深入这个槽探究船闸的奥秘（图2.8—20）。

站在高高的船闸上向远处眺望，可以看到远处依托运河发展起的几个大企业的烟囱，而这些大企业之间依然保留着大片美丽的田野（图2.8—21）。

了解这些运河才能真正对杜伊斯堡，对整个德国加深认识。

图2.8—21　从船闸上向远处眺望，可以看到远处依托运河发展起的几个大企业的烟囱，和这些企业之间的田野

2.9 “黄针”串起的工业旅游路线

在上一节谈到杜伊斯堡港的时候，我们曾在图2.8—5的图片说明中提醒读者注意画面右下角那根黄色的“针”，它是“工业遗产旅游之路”(route industriekultur，简称RI)的标志。我们已在第一部分中介绍了工业遗产之路的整合过程，这一节我们将在RI指示针的指引下参观工业遗产旅游之路的几个景点。

自从中国的指南针传到西方后，在航海、军事等方面发挥了巨大作用，“针”也就带有了指引方向的意思。同时“针”也依然保有串联和缝补的本意，RI用黄针（图2.9—1）来作为工业旅游景点的标志是一个非常有创意，也非常贴切的设计。

说到RI不能不先从IBA计划谈起。苏迪德教授向我们

图2.9—1　内河航运博物馆前的这根黄针，是代表整体规划的鲁尔区“工业遗产旅游之路”（route industriekultur，简称RI）的标识物

介绍：IBA是德语Internationale Bauausstellung的缩写，通过在埃姆舍(Emscher)举办国际建筑展（即IBA），从而复兴鲁尔区。我们在第一部分谈到区域性一体化模式（见前文1.4.4）时，已介绍了这一计划。苏迪德教授说：“埃姆舍河在过去的几十年已成为一条排污河。这个地区是在没有什么规划的工业化时代迅速扩张而发展起来的。而现在当采煤业及其相关企业向其它地区转移的时候，这里突然之间成为一个问题重重的地区。埃姆舍河畔并没有真正的大城市，像埃森市等只是在煤炭工业的基础上发展起来的城镇群。它们缺乏基本的先进的基础设施，而现在逆工业化过程将对这些陷入困境的城镇群产生影响，因为这里没有其他的工业也没有服务产业等等。因此有人思考修复这个地区，或者至少给出几个通过国际建筑展的形式，即样板性项目来重振荒芜的、问题性的工业地区的案例。因此，就有了这个10年计划。”[1]

IBA计划开始时是在一些小的局部地区启动，而后扩展到整个地区。经过10年的努力，有些地方已经在北威州政府、德国国家政府以及欧盟组织的补贴下修复了。比如我们已经介绍过的北杜伊斯堡（钢铁厂）景观公园、措伦露天煤炭博物馆、杜伊斯堡旧港的建筑等。在本部分第四节中我们还介绍了Tetraeder塔等几个IBA计划的新建项目，它们都为鲁尔区的振兴发挥了重要作用。IBA计划已不局限于一开始的建筑展内容，而演变成鲁尔区的区域性综合整治规划，包括社会、经济、文化、生态、环境等多重整治和区域复兴目标。

据苏迪德教授介绍：IBA计划执行了约5年左右，有人意识到虽然我们已经有一些得到了很好修复的场地，但是我们如何利用它们呢？人们想出了将这些地方展现给游客的主意，于是有了“工业遗产旅游之路”——即RI（详见前文1.4.4）。

图2.9—2就是“工业遗产旅游之路”的示意图，我们曾在第七节介绍的北杜伊斯堡旧钢铁厂景观公园旅游信息中心（原来的变电站）墙壁上看到过它。它体现的理念是：那些对于工业历史感兴趣的游客只要沿着这条路线旅行观光，就可以看到反映鲁尔工业区历史的最重要的地点。这是一个大型的项目，已经对很多人产生了吸引力。它在历史上第一次重建了工业区，改变了肮脏工业区的形象，并给这个地区带来了一个关注工业遗迹并以工业遗产为自豪的新形象。同时，通过吸引游客来这里消费带来新

1. 根据采访苏迪德教授的录像整理。

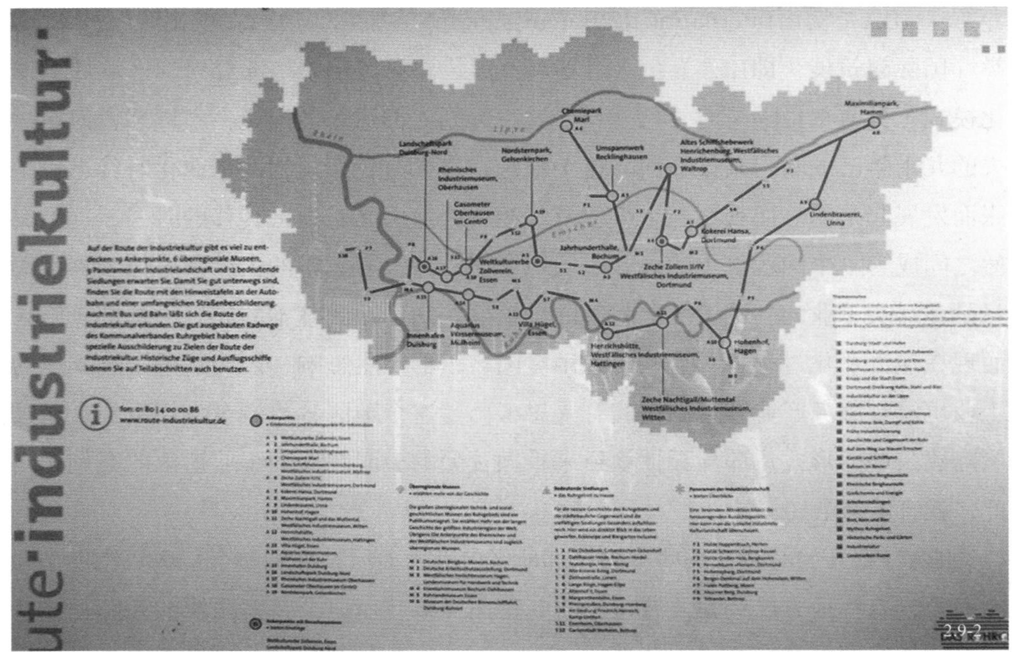

图2.9—2　RI路线图（摄自北杜伊斯堡旧钢铁厂景观公园旅游信息中心）

图2.9—3　古船闸和内河航运博物馆门前的露天展品和说明牌

图2.9—4、5　埃姆舍—多特蒙德运河上的Henrichenburg Shiplift古船闸

的经济优势。在我们已考察的其中一些景点，看到很多游客来参观。这条路线仅仅在我们考察的4年前开发，而现在它已经显示出规划者几年前所设想的成功了。

在我们到过的前几个景点，差不多都能看到这张图，这些大的景点也显著地标在这张图上。今天我们要向大家介绍这张图上标着的一些小的、零散的景点。

图2.9—1这个醒目的“黄针”特写镜头是在Henrichenburg Shiplift古船闸前拍下的，在上一节里我们在介绍杜伊斯堡港时也顺便介绍了德国的内河航运业以及他们运河上的几个依靠水的浮力升降的船闸，今天再介绍一下这个依靠机械升降船只的船闸以及在其旧址设立的内河航运博物馆（威斯特伐利亚地区工业博物馆，图2.9—3）。

古老的Henrichenburg Shiplift船闸连接埃姆舍河与钢铁城市多特蒙德及其港口的运河，从图（2.9—4、5）可以看到这个古船闸的宏伟气势。这个船闸具有强大的钢架结构，并由4个雅致的砂岩塔楼相接围合而成，高处的两个塔楼带上了装饰性的球状冠，低处的两个塔楼则是典雅的方尖顶。这四个塔楼作为一种传统建筑语汇具有帝王气象，实际上这里也确实与帝王有种种联系。威廉二世于1899年亲

图2.9－6　奥伯豪森市的Gute-Hoffnungs-Huette钢铁厂遗存的大气罐

图2.9－7　底层展区展示的Gute-Hoffnungs-Huette钢铁厂旧风貌一瞥

图2.9－8　通往罐中部视听艺术馆的指示牌

2.9-6

2.9-7

2.9-8

自来开闸。后来这个古老的船闸也是皇帝非常喜爱并经常光临的地方。该船闸是当时的技术杰作，它可在2分半钟的时间内将800吨的货船升降14米。动力房展厅通过模型向游客显示和解释了提升船只的原理和操作过程，还说明了该建筑设施的历史背景。船只可在三个水平面提升，现在游客可以走在引导船只的水槽上，因为下面是固定水槽的巨大浮舟。游客可以站在从4个塔楼中的其中两个延伸出来的观景平台观赏全景。往下可以看到1929年的货物驳船，如果站在驳船的甲板上，还可以观看船员的日常生活展示和家庭景观。船闸上游河道还有一些更具历史感的船只、装卸货物的1906年的可转动起重机码头以及过去的垂直提升桥。不远处是1989年建的新水闸，有一个展览中心，你可以在那里找到更多有关现代运河管理方面的信息。自那以来这个船闸一直没有什么变化，但这种不变也来之不易。1962年，由于开新船闸了，这里的整个建筑物面临被摧毁的威胁，并于1970年不得不关闭。只是经过艰难的草根运动才使这个老船闸保留下来，并在1992年成为博物馆开放。与临近的现代船闸一起，船闸博物馆成为洞察过去100年内陆水运交通和运河生活的生动场地。

Henrichenburg Shiplift船闸以及配套的运河系统过去在鲁尔区的工业化进程中起了很大作用，它以比较廉价的运输方式运送铁矿石、煤、焦炭、石灰石及钢铁产品等大宗物资。皇帝对这个船闸的偏爱也是有道理的。

黄针又把我们带到了一个大气罐前面（图2.9—6）这种气罐我们似曾相识，对了，在北杜伊斯堡旧钢铁厂景观公园我们曾看见过一个类似的气罐，其内部已被改造成潜水俱乐部。而这个气罐显得更为高大，它原属于德国一家最大的钢铁厂——位于奥伯豪森市的Gute-Hoffnungs-Huette的一部分。

这个巨大的储气罐被分成三个层面进行利用，底层是展厅（图2.9—7），中层为体验一种新颖的视听艺术的地方（图2.9—8）。人们躺在一个漆黑的空间里，顶部、侧面映现出一些不同的流动的画面，配以怪异的音响效果，使人仿佛到了另外一个世界。在经历了画面和音响的冲击之后，定下心来仔细辨认，原来这是用高速、高清晰度摄影机拍摄的跳水运动员入水时的画面再放大后慢放给观众观赏，这时的观众就好比是泳池里的水蜻蜓，看到从天而降的巨大怪物，把平静的水面搅了个天翻地覆，怪物周身裹挟着的大量泡沫一直尾随其进入深水，每一个泡都异常清晰，很可惜，在这个漆黑的世界里这些剧烈变化的画面在我们的胶片上没有留下清楚的痕迹，而录像的效果倒还可以，只好请读者在我们的电视片里体验这种新型的视听艺术了。

2.9-9

用水蜻蜓的视角观察完水和空气的界面之后，我们来到了这个高高的储气罐的顶部，开始用鸟的视角鸟瞰鲁尔工业区，笔者不由回想起登上巴黎埃菲尔铁塔时的情景（见《现代城市研究》2004年3月号“也谈‘造城运动’（一）”中的图8，展示了从埃菲尔铁塔上看到的由奥赛火车站改造成的奥赛博物馆的雄姿），站在这个高高的罐顶可以得到同样的登高望远的享受。而对于带有专业考察任务的我们来说，在这个罐顶上可以看到大面积的鲁尔工业区的面貌，并对振兴这个老工业基地的IBA计划有了更深入的了解。

你看图2.9－9，铁路、公路、Rhein-Herne-Kanal运河在罐的下面有序铺展开，运河左边还有一条小一点的运河是原来的埃姆舍河，当时变成了整个鲁尔工业区的排污河。典型的鲁尔工业景观就是由运河、埃姆舍排污河所组成的画面。

2.9-9

图2.9—9 从储气罐顶鸟瞰左侧的运河、铁路、公路，以及右侧奥伯豪森市(Oberhausen)过去旧工厂区改造成的中心购物区(Centro)和娱乐中心。两页接缝处受影响的画面可参考前文图1.4.3—2

两条运河、铁路、公路都还在，但原先宏大的Gute-Hoffnungs-Huette钢铁厂只剩下了这个高大的储气罐作为工业文明的符号还保留在这里。在过去的厂区已建起了游乐园和购物中心，但远处你依然可以看到一些仍在运营的工厂。用苏迪德教授的话来说鲁尔区再也找不到第二个更好的例子，显示出过去20年工业景观发生多么巨大的变化，显示出工业社会向后工业社会的转变。

黄针又带我们来到了一个由工业建筑改造的演出场地——世纪大厅（The hall of the century）。

傍晚鲁尔文化节的经纪人Ehman安排我们采访戏剧艺术家Gerard Mortier，他在这次文化节上导演了一出难度很高的 6 小时戏剧作品，文化节后他就将上任巴黎歌剧院院长。Ehman一再向我们道歉，这出6小时大戏的所有票都已售完，而德国

图2.9—10　由厂房改造成的剧场在乐队后面舞台上方有一好似钢水包的喇叭形装置。

法律又不允许记者在没有座位的情况下占据座位间的通道进行拍摄，所以我们只能在演出前采访，不能像上次在北杜伊斯堡旧钢铁厂景观公园那样看一次完整的演出了。有过上次在北杜伊斯堡旧钢铁厂车间改造的音乐厅里欣赏音乐的经历，我们已坚信这次文化节的演出节目都是很高档的，这一采访机会当然不会放过。

此时观众已开始入席，乐队后面舞台上有一巨大的喇叭形装置，很像钢铁厂的钢水包或铁水包，给人留下深刻印象（图2.9—10）。

导演并不在这个“剧场”，他正在旁边的另一个也是由厂房改造成的剧场里向提前来的热心观众们介绍该如何欣赏他的作品（图2.9—11）。这情景很像我国的交响乐团，或昆曲团为工人或学生演出前要向观众做一些普及高雅艺术的工作一样。

在导演结束了对热心观众的讲话，返回演出场地的时候，我们抓紧机会采访了他。

Gerard Mortier说：“我们知道在文化中，人们总是在与他们日常生活很接近和相关的地方表演。希腊人在大海面前表演，中国人或印度人在庙前表演，这些

图2.9—11　歌剧演出前，戏剧艺术家Gerard Mortier（“舞台”前站立者）在旁边的另一剧场向先来听讲座的观众介绍该如何欣赏他的作品

图2.9—12、13　2001年和2003年两次从两个角度拍到的“世纪大厅”外景，右侧旧厂房立面与本章第四节介绍过的措伦煤矿教堂般的工业建筑颇相似，确有工业圣殿的感觉

地方对人们的生活很重要。

“因此我认为在这个被称作‘世纪大厅’的工业遗迹上表演，可以使人们有一种家的感觉，而不会感觉这种演出是与他们生活无关的，而是属于他们生活的一部分。为了吸引观众，我认为你要做大量的工作，我认为观众在这里重新发现了美妙的音乐，发现了剧院，感受到了自豪，因为艺术就是使你能够重新关注天堂的地方。”

作为无神论者，我们难以想象天堂的意境，但对于Gerard Mortier先生在这里演出所抱有的那份神圣感，我们还是充分理解的。

演出的铃声响了，没有票的我们不得不离开了“剧场”，回过头来看这个旧厂房改造的世纪大厅（图2.9—12、13），感到它真的是一处工业圣殿，右侧的厂房立面与我们在本章第4节介绍过的措伦煤矿教堂般的工业建筑也有几分相似。

乐队奏起的序曲传到了剧场外，我们忽然感受到舞台后方那个巨大的喇叭形装置产生了蒙太奇式的幻化，它开始变色，由蓝色变成了明亮的黄色（后来得知这个装置在演出过程中确实不断变换颜色），钢水在其中激荡，溅出阵阵钢花……钢包又逐渐变回梦幻般的蓝色，它不再倾倒钢水，而是向观众倾泻高雅的艺术。而刚才飞溅的钢水并未退回改变了颜色的钢包，而是在空中凝结成一支黄色的针，这支针以运河、铁路和公路为线，以厂房和各种工业设备为音符为我们编织着一曲工业文明的神圣乐章。

2.10 彰显汽车文化的“大众汽车城”

在介绍德国传统旅游产品的小册子中，中国游客不容易一下找到沃尔夫斯堡（狼堡）这个城市的名字，倒是德甲联赛中的一支劲旅沃尔夫斯堡队给球迷们留下了深刻的印象（该队队衣上醒目的标志就是大众汽车品牌的标徽）。而对于中国汽车业的专业人士来说，沃尔夫斯堡却具有很高的知名度，那是一个因大众汽车公司而兴起的城市，这里不仅有世界上最大汽车工厂之一——大众汽车沃尔夫斯堡市总厂，而且紧邻厂区，还有一个独特的彰显汽车文化的“大众汽车城”。

从图2.10—1可以看到，隔着中部运河大众汽车城与沃尔夫斯堡火车总站遥相呼应，一座跨越运河也跨越火车站的装有滚梯的人行桥（图2.10—2）把汽车城与

2.10-1

图2.10－1　运河左岸为大众汽车城，右岸为沃尔夫斯堡（狼堡）市火车总站

图2.10－2　一座跨越运河也跨越火车站的装有滚梯的人行桥把汽车城与市中心的步行街联系在一起

图2.10－3　从桥上向西望去T字形运河所围绕的是大众汽车沃尔夫斯堡市总厂

图2.10－4　从汽车城内的园林中看大众集团大厦北侧的六根立柱及六扇上下贯通的玻璃大门（靠左边松树的后面）

市中心的步行街联系在一起。游客可以乘船（图2.10－2）也可经过铁路、公路或干脆步行很方便地到达这里。从人行桥向另一侧（西面）望去（图2.10－3），呈现在我们面前的是T字形运河所围住的大众集团沃尔夫斯堡总厂鳞次栉比的厂房。

紧靠着运河、铁路和公路，稍有企业经营常识的人都会感叹：这是多么好的厂址呀！像钢锭、铸铁等大宗货物可以通过便宜的水路来运输，而其他配件厂按“零库存”观念周密组织的配件，则可用铁路、公路按预订时间准时运达。

T字形运河拐角处这个有着四个大烟囱的建筑是发电厂，它发的电不仅供应汽车总厂，还解决了市区民用电力之需。沃尔夫斯堡市共有9万人口，其中有5万人在汽车总厂或相关企业工作，剩下的人也多是厂里的家属，所以向市区供应电力也是汽车总厂的责任。

说到这里，读者一定会明白汽车总厂如何能占据如此好的厂址，毕竟沃尔夫斯堡，这个以“狼”来命名的城市是因为大众汽车总厂而兴旺起来的。工厂生产出比狼更善于奔跑的机器——汽车。

不过今天我们介绍的重点不是汽车的生产过程，而是大众集团在沃尔夫斯堡汽车总厂旁边建起的“大众汽车城”。

为了配合2002年在汉诺威举办的世界博览会、耗资8.24亿德国马克兴建的“汽车城”是目前世界上第一个、也是最大的汽车主题公园和服务中心，大众集团所属的各个汽车品牌在这里基本都得到了展示。汽车城规划始于1996年，1998年12月开始施工，2000年6月1日正式开放。它使原来汽车总厂单纯的发货中心变成了交流平台。汽车城计划年接待参观者120万人，四年来，这里接待的参观者已超过800万。大众汽车城已成为德国最受欢迎的旅游景点之一。人们可以乘各种交通工具很方便地来到这里。

我们首先来到了大众汽车集团大厦接待大厅Piazza。这座气势恢弘的玻璃幕墙现代建筑的一大亮点是它上下贯通的“门”。由六根巨大立柱（图2.10－4、5、6）连接的六扇朝南的旋转玻璃门，面对沃尔夫斯堡市中心一字排开；另六扇玻璃门朝北开启，成为进入汽车城的入口。玻璃门的设计像飞机机翼。当立柱旋转，玻璃门跟着转，大厅入口便随之开启或关闭，使人想起百页窗的板条闭合并由此使你感受到这座现代建筑中的部分传统“元素”。接待大厅还是个注重环保的建筑，墙体的玻璃为双层，保证了室温调节，使整个大厅冬暖夏凉。经过设计师专

图2.10—5　汽车城园林中各个品牌展馆，左侧深褐色方形建筑为兰博基尼（Lamborghini）馆，中部白色铝合金环状顶部的建筑为奥迪（Audi）馆，右侧静谧的湖边由几个平面连成的建筑是斯柯达(Skoda)馆

图2.10—6　从接待大厅内看旋转玻璃门及门内悬挂的空心球型装置艺术品

图2.10—7　接待大厅的玻璃地板下有一些地球仪，这是德国一位著名艺术家的作品，每个地球仪上都标画着当前人类生存环境的现状和存在的问题，象征着大众集团和艺术家对人类和世界的关注与关心

门的设计，可达到理想的自然通风，内外空气流通畅快，而在冬天，集团大厦及客户服务中心在必要时可以通过地面供暖。

接待大厅的玻璃地板下有一些地球仪，我们起初以为这些在我们脚下旋转的地球仪标示着大众公司在全球的销售网络和业绩，但我们没有猜对，这些地球仪是德国一位著名艺术家的作品，每个地球仪上都标画着当前人类生存环境的现状和存在的问题，象征着大众集团和艺术家对人类和世界的关注与关心（图2.10－7）。地板上蓝色的玻璃像一池碧水，而空中的球形骨架映在这"碧水"中好像是起着提纲挈领的作用，把玻璃地板下体现不同主题的球形串联了起来。

苏迪德教授与公司方面联系后，带来了大众公司公关部的工作人员——一位能在田径运动场上驰骋，并保持着优秀记录的Roessler女士，她坚持说这里不是我们理解的传统意义上的博物馆：

"这里的大众汽车城是为那些来这里取车的顾客服务的。我们每天有500多位顾客来这里取车，因此他们可以在这里与他们的家人玩一天，可以在这里吃饭。汽车城有很多可以参观以及孩子们可以做的活动，例如，我们为孩子们设计了一种活动，叫小学习园，孩子们可以通过练习获得例如一个小司机的'驾照'……大众汽车城是大众集团交流和市场营销的平台。我们在园区内有七个品牌车专门展厅，这是大众汽车展示自己及其哲学的地方。"

她说这里是为买车的顾客服务的，其实我们看到不买车而单纯来参观的人也很多。可能大众公司自信地认为这些参观者最终会买车的。

的确，这里有许多设施都是为青年、少年和儿童准备的。图2.10－8、9那个地方

2.10-8

2.10-9

图2.10－8、9　儿童考"驾照"的练习场

2.10-10

2.10-11

2.10-12

2.10-13

图2.10—10　儿童在玩汽车过山

图2.10—11　青少年在做实验

图2.10—12　幼儿在捏橡皮泥汽车

图2.10—13　这个巨大的“引擎”可以让孩子们钻进去玩

就是孩子们学习“驾驶”技术和交通知识并领取“驾驶执照”的小学习园，从图2.10—10、11、12我们可以看到很多供青少年做试验，供儿童（在用橡皮泥捏汽车等活动中）领略汽车文化的设置。

为了让少年儿童在游戏中学到知识，汽车城的设计者可以说是煞费苦心了，最令人叫绝的是一个巨大的汽车“引擎”（图2.10—13）也成了孩子们的玩具，孩子们可以钻入其中领略汽缸内部的奥秘。我们苗条的主持人周宇经汽车城特别批准，允许她像孩子一样钻入引擎。据她讲述，里面气门压簧成了跷跷板支点、活塞连杆也成了变形的秋千、当探秘结束后，她由排气管——一个管形滑梯——排出地面（图2.10—14）。

这里的确是儿童、少年学习的园地，当父母来购车的时候，把小孩子放在这里，不经意间他们就学到了许多关于汽车的知识。

而青年人、成年人在大众汽车城都可以受到汽车文化的熏陶。汽车城的博物馆中陈列的大量汽车和汽车部件的实物展品，还有各种试验装置展现了汽车业的历史、有关汽车的科学知识，有些项目是非常注重体验的，例如图2.10—15的风洞实验室、图2.10—16所展示的被“剖”开的汽车内部等。

2.10-14

图2.10—14　主持人周宇被这个巨大的“引擎”由排气管—— 一个管形滑梯——排出地面

图2.10—15　风洞试验室

图2.10—16　可以被“剖”开的汽车

图2.10—17　体验雾的隧道

图2.10—18　体验安全带重要性的转椅

图2.10—19　撞车试验

这里还注重培养人们的交通安全意识，图2.10—17是让人们体验雾中驾驶的设施，图2.10—18是让人们体验安全带能带来安全的 “转椅”，图2.10—19的撞车试验则告诉人们撞车时的各种参数及安全带、安全气囊的作用。人们在这里不仅能学到许多有关汽车的科技知识，而且能大大提高安全驾驶的意识。

展厅里有几部电脑提供给汽车发烧友设计概念车，当“作品”设计出来，还

图2.10－20　这个巨大的曲轴被视为一种图腾

2.10-21

2.10-22

提供免费打印服务。当设计者兴高采烈地拿着他设计的概念车彩色图片离开的时候，他可能没有意识到他的偏好、他的智慧、他的创意已被留在了大众公司的电脑中。

有一个巨大的曲轴需要由观众沿着螺旋形阶梯环绕着观看、瞻仰，似乎可以说这是汽车业界的一个图腾（图2.10—20）。

人们常说似水流年，在这一池碧水的前面是汽车城中被称为时光大厦的汽车博物馆（图2.10—21、22）。这个大厦的后面就是运河和厂区，它联接着汽车业的历史与未来，联接着每天生产3000辆汽车的厂区和弘扬汽车文化的汽车城。

从外观来看时光大厦明显分两部分："模拟"部分与"数字"部分。它们风格迥异，各具含义。模拟部分（图2.10—21、22右侧）一组组高高的长方形玻璃搁板搭建的汽车展台，盛放着不同年代的80余个历史车型，其中1955年隆重出厂的第一百万辆（特意涂成金色的）"甲壳虫"（图2.10—23）格外醒目，显示着该款车的金色年华。而30年代的奥迪一级方程式赛车（图2.10—24）则带给我们追逐逝去时光的感觉。这些展品让人感受到大众汽车随着岁月的流逝，堆积起来的是睿智与成熟。

各个年代出产的各种车型无疑是可以用数字来精确统

图2.10—21　右方为时光大厦（汽车博物馆），玻璃建筑部分的层层隔板摆放着不同年代的汽车,而有着电视大屏幕的白色建筑部分则使用多媒体手段,用光和影展现汽车文化的魅力

图2.10—22　时光大厦夜景，隔着玻璃幕墙可以看到被灯光强调的各款车型。这些展品让人感受到大众汽车随着岁月的流逝，堆积起来的是睿智与成熟

计的。

而时光大厦数字部分则用数控的光电手段再现辉煌的历史，展现未来的梦想。数字部分展厅的外形显示出汽车或电视机的某种曲线，当然这也是一种表现生命力的曲线，体现出汽车的社会文化内涵，也是一种更高层次上的模拟，代表着大众汽车集团的团结与激情以及对未来的展望。

“模拟”部分与“数字”部分之间由小桥和楼梯连接，仿佛是神经把大脑的

图2.10—23　1955年出厂的第一百万辆“甲壳虫”

图2.10—24　20世纪30年代的奥迪一级方程式赛车

图2.10—25　依山坡而建的本特利展馆(Bentley Pavillon)后方为丽兹—卡尔顿酒店

左、右半球连在了一起。

站在汽车博物馆——时光大厦朝北的玻璃幕墙前，容纳着大众集团各个品牌小展馆的整个汽车城的园林展现在我们面前。这个园林不仅给人们提供了一个休息的场所，而且所有建筑和水面，甚至一草一木都融入了浓烈的工业文明和汽车文化的氛围之中，汽车城集优美的环境和实用功效于一身，其中既有亭亭的水榭、舒展的桥梁和片片相连的绿地，又有城市生活的盎然生机：市场、大街具备，有限与宽阔的空间共存。汽车城的设计，不是单纯地沿袭设计规则，而是融入了追求多样性的整体市区规划的概念，一方面遵循了“结构与内容结合”的现代模式，比如大型建筑 “大众汽车集团大厦”、“客户服务中心”、“时光大厦”等构成了主体“结构”；另一方面与主体“结构”相协调的附属建筑，即那些规模稍小风格迥异的各个汽车品牌展馆，则体现了各个“结构”的不同“内容”。这种带有后现代风格的城市规划方法代替了传统的从房屋到家具都遵循一种思维模式的设计方法，突出了汽车城建筑设计的独特风格。

若将客户服务中心比做大众汽车集团的家长，那么各个品牌博物馆就是它的孩子。它们安全舒适地躺在汽车城的中心，大众与奥迪作为家族中年长的孩子，从北部看护着其他姊妹们：西亚特、斯柯达、兰博基尼、本特利。大众汽车力气十足的商用汽车展馆守卫在东南部。通过各具特色的造型与使用的材料，各展馆纷纷向人们传达出自己品牌追求的价值。无需靠近，游客便可猜出哪个展馆展出的是哪个品牌。

图2.10—25是最靠近时光大厦的本特利展馆(Bentley Pavillon)依山而建，仿佛是绿色掩映中的一颗宝石。这是一个半地下建筑，黑色的花岗岩坡顶给人以厚重感又透出几分神秘，要探求本特利的奥秘须费点儿工夫深入地下，本特利赛车上个世纪20年代在欧洲勒芒车赛上一举成名，所以本特利展馆的屋顶就是特意按勒芒赛车场跑道的形状设计的。不过在我们看来这个建筑的坡顶也很像汽车的前盖，仿佛有一辆被泥土掩埋大半的本特利跑车就要破土而出冲向赛场。总之本特利馆给我们的印象是拙朴中显着高贵，不经意间又流露出一丝霸气。

远处一个白色铝合金的圆环型建筑是“奥迪”（Audi）馆（图2.10—5），它的环顶使人立刻联想到了奥迪的四环标徽，这是大众集团九大品牌中，中国人最熟悉的品牌。圆环一个顶着一个垂直而上，形成了一个循环升起的大螺旋形。当游客漫步在这一大胆创新的螺旋式展馆中时，可以感受到它所刻意传达的精制而简单高雅的生活方式。据说奥迪车是最先把铝合金材料引入汽车制造业的，所以铝合金的环状颇能代表其特点。

我们行进在汽车城的园林中，兰博基尼馆(Lamborghini Pavillon)突然传来野兽怒吼般的巨响，伴随着阵阵白烟一辆汽车一下子在墙上冒了出来（图2.10—26），虽不至于吓着路人，但不能不说这个创意是富有冲击力的，使人感到来自意大利的兰博基尼代表着无畏的力量与强烈的情感。而从远处看，兰博基尼馆这个黑色的正方体，仿若空中坠落的盘石，斜插入地；又好像是一个关闭的牢笼，困住了桀骜不驯的野兽。馆内的展台上，观众眼前的兰博基尼亦如雷、如电、如旋风。

图2.10—26 兰博基尼展馆外墙上突然冒出一辆汽车

而斯柯达的展馆（图2.10—5）却平静如水。这里，由诸多小平面连成的展馆，仿佛由鼓风机从中心吹起一样，传递着真诚与安全。像天际静止的风车一样，斯柯达展馆在邀请客人们进入一个友好的捷克童话世界。屋顶当中的半球形可以透进光线，代表着家人的关爱和庇护。整个展馆的建筑内涵，有着深厚的中欧背景。主体为巴洛克风格，同时又显现出了带有立体主义、纯粹主义和抽象派还原艺术的捷克风格。这一设计构思与建筑语言代表着相亲相近的伙伴关系以及民主社会。同时，它又兼有调皮淘气的性格，向孩子们及至整个家庭承诺着一种经历。斯柯达的建筑风格以及物品的摆放，从整体艺术角度而言代表着足智多谋，以及这一品牌的创造潜力。

一个玻璃正方体包裹着一个球的大众汽车展馆（图2.10—27），代表着完美无缺，这两个基本的立体几何图形最适宜代表大众汽车这一品牌的哲学：既古典又现代、既民主又完美，以及不断进取的精神。球代表了无边无际、平等和正义。它位于代表着稳重、清晰与准确的正方体之内。除了对这两个造型进行如此艺术的安排之外，再没有其它方式能如此直接、如此坦率地表达出这一品牌信奉的价值。

2.10-27

图2.10—27　大众汽车展馆

2.10-28

图2.10—28　大众商用车展馆

2.10-29

图2.10—29　西亚特（Seat）展馆

大众商用车展馆（图2.10—28）的外观有棱有角，然而内部却不如此突兀。宽敞的大厅里，相互连接的展台上呈现着大众商用汽车的两个世界：代表劳动与成功的地勤运输的汽车世界，以及代表自由与冒险的旅游汽车世界。两个世界由一座斜桥连接在一起，表现了这一品牌追求的价值：自由、劳动与真实可靠。

西亚特（Seat）馆则仿佛是一件激情、亮丽的白色雕塑（图2.10—29）。从桥上延伸出的一条路把观众一直牵到一位优雅又激情满怀的女士面前。在西亚特展馆中，地中海艺术与西班牙南部的快乐、创新与质量有机地交融在一起。

在汽车城的北部有一个长长的水池（图2.10—30）水池下其实是一个隧道运输系统。这个隧道运输系统把西面厂区出厂的汽车自动输送到东面的大众汽车服务中心和两个高达48米的塔状玻璃幕墙高架仓库（图2.10—31）。还记得公司公关Roessler女士的话吗？“大众汽车城是为那些来这里取车的顾客服务的”（大众公司肯定坚信，所有的参观者终究会买车的），卖车当然是大众汽车城最重要的业务，汽车服务中心为购车者提供非常周到的服务，这里每天有千百辆新车等待着自己骄傲的主人。

这两个高耸入云的透明建筑物是整个汽车城的标志。从远处眺望这两座装满各款车辆的透明建筑，感觉十分美丽壮观。

这两座汽车塔每座20层、可以停放400辆汽车。运送车辆的电梯上下自如。通常，每隔40秒钟，便有新车运入汽车塔。同时，另一辆车便会离开汽车塔运往客户服务中心。

而在两个圆柱体玻璃库房中频繁起落的升降机（图2.10—32），又让人感到这像两个汽缸活塞运动的模型，象征着大众集团本身运作的强大动力。

汽车库房是汽车生产流程的结尾、汽车销售过程的开始。如果说发电厂的大烟囱是传统工业的标志，那么这两个透明的塔状汽车库则表明大众集团在仓储、销售、广告宣传等方面也占领了制高点。隔着玻璃望着塔中时髦、漂亮的各款汽车，消费者很难抵抗大众汽车的吸引力。

在客户服务中心，我们看到有两位老人来买车……听了导购员耐心的关于汽车功能的说明，决定付款提车时还享受与靓车合影的人性化服务，你还有什么话好讲呢！这是一对老夫妇买车，如果换成一个单身的中青年男子来购车，当他提车拍照片时，会不会有一种要把新娘子从娘家带走的感觉呢？

2.10-30

2.10-31

2.10-32

图2.10－30　这个水池下是隧道运输系统，汽车从左侧厂房自动输入隧道

图2.10－31、32　新汽车经过池下隧道被自动输入塔状玻璃幕墙的高架仓库

图2.10－33　接载购车者参观厂区的“小火车”

所有真正买车的人还享受一项特殊的待遇，可以乘坐观光车参观大众汽车总厂的车间，我们虽未买车，作为特例也享受了这一待遇（图2.10－33）。不过公司有规定，进厂区是不能摄像和拍照的，好在公司为我们提供了宣传片，我们已将部分内容编入了电视系列专题片《德国工业旅游》。

当结束了一天的参观访问告别汽车城的时候，自动化生产线上那一支支精确的机械手还在我们眼前晃动直到附近火车站进站列车的汽笛声把我们惊醒，刚走到停车场附近，又有一艘满载物资的船鸣着汽笛从运河中驶过，这才把我们完全拉回到现实中来。

这就是德国，他们有科技含量极高的自动化汽车生产线，同时传统的铁路和运河仍然在有效的运营，大众汽车集团有效地整合各种资源、各种信息，在德国大地上树起一个让人惊叹的现代汽车工业和汽车文化的丰碑！

虽然到目前为止，介绍德国传统旅游产品的小册子中，中国游客不容易找到沃尔夫斯堡（狼堡）这个城市的名字。但我们要告诉读者，在汉诺威和布伦瑞克这两个著名旅游城市附近，沃尔夫斯堡市的大众汽车城是一个非常有代表性的重要的旅游目的地。而且从工业旅游的角度来说，这里是非常独特的。来此经过汽车文化熏陶的游客将可能变成两种人，一种是汽车的消费者，另一种是汽车公司高素质的从业人员（他们当然也同时就是前者），由此可见大众集团投巨资建汽车城这一决策是多么高瞻远瞩。

大众汽车城对我们的考察和拍摄工作给予了大力支持，回国后又得到了大众汽车（中国）投资有限公司提供的丰富资料（包括本节图2.10—8、21、22、23、24、27、29、31、32），在此一并表示衷心感谢！

2.11 存储着历史与未来的汉堡水上“仓库街”

德国第二大都市汉堡与中国的上海是姊妹城市，除了地理方位上的差别——汉堡在德国北部偏西，上海在中国东部偏南——这两个现代化大都市在许多方面都非常相似。

汉堡与上海一样，都是国家经济、文化生活的中心，也都是购物者的天堂，这两个城市都有悠久的商业传统。

汉堡是著名的“汉萨”同盟的核心城市。虽然德国与英、法等国相比，较晚才完成统一，进入近现代民族国家行列。但以汉萨同盟为代表的德意志商人却早已创造了辉煌的经商业绩。“汉萨”一词的原意是“商人集体共同保护在国外贸易利益的代表”。汉萨同盟萌芽于13世纪，1241年汉堡和吕贝克首先缔结了两个协议，规定在经济活动中互相维护对方的合法权益与自由，共同保卫双方贸易往来通道的安全。不久邻近的一些城市陆续参加了进来。

由于16世纪世界新航路的发现，特别是1618—1648的30年战争，德意志在波罗的海和北海的出海口被剥夺，促使汉萨同盟走向衰落。但汉堡、吕贝克、不来梅等港口城市对外贸易的优良传统并没有消亡，在18—19世纪（特别是俾斯麦以“铁血”政策解决德国统一问题后）又恢复了活力，发挥新的巨大作用。

汉堡亦是德国的金融中心（又与上海相似），1558年就成立了德意志最古老的股票交易所。

而汉堡立市的根本，也是它同上海最相似的地方就是他们都拥有国内领先的具有巨大装卸能力的名港（汉堡港在整个欧洲也是排名第二），我们在前面第八节介绍了因港而兴的杜伊斯堡市，汉堡也同样是一个因港而兴的城市。所不同的是杜伊斯堡纯粹是一个内河枢纽港，而汉堡则是一个衔接海运与内河航运，并衔

图2.11－1　汉堡仓库街（城）中心水道及两旁古老的库房

接水陆运输的枢纽港。贯穿德国中北部的易北河在流入北海之前形成水面宽阔的江湾，巨大的海轮可以溯江而上直达汉堡港。

公元8世纪人们已在易北河的支流阿尔斯特河畔(古萨克森语为“汉”)定居，公元950年在距易北河的入河口不远的地方建立Hammaburg(汉马堡)。可以说河流和港口是这个城市成长的摇篮。

由于汉堡（与其他汉萨同盟城市比）在“30年战争”中未受到严重破坏，战后仍然担负着区域性经济中心的作用，16世纪后期，许多英国（及其他国家）商人移民来此，更增添了它的活力，那时汉堡就已成为仅次于阿姆斯特丹的欧洲北部大港口。

上海诞生在黄浦江汇入长江口不远处，与坐落在阿尔斯特河汇入易北河之处的汉堡很相像。上海是中国最早对外开放的口岸之一，是中国近现代工商业的发源地（这一点两个城市也很像），如果说汉堡与上海这两个姊妹城市有什么显著区别的话，那就是汉堡市（尽管经历过城市大火和战争的破坏）不遗余力地保护他们有代表性的古老港口建筑和设施，本文要重点介绍汉堡旧港区被水道包围着（或者说是水道托起）的著名的“仓库街”（图2.11－1）。它应该对上海保护黄

图2.11－2　从仓库街（城）北面较宽水道的一座桥上向东望，左侧（北面）是汉堡市中心，右边是仓库街（城）中心水道北侧的仓库及马路

图2.11－3　中心水道南侧仓库靠南面道路的一个出货口，为一家经营东方地毯的公司使用；右侧蓝色铁板是可以移动和旋转的连接库房与车厢的搭板

图2.11－4　中心水道旁仓库楼顶的定滑轮及其挂钩

浦江和苏州河沿岸有代表性的工业交通设施有启示作用。

“仓库街”德文原名Speicherstadt，中国旅游出版社出版的“走遍全球系列”《德国》一书已先行将其译为“仓库街”，而德国出版的中文资料则将其译作“仓库城”（正像China Town在中国被译作唐人街，而其英文本义是中国城），它实际上是被东西走向的一条水道、两条道路贯穿的一个仓库区，北面又有条较宽的水道将其与市中心隔开（图2.11—2），南边也被水道和港区包围，仓库街（城）的核心是中间的水道，两边的仓库一边与中心水道水面垂直（见图2.11—1），另一边与道路衔接（图2.11—2）。从船上卸下来的货可经过存储（或直接）转运到车辆上（亦可转运到其他船上），图2.11—3仓库门口右边的墙上一块由轨道和轴连接的蓝色铁板就是用来连接仓库和货车车厢用的，以便于装卸货物。这块可以移动的装卸搭板和图2.11—4的定滑轮都是很简单的机械，但从中可以看出德国人重视利用机械以方便工作并减轻劳动强度的传统。

图2.11—6是跨越仓库街（城）中心水道一座古桥的局部。古桥已难以适应交通量的增加，人们巧妙地利用古桥坚固的拱形结构，在上方加建了一人行便桥，使人车分流，既保留了古桥，又满足了交通的需要。

从图2.11—5看到的仓库街（城）北面街道上（一座桥头旁）的说明牌，介绍了当年规划仓库街（城）的主导思想。牌子后面的那一大片南靠中心水道北临马路的连体仓库，现在被一家生产火车模型的工厂所利用，这家工厂的名字只是用金字镶嵌在旧仓库墙体上，没有任何大招牌影响旧仓库建筑的景观。可我们的上海做的怎样呢？图2.11—7显示了苏州河畔四行仓库的局部，这里是抗日勇士曾浴血战斗过的地方，但现在既看不出是仓库，也看不出是战场了。

汉堡的百年仓库街（城），不仅仅是个仓库区，同时也曾是全世界最大的仓储式综合市场。至今还有许多贸易公司开设在这里。图2.11—3就是一家专门销售东方地毯的公司，这些地毯来自巴基斯坦、印度、伊朗等亚洲国家。

同时仓库街（城）已成为一个著名的旅游景点。德皇威廉二世时期绿顶红砖墙的哥特式建筑，结构独特的房屋山墙、小巧的钟楼和航行的船只一同倒映在“街”中幽静的水道上（图2.11—1），形成一道独特的风景。仓库街（城）的这些古老建筑得到了很好的保护，就连靠水道一方仓库顶部（用来吊装货物）的定滑轮及其挂钩（图2.11—4）也完好得似乎可以立即重新使用。有的库房还被开发

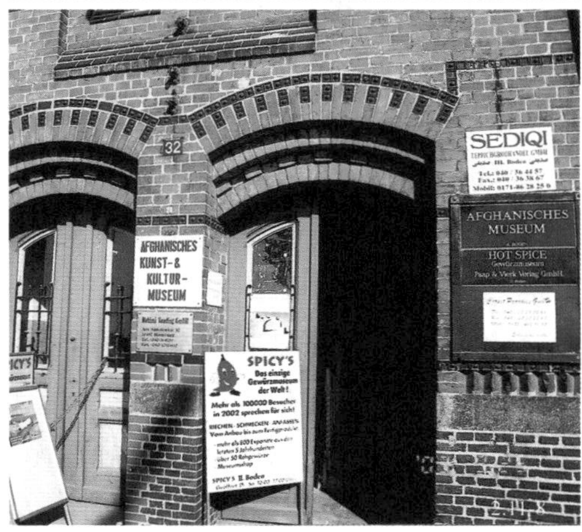

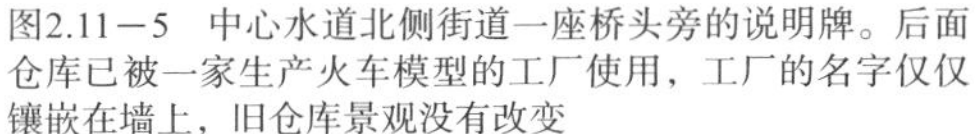

图2.11－5　中心水道北侧街道一座桥头旁的说明牌。后面仓库已被一家生产火车模型的工厂使用，工厂的名字仅仅镶嵌在墙上，旧仓库景观没有改变

图2.11－6　在古桥上方新加的一座人行天桥

图2.11－7　上海四行仓库的现状

图2.11－8　中心水道南侧仓库靠南面道路的一个门口，这里有阿富汗文化展览，有香料博物馆（门前两块有辣椒标志的说明牌介绍的正是香料博物馆），还有其他公司和机构

图2.11－9 这座位于仓库街（城）中心水道南侧的建筑过去是锅炉房，现在已改造成为资讯中心。图中部树后的绿屋顶是中心水道北侧库房的屋顶。下方工地为新城区的工地

成博物馆，例如走进图2.11－8这个门，就可看到阿富汗文化展览和香料博物馆，从中我们可以感受到汉堡仓库街（城）与古代丝绸之路为代表的东西方贸易通道的某种渊源。“丝绸之路”的概念并不是自古沿用下来的，最早使用这一名称的是曾任国际地理学会会长的德国地理学家李希霍芬(1833—1905年)。其实丝绸之路(特别是海上丝绸之路)还有一个名称“香料之路”。欧洲在没有近现代冷冻设备以前，腌制肉类需要大量从南亚、东南亚进口胡椒、丁香、豆蔻等香料。15世纪葡萄牙人向东进行海上冒险的目的，除了传播基督教，就是争夺伊斯兰国家长期垄断的利润丰厚的香料贸易。

汉堡古仓库街（城）的香料博物馆，反映了古丝绸之路和香料之路在欧洲大陆的延伸，以及香料在德国人日常生活中的作用（如腌肉、香肠等已成为德国饮食文化的代表）。图2.11－3、8中的这些库房都位于中心河道南岸。

中心河道南岸还有一处过去的锅炉房被改造成资讯和展览中心（图2.11－9），在这里我们看到了规划中的汉堡新市区——港口新城的鸟瞰图。城市发展需要新的空间，而现代船舶的大型化趋势亦使新码头的建设向深水岸线发展，在

图2.11－10　德方介绍港口新城规划方案示意图局部

图2.11—11 汉堡港古老客运码头的候船大厅。据苏教授介绍，一个世纪前，赴美国的德国移民就是从这里出发的

图2.11—12 苏迪德教授在仓库街（城）对德国工业旅游之行进行总结

图2.11—13 仓库街（城）中心水道及一座桥的标志牌，其德文原意为"回来"

现代化码头迁往有较深岸线的易北河干支流的同时，汉堡市计划将紧邻仓库街（城）的部分（没有太多保留价值的）旧港区建设成一个港口新城，使中心区的面积扩大40%。100多年前易北河畔当初被称为凯回头及旺拉姆区的这个地方遭到拆迁，让位给了码头和仓库建筑。现在随着港口新城的建设，汉堡的市中心又回到了她的河畔摇篮。1997年汉堡市前市长福舍劳博士（Dr. Henning Voscherau）宣布了港口新城的建设构想，成为近年来汉堡作出的对城市发展具有深刻影响的历史性决策之一。2000年已为港口新城规划举行了国际招标，并在此基础上制定了总体规划。

面积达155公顷的港口新城将成为一个把居住、休闲、旅游、商业和服务业结合在一起、具有水上特色的、富有现代气息的新型城区。从图2.11－10可以看出它距市政厅只有10分钟步行路程，距火车总站的距离也不远，与老城区之间仅仅隔着一个仓库街（城）而已。换句话说，仓库街（城）成了汉堡市旧的市中心与新城区的结合部。

最近中国中央电视台播出的一部美国电影，描写了一匹马驹（出生于从德国前往美国的船上）同他的小主人一同成长的故事（片名好像是《奔腾的心》）。影片的开头便是一只船驶入幽静的仓库街（城）中心水道，接着镜头转向易北河畔的大码头（图2.11－11），人们赶着马群上船……其实要真的追求真实，那批德国移民连同他们的马群应直接到大码头，没有可能来仓库街（城），但导演就是要这么安排，观众也没有人提出异议，因为仓库街（城）代表着汉堡，那里存着这座城市和这个国家的灵魂，这也许正是福舍劳前市长及其他规划者决定在仓库街（城）边建新城区的最重要的一个原因。

而我们引以为骄傲的大上海，它的灵魂存放在哪里呢？

喧闹的大上海有许多高度远远超过汉堡楼房的高楼大厦，但它还有一处像汉堡仓库街（城）那样集中的幽静之处吗？

作为姊妹城市，上海是不是该虚心学一学汉堡呢？眼睛不要总盯着那一两个高楼林立却没有多少历史可谈的美国城市。

愿上海和汉堡更像一对姊妹！

为我们策划和安排了《德国工业旅游》拍摄行程的科隆大学苏迪德（Dr. Soyez）教授选择在仓库街（城）（图2.11－12）与我们告别（以后的收尾工作将

由他的博士研究生陪同）。考虑到进行后期编辑工作时我们缺乏德语人才，苏教授一路上都是以英语作为工作语言，但在这最后分别的时刻，他用德语怀着深深的感情对我们的《德国工业旅游》之行进行了总结。

有趣的是，附近跨越仓库街（城）中心水道一座桥的名字德文原意是“回来吧”（图2.11—13），润色一下，浪漫一点，我们可以将其译为“归去来桥”。是的，不论这里的人将来走得多远，他们终归要“回来”。正像未来的汉堡新市区又回到了易北河畔、仓库街（城）旁、这个城市最初发育成长的“摇篮”。

2.12 慕尼黑——科学技术的博览之都

地处欧洲中部的德国，会展业非常发达。世界十大商展城市中有6个在德国，慕尼黑就是其中重要的1个。我们在网上浏览也可以看到，连续在慕尼黑举办的世界性博览会有许多，其中如SYSTEMS国际信息技术，通信技术及新媒体推介博览

图2.12—1　慕尼黑的宁芬堡王宫。该宫南端的“美人画廊”悬挂着路德维希一世爱过的女人们的肖像，是宫廷画家约瑟夫·斯蒂勒的作品。王宫的马厩如今已被建成马车博物馆，陈列着路易二世使用过的镶金装饰马车。王宫前的这片水池连接着通往市内的运河

会、PRODUCTRONICA国际电子生产技术与交易博览会、IMEGA国际餐饮工业及食品贸易博览会等[1]。其中关于科学技术和各种生产设备、生产工艺的博览会占了相当部分。不过我们今天主要介绍的是慕尼黑一些常设的非赢利性质的展馆和博物馆[2]。

慕尼黑是我们《德国工业旅游》之行的最后一站[3]，作为德国面积最大的州——拜恩州（又称"巴伐利亚共和国"）——的首府，慕尼黑在将近800年的时间里一直是拜恩王国维特尔斯巴赫家族的都城。该王族历代辈出极其爱好学问和艺术的君王，他们在慕尼黑的城内外建起了豪华的宫殿群，遗留下无数的艺术珍品。人们从宁芬堡王宫（图2.12—1）和豪华的王宫博物馆（Residenz Museum）可略见其一斑。慕尼黑全市约有50个公共博物馆和收藏馆，说得上是一个博物馆之城，我们在此主要介绍与工业技术有关的博物馆。

直到20世纪中期，与德国北部相比，拜恩州的工业还是比较落后的。从巴伐利亚本地民族服装来看,带有浓厚的阿尔卑斯山地牧人、农人的特点。而今天这里已成为宝马汽车公司（BMW）、西门子公司（Simenz）等著名企业的总部所在地，更有一些工业技术的博物馆蜚声世界。

图2.12—2这个碗状的建筑是宝马（BMW）汽车公司的汽车博物馆。

图2.12—3是西门子（Siemens）的博物馆，里面的展品有最早的电话（图2.12—4）、维纳•西门子1866年发明的自激流发电机（这是世界上最早应用于工业的发电机，由此开辟了人类电力生产的新纪元[4]），还有利用1895年伦琴发现的X射线制成的世界最早的X射线仪等珍贵展品。

慕尼黑最著名的博物馆——德意志博物馆（Deutsches Museum）——是德国，也是世界规模最大的科学技术博物馆（图2.12—5）。馆内分采矿、动力、船舶、汽车、

1. 还有IHM国际轻工及手工制品博览会、IFAT国际环保及水处理专业博览会、ISPO国际体育用品和冬季时装专业博览会等等，详见http://www.china-a.de/cn/等。

2. 德国对博物馆普遍都比较重视。在80年代后期，联邦德国的博物馆总数已达3000家。慕尼黑的博物馆就很著名。我们在大量介绍了在被保护的工业遗迹及活着的工业中开展工业旅游活动之后，这一集针对中国博物馆布展的呆板传统，重点介绍一下慕尼黑的几个工业技术博物馆，并希望根据中国的国情，将这方面的内容纳入广义的工业旅游概念之中。

3. 除报道这次摄制组的活动之外，另有部分照片是第一作者2002年初（冬季）访德时拍摄的，如图2.12—2、3、4、14等。

4. 第二次工业革命时期也由此被称作"电子时代"。

水利、机械、冶金、火车、飞机、航空、化学、天文等30多个分馆。德意志博物馆建于1903年（到现在已有1个多世纪的积累了），当时正处于第二次工业革命的全盛时期。第一次工业革命源于18世纪中期的英国，一般被称为“蒸汽时代”，而改进托马斯•纽科门原始蒸汽机的瓦特不过是格拉斯哥大学的实验员，当时许多发明都来自经验丰富的工人（手摇纺纱机就是织工发明的），一些新的工业部门是在手工业的发展中转化过来的。19世纪中叶到20世纪初的第二次工业革命是在德国、美国发生的，发明家多是专家、学者，他们将科学与技术相结合的成果运用到工业生产

图2.12—2　被冬天的枯树遮挡了多半的碗状建筑是宝马（BMW）汽车博物馆。右侧为BMW的总部大楼

图2.12—3　西门子博物馆

图2.12—4　西门子博物馆内古老的电话机等展品

图2.12—5　德意志博物馆正门及桥头前的俾斯麦雕像

图2.12—6　德意志博物馆内一个展品。你知道吗，最早的“脚踏车”真的是用脚踏的

图2.12—7　这种善于爬陡坡的机车为阿尔卑斯山的旅游事业作出了突出贡献

图2.12— 8　第一次工业革命时期的古老机械

图2.12—9　在街边常见到的这种外贴广告的筒形装置，其实内藏有关电路的设施

中，出现了许多发明创造，大大提高了生产力。德国和美国这两个后起之秀在第二次工业革命中处于领先地位。在德意志博物馆中有不惜重金购下的英国“一次工业革命”时期制造的世界最早的蒸汽机之一，由此可见德国人赶超英国的决心，以及对知识、技术的尊重。当然博物馆中更多的是“二次工业革命”以来，特别是德国制造的产品（图2.12—7、8、9）[1]。

这个博物馆有一个重要特点，就是观众看不到一块“请勿触摸展品”的告示牌。相反，它提出了“通过实践去理解”的口号，欢迎观众参与各项科学实验，许多中小学都把这里当作课外科研活动的场所。比如，建在地下深处的采矿分馆非常像真实的“矿井”，其中有一个古老的、以人畜为动力的大型木制抽水机，人在“水车”木轮中间“行走”就可以踩着轮子转动，从而把下面的水抽上来，非常直观。

这座被人们称之为“科技迷宫”的德意志博物馆坐落在慕尼黑市中伊萨尔河的一个岛上（图2.12—10、11），有趣的是德国首都柏林也有一个著名的博物馆岛。在岛上建博物馆似乎成了一种传统，“岛”成了一个“诺亚方舟”，它要承载人类和大自然最珍贵的东西。通往德意志博物馆的一座桥梁的桥头雕塑（图2.12—12）吸引了我们的注意，特别是其中一个手持铁锤的女神。我们向博物馆馆长 Freymann博士请教，这个女神是否科学技术之神？馆长回答道，这座桥不归博物馆所有，桥头的女神也并非来自古希腊或古罗马，而很可能是德国工人创造的，放在这里与博物馆很配套。

我们在慕尼黑期间，举世闻名的慕尼黑啤酒节正在进行，晚上我们赶到了狂欢的会场，看到许多演出场地都是由各个啤酒厂搭建的。从某种角度可以说，啤酒节也是一个展示啤酒业的博览会。许多人穿着巴伐利亚的民族服装，到这里来尽情狂欢、尽兴狂饮。

我们注意到许多啤酒厂利用“五月树”来为他们的产品，也为狂欢节做宣传（图2.12—13）。“五月树”是巴伐利亚的村镇进行自我宣传的一个大杆子，两边挂有许多小旗（现在往往用固定的钢板代替，见图2.12—14），旗上绘有这个乡镇能为你提供方便的各种营生的标志，例如兽医站、铁匠铺、拖拉机修理厂等

---

1. 以上关于“一次、二次工业革命”的文字引自刘会远“也谈‘造城运动’（一）——就广义的文化遗产保护事业与冯骥才先生商榷”，《现代城市研究》，2004年第3期。

图2.12－10　建在岛上的德意志博物馆正面及伊萨尔河

图2.12－11　德意志博物馆背面后门及伊萨尔河叉道上的桥梁

图2.12－12　通往德意志博物馆的一座桥梁的桥头雕塑

图2.12－13　慕尼黑啤酒节一处由啤酒厂搭建的演出场地门口的“五月树”

等。“五月树”一般都树立在道路旁、村镇的一个广场上，这可能是一种古老的广告，也体现了德国人以职业为光荣的传统。在啤酒节上，各个厂家也利用“五月树”来进行宣传。

平常严肃认真的德国人，在啤酒节上都能毫不拘谨地展示自己，展示绚丽的民族服装（图2.12－15）、展示爱（图2.12－16）、展示酒量和醉态。让你感受到现在年轻人常说的一个字“炫”。

我们是在慕尼黑施特劳斯国际机场与德国告别的（几小时后将在法兰克福机场内转机飞回中国），这个机场是以巴伐利亚州前州长弗兰茨–约瑟夫•施特劳斯（Franz Josef Strauss）的名字命名的，正是由于他（和其他一些领导者的努力）使这个昔日落后的农业区成为德国经济实力最为雄厚、发展最具活力的联邦州。

我们临上飞机前又参观了机场旁边用土高高堆起的一个观景平台（图2.12—17、18），以及附设的一个小型飞机博物馆（图2.12—19）。过去我国的机场常常特别注重保密，今天卫星已具有极高辨识率，许多过去的保密做法基本失去了

图2.12—14　一棵“五月树”的局部，标识出该地有饭馆、兽医、拖拉机站等营生

图2.12—15　在啤酒节上展示绚丽的民族服装

图2.12—16　在啤酒节上大方的展示爱（任由外国游客拍照）

意义。喜欢展示自己技术和能力的德国人在修建机场的同时，干脆堆起了一个高高的观景台，让你看个够。原苏联著名的飞机和导弹设计师科罗廖夫少年时代曾一度生活在基辅机场附近，每天频繁起降的飞机的噪音使他的父母非常烦恼，却引起了小科罗廖夫强烈的好奇心，正是这一被机场激发起来的好奇心促使他后来成为伟大的航空航天科学家。无独有偶，中国大型喷气式超音速飞机的设计者程不时幼年曾生活在汉阳机场附近，起起落落的飞机不但引起了他强烈的好奇心，而且在那个抗击日本侵略的年代，他也深深领会了没有制空权就意味着挨打的惨痛教训，从而促使他学习并从事了飞机制造业 。我们可以想象，到慕尼黑机场的观景平台和航空博物馆参观过的少年儿童将来会产生多少像科罗廖夫、程不时这样的科学家。图2.12—20显示在深圳机场入口的引桥上几个青年好奇的观看飞机起降的情景，每当春节即将来临，航空班次增加，飞机更频繁起降的时候，这里会围满很多打工仔、打工妹，我们的机场为什么不能也搞个堂而皇之的观景平台呢?

慕尼黑施特劳斯机场的观景平台仿佛时刻在提醒刚刚到达或即将离开的旅客：“来吧（回来吧），我们慕尼黑可是一个乐于展示自己的博览之城！在这里你可以看个够！同时这个独出心裁的观景平台又使我们感到，工业旅游的概念已经渗透到德国的广大管理者和人民的意识里，并已融入到展示他们工业文明的景观之中。”

图2.12—17　前方右侧为慕尼黑机场，左侧路边有一用土堆起来的瞭望平台及小型的飞机博物馆

图2.12—18　在瞭望平台上可以看到慕尼黑机场的飞机起降

图2.12—19　瞭望平台后方，小型飞机博物馆中的展品，右侧停车场有些儿童在玩飞机玩具

图2.12—20　在深圳机场入口的引桥上，好奇地眺望飞机的打工青年，此照片拍于2004年，其实在春运高峰期这里更是挤满了看飞机的人。而现在机场当局已在此处竖起了一道毛玻璃墙

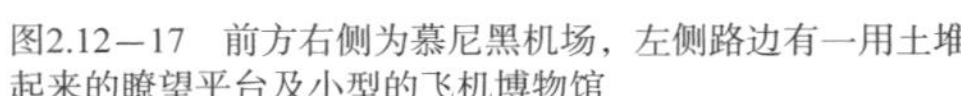

3 启示与应用

3.1 德国工业旅游的人文内涵[1]

3.1.1 劳动神圣的传统及配套的制度建设

不知大家是否还记得本书第二部分第四节里介绍过的、我们在已改为博物馆的德国措伦煤矿拍到的照片，图2.4—14是一群换上工作服准备下煤矿参观的孩子们正在老师的指导下调整安全帽上的矿灯。图2.4—15是从矿区出来满脸煤黑的孩子挺胸阔步，自豪之情溢于言表。

我们在现在被称为世界工厂的中国看不到这样的情景。首先家长不会同意学校组织学生去危险的矿区参观，也不会同意自己的孩子成为这种形象。相反在街上看到穿工作服的工人，许多家长会对自己的孩子说：你要是不好好学习，将来就是这种下场！

为什么改革开放才二十多年，社会主义尊重劳动、尊重劳动人民的传统竟发生了如此巨大的变化呢？除了素质教育的缺失之外，学界的一些不正确的判断和宣传也起到了推波助澜的作用。

比如二十多年前有一个著名的判断：信息社会到来的时候，我们和发达国家站在同一条起跑线上。现在看来是很不全面的。我们认为只有经历过工业化并完善了各种现代社会的制度建设的国家才能顺利进入信息社会。

德国等发达国家已经把他们的许多劳动密集型产业转移到了第三世界新兴工业国家，但劳动神圣的传统依然得到了很好的维护。这一传统是从新教改革以来在几百年的时间中逐渐形成的，除了新教的精神根深蒂固（韦伯认为这有助于专业精神的培养），各种制度的配套也是不可缺少的。例如劳动保障制度，矿工的工作虽然危险，但是他们得到了各种保障，福利待遇也相应比较高，这有助于维护他们劳动神圣的传统。社会学家对此做了深入研究，曾留学德国的北师大教授曹卫东在参加电视专题片《德国工业旅游》（学术交流版）的专家点评时就专门谈到这个问题（见本书附录二）。我们主要结合我们的专业主要谈谈空间规训，其它制度建设方面就不展开了。

我们还接着回顾措伦煤矿，图2.4—7是措伦煤矿一座很像教堂的工业建筑。图2.7—8、9好似教堂的工业建筑内部，其顶部窗前镶嵌着教导人们要认真工作的警句。

1. 本节内容根据刘会远在中国地理学会2007年年会所做学术报告整理。

带我们参观的科隆大学苏迪德教授介绍说："这个建筑很典型，它不是生产性功能建筑，我的意思是它的功能是给工人发工资的地方。其实给工人发工资只要在一般性的地方就可以了（不必建成这样），但是工人来这里领工资，他必须进来，领到工资然后离开，这是一个非常具有象征性的行为过程。我的意思是通过这个行为过程显示了权力、煤矿公司的权力，也传达了人们的自豪感。因此这个建筑具有'表征'意义，告诉了我们那个时代工业思想的设置。

"我们可以发现这里（图2.7—8）有一些文字，因为它们就像诗歌，翻译出来有点困难，但是大意是要告诫人们，作为一个好公民，工作是独特的，也是一种光荣。

"那边的文字大意也类似，也就是要人们努力工作，工作得到正面的肯定，因此这些就是劳动和工作的道德规范。当然也有人会说这些文字和描述反映了控制、控制矿工努力工作使公司赚更多的利润，我认为这种对工作的（神圣性）强调在那个时代是很典型的，这也解释了为什么德国以及其他西方国家在工业化过程中能如此成功。因为工作是一种光荣、干好工作、成为一个可靠的人是一种光荣。所有这些综合在一起，我认为这个地方很好地反映了这种思想设置、生活方式、工作规范等等。"

为了更好地理解苏教授所说的"地方"（也就是空间）所反映的思想设置，我们要借用福柯关于空间规训的理论。

现代社会可以被看做是一个个规训性空间并置的社会，是通过空间来统治和管制的社会。福柯认为现代社会所作的空间化处理，就是将现代社会监狱化。这看起来是一种极端的说法，其实福柯这里分析的可以称为全景敞视"监狱"的模式是一种隐喻（当然也有直接的监视功能，如措伦煤矿工人更衣和放置劳动保护用品的地方，工作服等按固定的顺序吊在半空，一切都是通透的，工人无法藏起私人物品）。国外和国内的不少学者都对这种模式进行过解释。"全景监狱的主要目的是逐渐灌输训诫和对其监犯的行为实行一个统一的模式。全景监狱首先是一种抗御差异、选择和多样性的武器……"[1] 我们可以说得更宽泛一点，空间展现着自身的规训权力，就好比措伦煤矿发工资的这一类公共空间，"这个空间自身埋伏着自动而匿名的权力，权力在这个空间内流动，通过这个空间达到改造和生产个体的效应。它是自动的、匿名的，但又是在持久地发挥作用。""空间能够生产主体，能够有目标地生产一种新的主体类型。人，却在特定的空间中被锻造。空间可以被有意图地用来锻造人、规训人、统治人，能够按照它

1. 齐格蒙特·鲍曼：《全球化——人类的后果》，郭国良等译，商务印书馆，2001年，第48—49页。

的旨趣来生产一种新的主体。”“空间对人的统治，是社会统治技术的一个基本手段。显然，空间的统治借用了建筑技术，并且在建筑的发展历史中表现出来。”[1]

权力是借助城市中的空间和建筑的布局而发挥作用的，今天我们讲的是一个比较单纯的例子——措伦煤矿一处发工资的工业建筑，其实广义地说，无论是单个的建筑——医院、工厂、学校，还是一片建筑群——街区、城市，都可以设计作为统治之用。而监狱是最典型的统治空间。

在福柯看来，从18世纪起，政治学是人之统治技术的讨论。正是在此时，政治统治开始加入了建筑一章。建筑变成了政治学的技术，但又不是社会的绝对的统治形式的一种。福柯相信，建筑本身并无所谓压迫和解放，并无所谓控制或者自由；相反，它随时势而定，“一个建筑和空间只有在被实践和操作时才能起到压迫或者解放的作用，也就是说，只有被有意地运用到统治技术中时，建筑才能发挥控制和规训的功能。因此，建筑本身甚至能够获得截然相反的效果——如果人们按照截然相反的方式来操作的话。福柯在这里强调的是内在于空间或建筑的意图性。空间是任何公共形式的基础，空间是任何权力运作的基础。研究空间是为了明确人们在空间中的特定的定位、移动的渠道化，以及符号化它们的共生关系。这种政治性的空间，既可能是统治的工具，也可能有助于人们的政治反抗。”[2]

煤矿工人的工作是很艰苦的，他们在暗无天日的地下狭窄的矿洞中工作，回到地面以后很需要一个宽大的公共空间来进行交流。企业家巧妙地利用了这个公共空间来进行规训，表面上看来把一个发工资的地方建得像教堂一样有些奢华，其实是很划算的。

最近中国的一些存在（或可能存在）质量问题的产品遭到了一些发达国家的抵制。中国的部分官员和传媒将之解释为阴谋，同时中国政府又在尽力呼吁完善职业道德、提高产品质量。当然亡羊补牢是必要的，但只有把职业道德的培养，把劳动神圣传统的培养落实到企业层面，落实到企业的工业建筑中，才能加强解决问题的力度。

3.1.2 注意“技术集合”、“工艺圈”的培养和维护

由于全球化的影响，发达国家的传统产业向劳动力便宜的第三世界新兴工业化

1. 汪民安：《身体、空间与后现代性》，凤凰出版传媒集团、江苏人民出版社，2006年，第105页。
2. 同前注，第106—107页。

国家转移已成为一种不可逆转的趋势。德国为什么努力保护他们的有代表性工业遗产呢？实际上这是在保留他们复杂的技术集合体，保留他们的工艺圈，这样就在某种程度上留住了高新技术产业赖以发展的部分根基。

巴黎国立工艺博物馆国家技术博物馆副馆长、工程师布律诺•亚科莱说："……我对物品的历史很感兴趣，因为通过物（无论是简单的，比如铆钉，还是复杂的，比如自行车或圆珠笔），人们几乎可以了解文明的发展史，吉尔贝特•西蒙登说过仔细研究一根18世纪的英国缝衣针，就可以通过它的形状、材料和它展示的技能了解到这一时期英国的技术状况。"[1]

同样是工程师出身的社会学家和哲学家亚伯拉罕•莫莱斯指出了"技术的可完善性"，人们以各种方式对现有的东西进行改造和组合"……天才不在于大，而在于人们一闪念间，灵机一动，恍然大悟想到的小小细节。所有考据学，这一创造性科学的理论家们都这么说。随后，人们进行改进，比如说，人们制造出磁带收录机、电视机、高保真成套音响设备……" 这说明了保留一些有代表性的工业遗产并进行考据是非常必要的。

"如果技术的发展有一定的逻辑可寻，那么这个逻辑并不完全是独立的。技术发展首先需要一种协调，因为孤立的技术是不存在的，它需要其他辅助技术。"吉尔贝特告诉我们："技术的整体和部分构成的结构是一个能产生反馈效应的静态组合……这就是所谓技术体系的概念：各种不同层次的组合结果产生静态和动态的相互依赖关系，这些关系又遵循一定的运行规律和变换程式。每一个层次都被一个更高的层次包含，同时，每一个高层次也依赖它自身所包含的低层次。这就形成一个体系化的整体协调。"

请注意我前面说的是发达国家的传统产业正向第三世界新兴工业化国家转移，不是所有的第三世界国家都能承接这种转移的，这需要从技术体系的培养、人才制度的建立以及文化上、教育上做好准备。我们中国是具备承接西方传统工业转移的条件的，因为我们不仅有灿烂的古代科学技术传统而且为了实现工业化，我们已经过几代人一个多世纪前仆后继的奋斗！但是奇怪的是我们现在一些头脑发热的领导正在大量拆除工业遗迹，他们以为建设高楼大厦才是现代化、才是他们的政绩。这很荒唐。其实保留一些有代表性的工业遗迹，虽然表面上显得陈旧，但外国投资者也许反而会惊叹：

1. 引自R.舍普的访谈录，《技术帝国》，生活•读书•新知三联书店，1999年，第20页。

原来这些东西中国也有！当外国投资者明白中国拥有与他们非常接近的技术集合体系，他们会更乐意来中国投资。从这个角度来说新不如旧。如果我们把工业遗迹统统拆光，将会留下永久的遗憾。

约瑟夫•阿伽西指出："技术不具备科学用以保持其鲜活历史记忆的工具，技术会遗忘。我们遗忘了埃及人是怎样制作木乃伊的，我们遗忘了阿拉伯人是怎样建造大马士革钢和武氏钢的，我们几乎丧失了驾驶航海帆船的能力。重复实验表明，要复兴仅仅两个世纪前还如此盛行的采矿技术和工厂操作技术有多么难。

"这不是浪漫主义的哀悼：过去常常让位给更好的未来。而且，关于遗失的行为技能的科学理论可能复兴它们。因此，一个成功的、科学的技术理论使技术的一部分变成像科学一样是累积性的……"[1]

中国现在尤其需要科学的技术理论并注重技术的累积性。改革开放初期中国企业花巨资引进了大量成套设备。打破闭关自守引进先进技术和设备是非常必要的，但中国企业引进技术大部分是由技术提供者一揽子承包的多种技术集合的技术综合体，何翔皓等在《第一动力——当代中国的科技战略问题》一书中指出："中国的企业缺乏为自己的'技术综合体'从外部世界吸收新的专业技术单元的能力，企业不能渐进式的让自己的技术产品更新换代，只好依赖于突发性的一次又一次地引进技术综合体。"细究这种现状形成的原因，大家会例举：国家以事业单位性质养着的科研机构以及国营企业在制度上存在弊端且条块分离、相互脱钩，我国大学教育分科过细又不注意综合且教学科研与实践结合不紧密……这些不利因素目前随着改革开放的深入正逐渐改变。技术需要积累，"技术从来都是因其后部的力量而被推向前方"。埃卢尔说："技术因素的相互依赖使大量没有问题相对应的'解决方案'成为可能……" 如果我们整个教育体系（包括小学、中学（中专）、大学）以及整个社会特别是那些博物馆和工业旅游地都能注意保留技术集合体系，注意培养学生的实践能力、综合能力、创新能力……中国也一定会成为技术体系输出大国。

案例：世界文化遗产弗尔克林根炼铁厂（详见第二章第二节关于第二次工业革命等内容）。图2.2—14动力车间的巨大飞轮体现了第一次工业革命和第二次工业革命的技术。这个巨大飞轮是由蒸汽机带动的，它为考珀炉送风，同时飞轮上的线圈又用来发电（维纳•西门子发明的自激流发电机）。图2.2—12是弗尔克林根炼铁厂雄伟的炼

1. 约瑟夫·阿伽西：《科学与文化》，邬晓燕译，中国人民大学出版社，2006年，第326页。

铁炉群，博物馆长向我们介绍了其中考珀炉与高炉的关系。而那个时代建起的炼钢炉——西门子—马丁炉是在维廉•西门子和弗里德里希•西门子蓄热炉基础上由法国冶金学家改造成的，以生铁和熟铁炼钢的反射炉，体现了那个时代的技术集成。

3.1.3 技术的文化价值

法国文化电台记者R.舍普曾就技术、工艺等概念与弗朗索瓦·西戈对话。R.舍普说："据我所知，您指出了您所理解的技术的主要问题所在，即阻碍它真正成为本应成为的东西的一个严重缺陷。"弗朗索瓦•西戈立刻回应："这个缺陷就是我们的社会还没有为可以称作'技术文化'的东西做好准备，也就是说它还没有把技术看作一个本身就值得研究的认识对象。"弗朗索瓦•西戈又进一步指出："必须老老实实地承认，无论是南方古猿砸石头的技巧，还是建造核电站或者人工智能，技术知识本身有它的文化和智力价值。所有这些技术都是人的产物，是社会行为……"[1]

R.舍普还就技术文化与CNRS研究室主任雅克·佩兰进行对话。雅克•佩兰认为："确定技术发展的新的首要目标是必要的也是有用的。到那时我们就会看到科学知识将根据这些目标慢慢地调整自己的方向。"R.舍普问："这一计划是否意味着要更加重视技术史的教育？今天与科学史相比，技术史被大大忽略了。"雅克•佩兰答道："……一方面我们的社会对科学和技术的重视程度让我们觉得，在日常生活中离不开后者，但另一方面，我们对技术的教育、历史和哲学的思考的确不够。"作为法国学者的雅克•佩兰深深感受到在技术文化方面法国与德国、美国的差距："在德国和美国情形的确不同，它们拥有好几个有关技术的历史和哲学的研究中心、教学中心，还出版这方面的杂志。在法国，正相反，只有一个专门讲授技术史的大学，而研究科学史和科学哲学的研究中心和讲授这方面课题的大学仅有十来个。除了极个别的情况外，那些声称专门研究科学技术史的研究中心把95%的精力花在了科学上，花在技术上的只有5%。面对如此不公平的待遇，我想我们应该思考一下为什么会出现这种情况，为什么我们会允许这种情况存在：从社会的角度看，这不正常，社会以技术为基础，愿意使用技术，并且认为自己的未来依赖于技术。"[2]

法国的学者能自觉寻找法国在技术文化方面与德国、美国的差距，我们中国的学

1. 引自R.舍普的访谈录，《技术帝国》，生活•读书•新知三联书店，1999年，第34—35页。
2. 引自R.舍普的访谈录，《技术帝国》，生活•读书•新知三联书店，1999年，第87—89页。

者是不是也应该认真地进行反思呢?

马歇尔•萨林斯曾经分析过:“旧秩序主要有遗传和先赋(两者都反对个体的努力)来运行,随着旧秩序的销蚀,可购买的和可消费的产品取而代之,成为新图腾体系的最关键的建构砖石。”[1]其实,从某种角度上来说工业旅游的开展就是把曾经大规模生产消费品和正在生产的各种技术装备——新时代的图腾展现给游客。

冯•赖特指出:“科学、技术的工业联盟,可以称之为一个技术系统。这个系统趋向于成为全球的和跨国界的。由此,它也变得越来越独立于下述社会政治系统,后者在文化和种族的亲缘关系的基础上组织成为民族国家。在国家的和跨国家的之间,亦即在政治系统和技术系统之间日益加剧的紧张程度,是20世纪晚期文明形势的特征之一。”[2]

我们已经进入或正在面对一个新的时代,兹比格涅夫•布热津斯基1970年在其著作《两个时代之间:电子技术时代美国的作用》中使用了“电子技术社会”一词。贝尔虽批评他“将变化的中心从理论知识转向了技术的实际运用”是某种“技术决定论”,但仍然将技术控制视为后现代社会的特征。[3]

鲍德里亚将电子传媒控制作为当代社会特征的观点被文化理论家们采纳。法国社会学家阿兰•图兰尼1969年指出:“一种新的社会正在形成,这类新的社会可以被称之为后工业社会,以强调它们与先于它们的工业社会是如何不同……它们也可称为技术专家社会,因为技术专家力量控制着它们,或许人们可称它们为程序化社会,根据其生产方式的属性和经济结构来对它们做出界定。”[4]

但如果我们忽略新的技术专家社会、程序化社会使人远离自己的“根基持存性”,我们就失去了客观的态度。谈到这方面问题的时候,读读哲学家的有关论述还是很有必要的:在这个新的时代技术所造成的构架、定做和促逼,使“一切都掉入规划和计算,组织和自动化企业的强制之中”。海德格尔认为:“盲目地抵制技术世界是愚蠢的,欲将技术世界诅咒为魔鬼是缺少远见的。我们不得不依赖于种种技术对象;它

1. 马歇尔·萨林斯:《文化和实用理性》,转引自齐格蒙特·鲍曼:《现代性与矛盾性》,邵迎生译,商务印书馆,2003年,第336页 。

2. 冯·赖特:《知识之树》,陈波等译,生活•读书•新知 三联书店,2003年,第78页。

3. 贝尔:《后工业社会的来临》,转引自玛格丽特·A.罗斯:《后现代与后工业》,张月译,辽宁教育出版社。

4. 阿兰·图兰尼:《后工业社会,明天的社会历史:程序化社会中的阶级、冲突与文化》,转引自玛格丽特·A.罗斯:《后现代与后工业》,张月译,辽宁教育出版社,2002年,第33—34页。

们甚至促使我们不断作出精益求精的改进。”为了防止在“不知不觉中，我们竟如此牢固地嵌入了技术对象，以至于我们为技术对象所奴役了。”海德格尔提出：“我们让技术对象进入我们的日常世界，同时又让它出去，就是说，让它们作为物而栖息于自身之中；这种物不是什么绝对的东西，相反，它本身依赖于更高的东西。我想用一个古老的词语来命名这种对技术世界既说‘是’也说‘不’的态度：对于物的泰然处之。”泰然面对技术世界的人就自然而然地从一种定做的促逼中解脱出来。[1]

为了适应新时代的到来，我们需要培养我们中国自己的技术文化，注意技术的积累并“不断作出精益求精的改进”，同时对技术世界“泰然处之”。

案例：沃尔夫斯堡（狼堡）大众汽车城（详见第二部分），图2.10—10幼儿在捏橡皮泥汽车，图2.10—8儿童在玩模型过山车，从小受到汽车文化的熏陶。而图2.10—9少年在做有关汽车的科学试验，已开始了解技术的奥秘，并具有了对技术世界泰然处之的态度。

3.1.4　注重体验的办展方式及体验中的商机、体验中的领悟

B.约瑟夫•派恩和詹姆斯•H.吉尔摩指出，“体验”是除产品、商品和服务之外的第四种经济提供物，英国航空公司“跨越业务工作的局限性，以提供体验作为竞争的基础。”“提供了一种让客人从长途旅行中不可避免的紧张和忧虑状态下舒缓出来的特色服务。”[2] 各国的各个商业部门为提高竞争力纷纷仿效。这一概念也被应用在德国的工业旅游活动中。

作为第四种经济提供物的体验，它提供的不仅仅是物的享受、空间的享受，而主要是在一个特定的环境里（如果是在工业遗产地，这个环境中的建筑、设备等是早已经过折旧、成本极低）让消费者在时间的流逝中享受体验。这种体验可以是纯娱乐项目，但应用到工业旅游活动中却有着非凡的教育意义。

本节一开始介绍的两张照片（图2.4—14、15），就是措伦煤矿让来参观的孩子们穿上矿工的工作服到矿区的各个工作场所进行体验，接受劳动神圣传统的熏陶。世界文化遗产格斯拉尔古城拉默斯伯格有色金属矿也尽力为参观者提供体验的方便，图2.1—11就是参观者在体验用铁锤、钢钎打炮眼。

---

1. 《海德格尔选集》，孙周兴译，上海三联书店，1996年，第1239页。

2. B.约瑟夫·派恩、詹姆斯·H.吉尔摩，《体验经济》，夏业良等译，机械工业出版社，2002年，第11页，前一句是作者引用英国航空公司前任董事会主席克林·马歇尔先生的话。

更让人叫绝的是拉默斯伯格有色金属矿把部分废弃的矿洞整理出来供人参观。如图2.1—13所示各种矿物质被水溶解后渗出到洞壁表面又重新凝固，形成了绚丽的色彩，使参观者体验了地下世界的神奇。

相信来这里参观、体验、感受了地下神秘世界的学生中会有不少人将对地质学发生兴趣，从而在将来成为地质学家或采矿工程师。

德国狼堡的大众汽车城有一个非常独到的为孩子们准备的巨大汽车引擎模型（图2.10—13），少年儿童可以钻进去体验发动机的构造。

工业旅游地提供的这些体验的教育意义是非常明显的，使旅游者增长了知识、经受了劳动神圣传统的洗礼、接受了技术文化的熏陶。

实际上工业旅游地不但通过提供体验吸引了游客，而且这些活动中还可能藏着重大的商机。如大众汽车城就有一项具特殊意义的体验项目，为具有设计能力的参观者提供设计概念车的方便。展厅里有几部电脑提供给汽车发烧友使用，“作品”设计出来，还提供免费打印服务，当设计者兴高采烈地拿着他设计的概念车彩色图片离开的时候，他可能没有意识到他的偏好、他的智慧、他的创意已被留在了大众公司的电脑里。大众公司把不同年龄、不同背景的汽车发烧友设计的概念车进行分类统计，成为他们为不同层次的顾客设计汽车新款式的重要参考资料。

在工业旅游的体验中，人们还能得到哲学上的领悟。“生产”作为根据“存在”。“在马克思的观念中，‘生产恰恰是作为一种使人成为人的根据存在着。’”杨庆峰指出：“‘存在’在马克思那里恰恰表现为‘生产’。”[1]

既然“存在”表现为“生产”，那么工业旅游的旅客面对着生产的环境、生产的设施自然也会领悟到存在的意义。而贝尔纳•斯蒂格勒在分析勒鲁瓦•古兰的著作《手势和语言》时亦指出：“技术发明人，人也发明技术，二者互为主体和客体。”[2]

在工业旅游活动中感受到了哲学领悟的游客能从更深的层次理解工业景观的人文内涵。

3.1.5 后现代思潮对工业旅游活动的影响

说到这里大家会发现我们在分析德国的工业旅游活动时大量引用了西方的后现

1. 杨庆峰：《技术现象学初探》，上海三联书店，2005年，第316—317页。
2. 贝尔纳·斯蒂格勒：《技术与时间——爱比米修斯的过失》，裴程译，译林出版社，2000年，第162页。

代理论。工业建筑是最彻底的功能型建筑，比如图2.3—1、2、7就是世界文化遗产关税同盟煤矿包豪斯风格的工业建筑群。

所谓包豪斯风格强调的是艺术与功能的结合，包豪斯一度成了现代建筑的代名词。后现代思潮对功能主义的现代建筑持批判态度："……这一所谓的功能主义最令人深思的现象，与它的纲领相反，它最终变成了富丽堂皇的形式主义和令人震惊的单一主义。'功能主义'实际上只是一个假名，它掩盖着其他东西。功能主义声称要根据不同功能给自己定向，要迎合不同的功能：'形式顺应功能'。但事实却是相反，功能被缩减和僵化了。"沃尔夫冈•韦尔施的这段话有些偏激，世界文化遗产关税同盟煤矿的包豪斯风格建筑现在就已被开发出许多新的功能，图2.3—7这处动力车间（锅炉房）就被英国著名建筑师福斯特改建成了北威州设计中心和红点设计馆。

关税同盟煤矿的旧厂房现在成了激发人们无穷创意的"灵感之乡"。除了政府办的设计中心，大学和民间的广告公司、创意产业也纷纷进入这个工业遗产地，这里已被苏迪德教授称为"后现代的岛"。

安托瓦纳•贡巴尼翁指出：现代主义"功用主义的方式往往导致失败，最适合一种特定功用的房屋最好是一座偏离了其设计功用的房屋：最好的音乐厅是一间旧仓库，最好的博物馆是一个旧车站或一个废弃的屠宰场。"我们考察国外的工业旅游景点，确实看到了不少由旧仓库、旧厂房、旧车站等改造成的博物馆、展览馆、音乐厅、剧场或其它娱乐场所。但这能说明以前功能主义的工业建筑不符合它过去的功能要求吗？起码关税同盟煤矿的包豪斯建筑是艺术与功能结合的典范，而且与生产的流程配合得天衣无缝，这也正是关税同盟煤矿能够被联合国教科文组织确认为世界文化遗产的原因之一。科隆大学的苏迪德教授告诉我们：是两位鲁尔区的，也许是整个德国的，最重要的建筑师 Fritz Schupp和Martin Kremmer设计了这些包豪斯风格的工业建筑，"（生产流程的）每一个细节都做了设计。显示了一种（生产的）专业化，建筑的专业化，以及那时人们在这里工作的自豪感。这是一个包含新生产方式的功能性建筑，而且立即就成为了一种范本。煤厂的许多业务组合在一起，所以从一开始这个煤厂就是日产量最高的煤矿。"[1]

其实如果了解后现代思潮本身就带有折衷主义的色彩，就不会对关税同盟煤矿包

1. 根据对苏迪德教授进行采访的录像整理，见电视专题片《德国工业旅游》（学术交流版）第三集，中央新影声像出版社，2007年。

豪斯风格的工业建筑在不同的历史时期都得到了充分利用而感到奇怪了。在后现代文化中，有许多为了当代的消费而对过去的历史留做原材料的做法。戴维•哈维在介绍后现代主义的重要文献《向拉斯维加斯学习》时说："建筑师们从研究广受欢迎的和本地的景物（如郊区和沿公路的商业区的景色）中学到的东西，要多于从追求某些抽象的、理论上的和教条主义的理想中学到的东西。他们说，为人们而不是为'个人'进行建造正当其时。玻璃大厦、混凝土街区和钢板曾经看起来注定会势不可挡地覆盖从巴黎到东京、从里约到蒙特利尔的每一处都市风景，预示着所有装饰物都是犯罪、所有个人主义都是多愁善感、所有浪漫主义都是矫揉造作，现在它们却逐渐让位于装饰起来的大厦街区、模仿中世纪的广场和渔村、按风俗设计的或乡土的住宅、经过改造的工厂和仓库，以及各种修复过的风景，全部都用了达成某种更加'令人满意的'都市环境的名义。"[1]

詹克斯区分了弱势的折衷主义与由后现代主义发展而来的一种更为强劲、更为激进的折衷主义类型，"激进的折衷主义……依据在任何一个地方流行的趣味和语言开始设计，并（运用丰富的暗示）对建筑进行繁复编码，这样一来，它能够为有不同趣味文化的人——居住者和精英人士所理解和喜爱。虽然它从这些符码开始，但它并不一定使用它们来发送预期的信息，抑或只是证明现有价值的信息。从这种意义上看，它既是上下文一致的，又是辩证的，它试图在不同的和经常是对立的趣味文化之间建立一种话语。"[2]

而沃尔夫冈•韦尔施也主张"重要的是使用并且发展不同生活形式之间的层层叠叠。这意味着共同特征的范围可以大大扩展，一种生活形式可以将以前似乎同它毫无联系的东西吸收进来 。这样一种扩展和渗透，正表征了今天文化活动的迫切使命"[3]。图2.5—1是从一个高地俯瞰德国的诺因基兴市。诺因基兴德文原意是九座教堂，也就是说这座城市因拥有九座教堂而得名。而今天它刻意保护了一座废弃旧钢铁厂的重要工业景观，使之同教堂钟楼一起成为这座城市的标志，这正体现了沃尔夫冈·韦尔施所说的层层叠叠。这张照片也很像用后现代主义"拼贴"、"拼接"[4]、"拼凑"手法创

1. 戴维·哈维：《后现代的状况——对文化变迁之缘起的探究》，阎嘉译，商务印书馆，2004年，第57页。

2. 詹克斯：《后现代建筑语言》，转引自玛格丽特·A.罗斯，《后现代与后工业》，张月译，辽宁教育出版社，2002年，第86—87页。

3. 沃尔夫冈·韦尔施：《重构美学》，陆扬等译，上海世纪出版集团，2006年，第167页。

4. 科兰·罗的一部书就名为《拼接之城》，引自安托瓦纳·贡巴尼翁：《现代性的五个悖论》，许钧译，商务印书馆，2005年，第130页。

作出来的作品。

图2.5—5、6是从不同角度拍摄到的诺因基兴市中心广场一侧的景观，人文地理学者周尚意教授在参加对电视片《德国工业旅游》（学术交流版）的专家点评时对这些景观非常感兴趣。她认为企业家雕塑左侧的是该市比较传统的建筑，雕塑后面远处是工业时代旧钢铁厂的工业景观，而雕塑的右侧则是该市比较现代的建筑。这些景观组合在一起成为鲜活的城市历史博物馆，与附近老城区中世纪的教堂钟楼一起构成了该城市的文脉，体现了后现代思潮文脉都市主义的追求 。[1]

"广告在今天已经取代了昔日艺术的功能：它将审美内容传播进了日常生活。"[2]面对着美艳的审美化，沃尔夫冈•韦尔施主张："……我们的知觉（感知）也需要一个缓冲、交融和安静地带，每一位知觉心理学家都知道这一点。处处皆美，则无处有美，持续的兴奋导致的是麻木不仁。在一个过于审美化的空间里，留出审美休耕的区域是势在必需的。"[3]德国对有些工业交通遗产的保护，实际上也是保留了一种审美休耕区，例如汉堡仓库街（城）就是这样一个案例（图2.11—1），汉堡市连通易北河的运河边古老的仓库街（城）得到了完整保护，这些房子虽然在继续使用，却不允许挂出任何广告牌。

而汉堡的姐妹城市上海，其苏州河边著名的四行仓库已被广告所覆盖（图2.11—7）。

本书第二部分第十一节的内容曾在《现代城市研究》杂志2004年第11期作为连载文章《德国工业旅游面面观》的一个单元发表。这次编进书里时一个字也没有修改，当时我们还没有读到过后现代主义关于审美修耕区的理论（沃尔夫冈•韦尔施的《重构美学》2006年才出中文版），但文章却体现了这种精神，让我们在这里再重复几句："……仓库街（城）代表着汉堡，那里存放这个城市和这个国家的灵魂，这也许正是前市长及其他规划者决定在仓库街（城）边建新城区的最重要的一个原因。

"而我们引以为骄傲的大上海，她的灵魂存放在哪里呢？

"喧闹的大上海有许多高度远远超过汉堡楼房的高楼大厦，但她还有一处像汉

---

1. "文脉主义，亦称文理主义，强调个体建筑是群体的一部分，其特征是：建筑在设计时，充分考虑所用建筑语言的历史延续性和环境协调性，亦即时空两方面的'文理'，同时注重居住者、使用者的'参与设计'"。转引自玛格丽特·A.罗斯：《后现代与后工业》，张月译，辽宁教育出版社，2002年，第134页，译者注。

2. 迈克尔·舍纳：《作为艺术的广告》，转引自沃尔夫冈·韦尔施：《重构美学》，陆扬等译，上海世纪出版集团，2006年，第138页。

3. 沃尔夫冈·韦尔施：《重构美学》，陆扬等译，上海世纪出版集团，2006年，第140页。

堡仓库街（城）那样集中的幽静之处吗？”

我们并不完全赞同后现代的各种理论，但在我们完全没有接触过后现代关于审美修耕区的理论前，就产生了类似的审美需求，这不能不说这种理论的产生有它的必然性。

中国地理学会的前任理事长吴传钧院士在参加对电视片《德国工业旅游》（学术交流版）的专家点评时指出，因第二次世界大战时德国空军对英国进行了狂轰滥炸，英国政府已经意识到了保护有代表性工业遗产的迫切性，并成立了一个机构，就叫做城乡规划部（Town and country planning），主要是要解决这些受到破坏的工业城市的重建和改造的问题。

我们内心一直有一个疑问：为什么战后英国已开始动作，但对工业遗产的保护和工业旅游的开展直到20世纪70年代才真正蓬蓬勃勃开展起来呢？戴维•哈维的这段话给了我们一个答案："博物馆文化的增长（在英国，每2个星期就有一家博物馆开馆，在日本，最近15年有500多家博物馆开张）和1970年代初期起飞的、迅速增长的'遗产工业'，为把历史和各种文化形式商业化增添了又一种平民主义（尽管此时只是中产阶级）的花样 。'后现代主义和遗产工业被联系了起来'，休伊森（1987年，第135页）说，因为'双方共谋创造了一道介于我们现在的生活与我们的历史之间的肤浅的屏幕'。历史变成了一种'当代的创造，更多地是古装戏和重新演出，而不是批评性的话语'。他援引杰姆逊的话作结论说，我们被'宣告了要通过我们自己的流行形象和其本身永远不可触及的那种历史幻影来追寻历史'。"[1]

我们虽然并不赞同哈维对保护工业遗产的这种调侃的态度（当然我们也看到了"遗产工业"背后经营者对商业利益的追求，而且认为中国也会出现这种状况），也不认为我们在这里提供给读者的案例是参与"创造了一道介于我们现在的生活与我们的历史之间的肤浅的屏幕"的共谋。也许德国人在这方面组织得确实比较严谨（我们没有发现德国的工业旅游景点中有像威根码头一样是完全消失以后又重建的，当然重建未必没有意义。相反，德国人特别强调原真性，使我们没有感受到休伊森所批评的那些现象），但哈维的话却指出了一个现实：西方发达国家有代表性工业遗产的保护及工业旅游真正进入蓬勃发展的阶段，与后现代思潮的兴起是同步的。对其中的内在联系

1. 戴维·哈维：《后现代的状况——对文化变迁之缘起的探究》，阎嘉译，商务印书馆，2004年，第87页。

我们认识得还很肤浅，希望学术界同仁同我们一起继续深入探讨。

3.2 中国工业旅游发展评析：从西方的视角看中国[1]

德国工业旅游的开发以及工业遗产的保护，为我们反观中国工业旅游的发展过程，提供了独特的参照点。同时，也促使我们思考将相关概念和实践运用到中国本土的可能性。本节主要从西方视角考察和评析中国的工业旅游。

中国国家旅游局政策法规司编写的内部刊物《旅游调研》在2001年第11期上连续发表了3篇与工业旅游相关的文章[2、3、4]。这3篇文章归属在专栏"工农业旅游"之下。并以"编者按"的形式，强调推进我国工业旅游和农业旅游的发展是贯彻国务院9号文件的精神要求。标志着从民间诞生的工业旅游新现象，终于得到国家机构的关注。

不管是学界、媒体、业界和政府，基本都对中国方兴未艾的工业旅游持倡导的态度，希望透过系统地提升现有工业企业的潜力，推动工业城市和地区的社会经济发展以及旅游业的发展；而且，工业旅游的发展前景被当作中国经济发展以及产业结构调整的一部分；同时，中国工业旅游的开发进程与旅游管理部门及工业部门的推动和介入密切相关，政府、企业和旅游业之间形成了较强的合作关系。

与国外相比，中国工业旅游实践和讨论几乎完全集中在生产性景观，如大规模的工业建造基地、大型国有工业企业、科技园和高新技术产业开发区的观光等等，这些都属于活的工业企业所开展的工业旅游范畴。虽然有人将工业企业的历史和文物也列为可以开发的旅游资源，但它仍然依附于活的工业企业。而有关中国工业发展的历史、阶段以及所蕴涵的工业文化遗产的意义和价值，几乎没有纳入到工业旅游的讨论之中。

从西方的视点来看，中国工业旅游的发展与西方的差别，必须从中国独特的政经背景，特别是改革开放之后的发展路径，获得理解。

1. 原文可参考：李蕾蕾、D.Soyez："中国工业旅游发展评析：从西方的视角看中国"，《人文地理》，2003年第6期。

2. 刘赵平："关于青岛发展工业旅游及相关情况的调研报告"，《旅游调研》，2001年第11期。

3. 政研处："工业旅游与农业旅游产品指导规范初探"，《旅游调研》，2001年第11期。

4. 菊文风："浙江、江苏农业旅游和工业旅游发展情况的调研报告"，《旅游调研》，2001年第11期。

3.2.1 中国工业旅游发展的独特背景

中国工业旅游与西方的差异，与中国目前所处的改革开放和社会转型的历史时期，以及充满变化的经济活力，关系密切。特别表现在迅速而广泛的工业化和城市化进程对工业旅游的影响和形塑。

1970年代末期邓小平推动中国的政治改革，实行开放政策，建立了经济特区和沿海开放城市体系，外国直接投资（FDI）在这些地区迅速扩大，强烈地推动了中国和世界的全球化过程。加之中国农村和农业改革的协同，以及市场经济和土地使用权的开放，使个人创办企业成为可能，形成新的个体和私营经济体制，最终导致人口和劳动力在城乡之间以及城市之间自由流动，随后而来的是国有企业改组，所有这些改革措施在短短的几年造就了整个中国史无前例的工业化和城市化面貌[1]。仿佛中国在短短的几年和十几年内完成了老工业化国家150多年的工业化历程。

中国这种密集、短暂、超强的城市化和工业化，既阻碍了中国工业遗产意识的产生，也在另一方面构成了中国工业遗产的潜能；同时，也为中国工业旅游的发展提供了宏观背景，使得中国的工业旅游与西方传统产业衰落区所发展起来的工业旅游，在起源和微观过程方面，具有完全不同的特征。

3.2.2 中国工业旅游发展的微观过程和基本特点

3.2.2.1 政治体系的延续和影响

中国的工业旅游虽然是改革开放之后的现象，但实质上可追索到计划经济体制下行政官僚结构的影响。建国后到改革开放以前的几十年内，中国主要的工业企业几乎全部是国有企业，政府不仅承担着管理社会的职能，也承担着管理生产的职能，这种政企不分的状况，使企业成为政治的一部分。企业的最高管理者和经营者不仅是未来政治家的选拔来源，同时，企业所在地方的政府官员也十分重视企业的业绩和发展状况。这种体制下紧密的政企关系，使党和国家领导人、外国专家和政治要员、各级地方政府官员以及来自兄弟省市的领导和同行，对工业企业进行考察、指导、参观和学习的活动，制度化为企业经营的一部分。

企业政务接待的传统一方面可以为企业积累组织与接待经验，甚至建立系统的

1. Yeh, Anthony Gar-on, Foreign Investment and Urban Development in China[外资与中国城市发展]. In Li, Si-ming and Wing-shing Tang (eds.), *China's Regions, Polity and Economy: a Study of Spatial Transformation in the Post-Reform Era* [中国的区域、政治和经济：后改革时代空间转型研究], Hong Kong: The Chinese University Press, 2000, pp. 35-64.

招待规则和基本设施。例如，新中国最早的一批大中型国有企业，都有完善的当时主要为接待外国专家，特别是前苏联专家的招待所、宾馆、专家楼等等，这些等级制规程与旅游接待业的要求在操作上十分类似，有利于企业直接跨入旅游业领域；另一方面，企业的政务接待传统构建了政企之间良好而紧密的关系，从而有益于企业在政府的支持下，从事各种新产业的发展，包括工业旅游的开展。

改革开放之后，虽然中国的个体经济和各种中外合资经济、外资企业的数量有了极大增长，但整个社会对国家政治阶层、地方政府以及工业企业的三重关系的体认，基本上没有什么变化。政企关系所形成的一套规制仍然起着重要作用，官方的许可和认同对新企业获得合格劳动力、各种优惠政策和扶持等等，十分重要。当然，地方政府也越来越认识到，有竞争力的大型工业企业对于改善投资环境、建立城市和地区形象、增加地方税收甚至对于个人政务业绩的评估，都具有十分重要的意义。企业与政府的关系在社会主义市场经济体制下得到了进一步的延续。

值得注意的是，在这一阶段，中国传媒的产业化发展和社会影响力，催化了政府、企业与传媒之间互动关系的发展，媒体十分乐于报道政府和重要人物参观和考察各种知名工业企业的活动，与此同时涌现的各种财经类和工商类媒体资讯，为推动社会各界认知和参与工业旅游打下了市场基础。

总之，不论是计划经济时期还是改革开放以来的市场经济，中国的政治结构，特别是政府与企业之间的政务接待关系，不仅从组织架构和行事规范方面，为企业累积了接待经验，也为企业发展专业化的旅游业提供了良好基础，加之媒体的影响，进一步推动了中国工业旅游的社会认知，从而形成中国工业旅游独特的供需特点和协作模式。

3.2.2.2　供需与协作模式

中国工业旅游的发展在旅游产品供给方面，所采取的协同作业模式，特别是旅游管理和工业部门的协作，与西方十分不同。西方国家，比如德国的旅游业很发达，但德国的旅游部门和旅游产业最近几年还完全忽略工业旅游，只是在鲁尔区推出“工业文化遗产之路”（route industriecultural）[1]以后，旅游部门才逐渐关注工业旅游。但是，目前，在德国一般旅行社的出版物上，仍然难以找到相关游线和景点的信息，而那些已经开展工业旅游的企业，似乎也没有广泛地对外宣传，游客难以通过常规途径了解和

---

1. 李蕾蕾：“逆工业化与工业遗产旅游开发：德国鲁尔区的实践过程与开发模式”，《世界地理研究》，2002年第3期。

获得工业旅游的供给信息，而必须依靠个人去查询。

而中国的旅游业虽然只是在改革开放之后，才获得了巨大的发展，也许旅游产业整体的专业化水平有待提高，但由于政务接待基础和独特的政企关系的影响，反而使中国的工业旅游在供给方面，表现出较强的协同作业模式，形成与西方国家工业旅游的差异。

(1) 中国各级政府的旅游部门和相关产业部门，与工业企业协同作业，积极推动工业旅游的发展。中国国家旅游局的主要措施是从全国各地上报的223个工农业旅游点中，初选了100家工农业旅游示范点的候选单位，其中有41处属于工业旅游点[1]，包括一汽、海尔、青啤、茅台、首钢、宝钢等大型企业。希望通过制定相应的指导规范，引导和推动工业旅游在全国的健康发展。这种发起性活动，也触动了更多处于困难阶段、缺乏传统旅游资源的冶金和工矿业城市，将工业旅游作为改善城市和地区形象、调整产业结构的重要手段，例如，辽宁抚顺、本溪、鞍山等工矿城市正积极发展工业旅游。各地政府往往通过城市和地区的旅游发展规划推动工业旅游的发展。此外，旅行社也积极设计工业旅游的线路产品。但与西方相比，目前中国所有的工业旅游基本上主要针对团队游客，而不接待散客。

(2) 中国工业旅游的产品供给在多家工业企业、地方政府支持、旅行社结构的合作下，既可形成工业旅游专线，又可形成组合旅游线路。例如，上海已开辟都市工业旅游线路；广东“国旅假期”曾经推出广州、中山、顺德著名乡镇企业的工业旅游线路，并将工业旅游与其他旅游产品组合成工业旅游、农业观光、海滨度假、温泉保健的“四合一”线路[2]。

(3) 中国的工业企业不仅利用自身所积累起来的政务接待经验和硬件条件，开展工业旅游，而且还通过投资方式开展旅行社业、客运业、餐馆和旅店业等原本比较陌生的现代旅游业，作为工厂观光的协同项目。例如，上海宝钢不仅拥有早期的专家楼，还建有一个四星级宾馆，并有专门旅行社负责接待每年大约20万游客进厂参观。宝钢还将进一步组建能够开展海外旅游接待业务的机构，广泛地渗透到旅游业领域成为该大型工业企业的重大战略调整目标之一[3]。又如，青岛海尔已经投资一亿元建成了占地8000平方米的海尔科技馆[4]。这种现象虽然与西方国家，如德国大众汽车公司的“汽

1. 全国工农业旅游示范点候选单位材料汇编，http://www.ctnews.com.cn/gb/industry/link.htm.
2. 好玩“四合一”粤西游，http://www.etang.com/local/guangzhou/ trave/way/shnlx/0410haow.html.
3. 据刘会远和李蕾蕾对上海宝钢的访谈。
4. 山东海尔集团工业旅游项目，http://www.ctnews.com.cn/gb/industry/shandong/haier.htm.

车城”、荷兰喜力啤酒公司的“体验喜力”主题园和博物馆有类似之处，但在产品设计、创意吸引力方面，尚有一定差距。此外，北京、武汉、深圳、天津等地的高新技术产业园区，也积极开展了协同作业的工业旅游。

(4) 中国工业旅游的协同作业模式还特别表现在改革开放之后新生企业所开展的商务接待活动的影响。经济全球化的发展，特别是大型民营、外资、合资、跨国企业的开办和渗透，使母公司与子公司之间以及与其他伙伴公司之间的商务往来迅速增加，特别是外国访客，包括外国专家和管理人员的增加，必然引起工厂和企业雇佣大量具备语言沟通能力、了解异国生活方式的各种外语专才，才能顺利开展商务接待。而在一些企业，商务接待已经成为日常工作的组成部分，如被誉为通讯产业领头羊的民营企业深圳华为公司，专门设有客户工程部和旅游部，有相当数量的员工专事客户参观和考察的接待活动，作为明星企业，华为还要接待国内外政府要员的参观与考察。频繁而大量的商务和政务接待工作，促使企业发展与旅行社、饭店、酒家和娱乐业的良好合作和联盟关系，这种协同模式可以产生有益双方的成本优惠和市场供给。值得注意的是，由于一些企业将政府和商务接待活动置于优先位置，反而抑制了满足大众需求的工业旅游的发展[1]。但是，企业所拥有的外语人才和商务接待人才的储备，增强了企业未来开展工业旅游接待活动的实力。

(5) 从市场需求方面来看，中国所开展的工业旅游的产品吸引力还主要停留在生产性的工业企业景观，虽然中国有些传统工艺，例如苏州的丝织厂，对外国游客很有吸引力，但这种手工作坊的旅游魅力仍然来自那些传统手工业，而不属于现代工业企业。而中国现代工业所具有的文化遗产价值和旅游开发潜力，远没有得到认识，构成了与西方工业旅游的巨大差别，也是中国工业旅游发展过程中需要特别加以认识和研究的议题。

3.2.2.3　中国工业遗产的旅游开发潜力：认知、现状与未来

中国工业旅游的主要供给完全集中在那些拥有先进生产设备和科学技术的大型而知名的国有和少量的民营企业，诚然，这种状况与工业旅游供需双方的特点相关。中国改革开放后的制造业发展很快，各种新奇而先进的产品涌入人民的日常生活，随着这些产品的进口替代率日益提高，中国的世界工厂形象逐步建立。在一些沿海发达城市，如深圳，高科技产业发展迅速，信息和通信产品将人们带入网络和知识经济时

1. 据陈南江调研。

代，中国工业企业不仅在数量和规模方面进步迅速，而且企业和产品的品牌化竞争战略日益深入人心，树立和巩固品牌形象成为企业打开大门、迎接游客的动机之一。而旅游者，特别是新生代的青少年游客，被塑造成通常仅仅对于尖端、流行和前沿的科学技术感兴趣。于是，供需双方加上地方政府，共同推动了作为爱国主义教育基地的工业旅游观光点的形成，从大型钢铁生产企业、到白色家电名牌企业、再到激光视听产品，这些工业旅游项目满足和培养了游客对现代化建设和改革开放所取得巨大成就的民族自豪感。

但事实上，中国现代化工业的发展历史，即使从20多年以前改革开放之始算起，也并非仅仅包含那些体现民族自豪感的名牌企业和先进企业。1980年代起始的手表、纺织、服装、玩具等"三来一补"企业，作为全球生产体系和工序再分配的产物，多少带有资本主义早期大工业生产过程和劳工组织的特点，这些工厂在全球经济体系中有明显的劳动力成本竞争优势，且相当赢利，但由于属于劳动密集而非科技密集，被认为或者实际上不符合现代游客的需求，加之企业或地方政府也以其落后而认为不值得展示，更谈不上允许外国访客自由参观，使中国的工业旅游产品的完整性明显缺失，而中国目前少有人认识到这一"缺失"，更阻碍了快速城市化和工业化地区"工业遗产"概念的传播和认同。

当然，中国快速工业化和都市化的沿海城市地区，以及外国直接投资密集的经济特区和出口加工区，的确存在着一种令欧洲人无法想象的发展和变革的压力。这些地方的工商业变动剧烈，旧的工厂或企业倒闭或迁走之后，很快就有新的工厂租用或购买，快速整修即可重新开张，基本上不存在西方传统产业区的衰退景象。土地本身迅速变成稀缺资源，不论区位是否适合工业的发展，房地产开发商总有办法将其转化为商业或工业用地，而地方政府也可以在短时期内依据"发展是硬道理"的政策，优先提供产业用地。例如，深圳经济特区最早建立的几个工业区，包括上步、八卦岭、笋岗等工业和仓储区，占地数平方公里，这些工业厂房建筑已经或正在转变为商业、住宅和专业市场，随着深圳产业结构向高新技术产业调整和转型，20多年前的工业企业逐渐消失。

"如果说它有两千年的历史，我可以认为它是文化。但若它只有二十年的历史，我怎能说它是文化遗产呢？"这是一位中山大学的学生在一次有关西方工业旅游与都市更新的讲座上，向讲者D.Soyez（苏迪德）教授提出的问题。中国人很难理解那些老旧、失修、简陋的工业设备和厂房，其实代表着地方甚至中国现代，乃至世界经济全球化进程中工业历史的一部分，因而本质上属于文化遗产。而目前人们对于文化遗产的概念，仍然十分传统和狭隘，他们无法想象，西方国家关于文化遗产的“30年原则”[1]意味着，哪怕保留一些仅仅只有20年、30年历史的所谓落后工业遗弃地，其实与保护上千年的文化遗产具有同等的意义。也没有意识到这些工业企业的社会资本价值和旅游开发潜力。这种缺乏现代工业遗产意识的价值观，不仅见于一般游客和民众，也常见于政治界、经济界、经营和管理界甚至学术界。

当然，工业遗产的意识和旅游潜力已经在中国有了初步的传播和影响，例如，上海正在进行黄浦江两岸20多平方公里的整治和改造，意识到其中19世纪延续下来的江南造船厂的保护问题。依据规划，这片将包含2010年世界博览会会场的临江老旧工业区，将被改造成为亚洲的“塞纳河”[2]。但在官方的讨论中，并没有人提出将原来的工业旧址保留下来转变为博物馆；相反，比较认可的想法倒是在全市范围内新建一百个代表各行各业的工业博物或博览馆[3]，用来储藏和展示从各处收集而来的工业历史文物。人们对“建设新的”比“保留旧的”、对“文物移植”比“就地保存”更感兴趣。

从西方的角度观察，中国实在是具备了学术上和实际上极有价值和潜力的工业文化遗产。中国至少有三个阶段的工业文化和遗迹具有社会意义上的资本价值，应当加以保护，并可开展工业旅游。

(1) 殖民地、半殖民地的旧中国时期所建立和发展起来的工业，包括清末洋务运动、民国时期崛起的民族工业，例如上海、武汉该时期的工业景观比较密集，是一笔宝贵遗产。

(2) 新中国成立之后至改革开放以前、计划经济体制下的工业，包括“大、小三线”建设时期分布在西北、西南等地，例如贵州的军工企业，以及东北、华中、华北的传统工业基地等[4]。

(3) 改革开放之后到现在20多年来市场经济体制下的工业体系，例如分布在“珠三角”、“长三角”等东部沿海发达地区的工业。这些阶段和地方的工业各自经历了当时

1. Jacobs, J.M., Cultures of the past and Urban Transformation: the Spitalfields Market Redevelopment in East London[过去的文化与城市转型：东伦敦Spitalfields市场再开发], in K. Anderson and F. Gale (eds.), *Cultural Geographies* [文化地理学], Melnourne: Pearson Education, 1999, 241—261.

2. 投资千亿为了打造上海“塞纳河”, http://house.online.sh.cn/gb/content/2002-01/11/content_284202.htm.

3. 据刘会远和李蕾蕾在上海经委的访谈。

4. 魏心镇：《工业地理学》（工业布局原理），北京大学出版社，1982年，第142—168页。

国内外政治、经济和社会发展的历史，对游客来说也最有意义，中国完全有望开发建立完整的工业旅游体系。

3.3 案例分析

3.3.1 珠海金湾区[1]

3.3.1.1 珠海金湾区发展工业旅游的有利条件和重要意义

珠海是一个海滨环境优美、适合人居的新城，在我国最早的4个经济特区城市中，其整体上悠闲、惬意、舒适、清新的绿色城市生态环境，成为吸引深陷现代工业化和城市化发展之旋涡中的游客，进行适度旅游喘息的最佳栖候地。

珠海旅游业的发展目前处于一个构造具体的旅游产品、细化并丰富旅游吸引力、满足分众旅游市场的开发阶段，而珠海金湾区发展工业旅游是一个可以结合当地资源优势，实现先行效益的重要策略之一。

(1) 工业旅游开发的资源保证

珠海金湾区与珠海的香洲区、斗门区并列为三大行政区，但同时拥有珠海港、珠海机场，以及火车站等水、陆、空交通体系，为工业的发展提供了良好的基础设施，事实上，金湾区的工业发展势头很好，滨海工业城的形象初步建立起来，全区在2000年实现42.22亿的工农业总产值，而工业产值就占了90.2%。目前拥有工业企业400多家，工业生产总值约50亿元，初步形成了以电子通讯、机械加工、精密制造、食品、石化、生物制药为重点的工业体系。并规划形成了 “三大工业板块、一条工业走廊” 的空间格局。可开发利用的工业景观既包括大型的工业设施如海港与集装箱物流中心、发电厂、大型炼油厂和油库以及石化工业基地，以及属于一产中工业的鱼类捕捞，也包括传统的制造业、高新技术产业、华丰方便面等日常生活用品产业等等。这些工业企业和设施、产品等都可以作为工业旅游资源进行不同程度和方式的开发和利用。

(2) 名牌企业与大型企业的吸引优势

珠海的工业发展归属于中国改革开放之后工业化发展的总体进程，吸引了大量的外来投资和国际知名企业的落户，例如三灶工业板块总占地面积20多平方公里，已开

1. 原文见：李蕾蕾：“工业旅游与珠海金湾区旅游开发战略”，《地域研究与开发》，2004年第2期。

发了6平方公里，主要发展电子通讯、精密加工、生物制药、物流4大产业及配套基础工业。目前已经有飞利浦、草津电机、能岛精密、景福时计、伟盈时计、柏力电子、富田电子、优力通讯、恒科信息、日清食品、美国建明、联邦制药、民彤制药、生化制药、科恩生物等一批知名和规模性企业。而红旗—小林工业走廊，沿珠海大道分布，已有西门子电子、南顺制盖、拾比佰彩板、九川物流、世大照明等企业。南水工业板块具有临海、临港优势，主要发展石化产业和污染较重的配套工业、物流产业等，目前已经吸引的跨国公司有BP-Amoca、泛澳文伦、九丰阿科、和记黄埔、岩谷、金钱、金光、维多以及台湾长兴化工等。平沙工业板块主要以食品和制糖工业为主，例如华丰食品为中国最大的方便面生产基地。这些分布在全区的众多知名工业企业，具有培育和发展为名牌企业观光地的条件和潜力。

(3) 观光型工业区

当代中国的工业区形象已经在改革开放、吸引外资的浪潮中，得到了很大的转变，与传统的建国后所建立起来的重工业区相比，沿海发达地区的工业区景观几乎成为整个城市和地区最新、最有实力、最有规划感的景观。珠海金湾区也已经形成"三大工业板块、一条工业走廊"的规划与发展格局，各自不同的工业发展方向和定位，以及与当地环境与文化的配合，有利于开展工业园区的观光与修学旅游。对于传播当代工业区景观形象，并进一步吸引投资，具有十分正面的意义。

(4) 与非工业旅游资源的复合开发

金湾区的工业旅游资源与其他非工业旅游资源在空间上具有良好的组合关系，十分有利于复合型旅游产品的开发。例如，平沙工业板块有一个平沙游艇工业区，可以将游艇制造、销售与游艇旅游组合开发。此外，平沙还有被誉为"华南第一汤"的平沙温泉，也可以与工业旅游组合成旅游产品，而金湾区丰富的农业旅游资源，例如南水海水养殖基地、红旗芦荟基地、南通香蕉种植基地、甘蔗基地、花卉交易中心等都可以进行组合开发，工业旅游的开发还可以丰富和扩展金湾区的城市旅游资源、滨海沙滩旅游资源的开发。从而使全区的旅游产品和旅游形象更加完善和丰满。

(5) 与区域形象相匹配的工业旅游开发

金湾区在珠海整体发展中，将以新兴的工业海滨城区的定位为发展方向，工业的发展成为其与斗门、香洲两区显著分异的特色和优势。而工业旅游的发展有利于传统工业与服务业和休闲、旅游业逐渐融合的新产业发展趋势，旅游业所要求的良好的硬件环境和软件服务，以及外向型的特点，有利于改善和保障现代工业企业发展所必须的投资环境、信息环境、市场环境等等。因此，有利于营造对工业企业发展十分重要的区域和外部环境，并形成工业与旅游业发展的良性循环。

3.3.1.2 珠海金湾区发展工业旅游的启动策略

珠海工业旅游的开发，必须充分利用我国旅游业发展过程中政府主导的职能，实行规划先行的战略，首先要组织来自政府、工业企业、工业旅游开发专家、旅游业界等相关人员，对本区的工业旅游资源与相关资源进行系统的调研、分析、评价和论证，完成基础研究工作。

其次，对工业旅游的新观念要进行必要的宣传和指导，根据发达国家工业旅游发展的经验，一般认为，工业旅游的开发对于工业企业本身、区域的旅游业、旅游者、地方居民等，都可以带来不同的获益。①工业企业可以通过工业旅游，展示企业辉煌的过去，以及未来美好的发展前景。②工业企业可以通过工业旅游向公众显示工业设计与工业产品的质量与先进的生产技术。③工业旅游可以加强员工的职业道德和自豪感。④工业企业可以实现对广泛公众，特别是学生的专门知识的教育功能。⑤工业旅游与企业的公关活动结合，可以建立企业在全国，或国际上，或地方社区中的知名度和形象。⑥工业旅游也是一种宣传企业从而吸引优秀的员工和大学生等企业人才的方式。⑦工业旅游可以帮助企业改善过时的形象。⑧工业旅游通过销售库存产品，甚至可以拯救企业。⑨工业旅游有利于工业企业通过旅游者来获得市场营销方面的信息。⑩工业旅游可以建立消费者的品牌忠诚度。⑪工业旅游的普遍发展可以在整体上改变国家和地区之传统工业企业衰退的形象。⑫工业旅游作为一种新兴的旅游产品，对国家和地区旅游业的发展也必然产生影响。

上述这些工业旅游开发的效益，只有通过一种宣传策略，打消有关方面对发展工业旅游的顾虑，并逐渐为工业企业等各方面所认同，并经过专门研究和策划，才可能变为现实。总之，我们认为工业旅游作为主要由工业企业进行微观推动的、国际上新兴的旅游形式，是一个符合目前我国沿海发达地区工业化与旅游业之双重发展之强劲势头的结合点，珠海金湾区发展这种新兴的工业旅游，具有现实的优势，是一个值得进行探索和创新，并获得多种收益的产业。

3.3.1.3 珠海金湾区工业旅游开发的可选模式

(1) 名牌企业主题园模式

主要利用大型名牌企业的吸引力，开展名牌企业观光。政府需要充分认识、理解、支持企业发展工业旅游的理念，企业则以自身的核心产业和核心技术为主题，兴建相应的主题旅游园，并综合形成名牌观光地（Brand Destination）。目前这种模式，已经在欧洲和北美等地兴起，例如，德国的大众（Volkswagen）、宝马(BMW)等名牌汽车企业都建有类似主题公园的商业性汽车城或博物馆，大众公司的汽车城每年吸引了超过100万的游客，而美国的耐克（Nike）、可口可乐（Coca Cola）等公司也是著名的品牌观光地，位于荷兰阿姆斯特丹（Amsterdam）喜力(Heineken) 啤酒公司的体验园，自去年开业的一年以来，就吸引了25万名国内外游客，并获得了象征全国最佳旅游点的国家旅游奖。珠海的格力电器、华丰方便面，以及正在成长的一些外资名牌企业都可进行这种开发模式的研究和论证。

(2) 工业园区观光地模式

工业区、科技园或工业园区、开发区等，是我国改革开放之后非常普遍的一种工业发展的模式，但其实，工业园区越来越显示出旅游的潜力。在国外，很多工业园区，特别是高新技术产业园区，都具有观光吸引力，例如，日本的筑波、英国的剑桥科技园、美国的硅谷等等，不仅对专业人士具有吸引力，对于一般游客也有潜在的吸引力。深圳的科技园、天津、北京、苏州、武汉等地的工业园和科技园，已经开始认识到与旅游业结合的意义，开展了接待大众游客的尝试。珠海的工业长廊初步具备了本模式的雏形，而大学园和科技创新海岸具有很大的开发潜力。

(3) 工业博览与商务旅游开发模式

通过建设工业博览馆或者工业博物馆，举办有主题的工业博览会，并与招商活动、商务交流和交易、旅游等融合。珠海已经具备举办大型活动的经验，特别是珠海的航展举办地位于金湾区，已经成为标志性城市活动，而珠海的赛车活动也开办得早，如果能够将这些活动引申到相关产业，即与工业博览及工业旅游组合，将产生新的吸引力。

(4) 组合开发模式

将工业旅游资源与其他非工业旅游资源有效组合，形成特色旅游线路。例如，茂名将工业旅游、农业观光、海滨度假、温泉保健这四种旅游方式糅合成一条四合一线路。如前所述，金湾区也有优良的资源组合优势，可以开发成产品组合优势。

3.3.2 深圳宝安区[1]

深圳的旅游业在一个没有名山大川和名胜古迹的基础上，通过发展主题公园而进入快速发展阶段。对于旅游资源同样相对贫乏的宝安区，轰动型的旅游资源开发和产品设计是一个相当有难度的课题，需要在一个"泛旅游资源"的思维基础上，突破性地创设旅游产品，吸引游客，获得收益。所谓"泛旅游资源"就是打破传统思维定势，将一切可能吸引游客眼球和媒体关注，以及顺应和创造普遍认同之价值观的事物，都当作潜在的旅游开发对象。"泛旅游资源"的概念和开发趋势之所以出现和可行，主要是当今旅游从大众转向分众的结果。一些"泛旅游资源"开发已经出现并获得成功，例如，据有关媒体报道，定价1亿美元的月球旅游尖端产品即将在2年内推出；监狱观光也在一些国家被发展成为旅游吸引物；广西龙胜的梯田被当作十分受欢迎的景观遗产旅游资源；美国的造币车间对国际游客十分有吸引力；德国倒闭的钢铁厂被改造为景观公园和文化活动场所；热带雨林开发出树顶旅游……"泛旅游资源"开发常常被称为与传统旅游产品相对的新兴旅游产品或另类旅游。

如果从"泛旅游资源"的概念出发，来评价宝安的旅游资源，我们认为目前宝安只在一个方面具有打造世界独特旅游产品的机遇和条件，那就是充分利用其工业发展的独特历史地位和优势。

如果说，世界工业革命从17—18世纪的英国开始，并推动西方通过殖民进程开创了产业经济的全球化，那么，今天，在改革开放之后短短的二十几年后，中国的"世界工厂"形象再次将中国与世界紧密地联系在一起，这种最初以"三来一补"方式作为全球制造业分工链的一环，而成长起来的加工贸易产业，最初从广东开始、从中国的经济特区深圳开始、从宝安开始。因此，从全球化角度和世界工业发展史的角度来看，宝安的工业特别是"三来一补"工业具有独特的历史意义。我们认为宝安完全可以结合目前的旧城改造，以及深圳对改革开放历史的价值重认，选择早期的几家"三来一补"工厂企业作为建设场地，依照历史原真性的要求，运用"经济全球化"、"世界工厂"和"三来一补"等核心概念，策划设计一个"世界工厂"工业文化遗址公园，为中

1. 本案例关于深圳宝安建设"世界工厂"或"三来一补"工业文化遗址公园的创想来自于李蕾蕾主持编制"深圳市宝安区旅游业发展十一五规划"时的思考。

国乃至世界一段独特的工业发展阶段，留下历史的纪念，同时成为面向广大游客开放的独特旅游区。

此项目一旦通过精心策划、匠心设计，就有可能申请世界文化遗产名录，当然前提必须是保存有足够历史价值和文化价值的原真性实体。事实上，世界第一个建立在工业遗址基础上的UNESCO世界文化遗产已于1986年在英国诞生，那些现在看来很不起眼，甚至寒碜的炼铁炉和铸铁桥，作为18世纪工业革命的见证，变成了21世纪英国最重要的工业文化遗产旅游项目。除了英国，德国、美国、日本、澳大利亚等都很重视工业遗产的旅游开发，有不少已经成为与中国的故宫、长城并列的世界文化遗产。工业遗产的概念极大地刷新了人类对历史、文化和遗产的认识，的确，连“二战”留下的波兰奥斯维辛集中营也已经被珍视为世界共同的遗产。

深圳、宝安完全可以选择性地将早期的“三来一补”旧工厂保护起来，通过“世界工厂”遗址公园的建设，打造一个独一无二的博物馆产品、文化旅游产品、工业旅游产品。

深圳已经开始重视改革开放的历史，华侨城深圳湾大酒店的改造特意保留了一面1980年代留下来的墙，深圳博物馆新馆作为全市7大标志性文化设施，将在6000多平米的展览空间中，开辟出一半的面积建设“中国改革开放史博物馆”，深圳建在市民中心的工业展览馆，也显示出对工业历史的重视，但这些都不是遗址博物馆的概念。宝安有第一家签订于1978年12月的“三来一补”企业合同，选址在早期的工业厂房旧址中，与旧城改造相结合，变废为宝、化腐朽为神奇，突显历史原真性，建设“三来一补”遗址公园或博物馆，将形成“中国制造”、“世界工厂”的鼻祖形象。作为遗址型和工业文化遗产型的旅游点，可与宝安其他活的工业旅游点，可共同构成宝安、深圳，乃至中国相对完整的工业旅游产品体系。

总之，宝安必须充分认识在当今中国城市化建设的拆迁运动中，废弃工厂之保护及其城市遗产价值的重要性，争取在“十一五”期间，开展“世界工厂”遗址公园的详细规划设计和初步建设；否则，有可能被深圳其他区，或“珠三角”其他城市抢占先机，丧失一个创造既有历史和文化价值，又有未来经济价值，功及万代，并在多方面产生媒体轰动效应，甚至示范效应的重大项目的历史机遇。

3.3.3 保护和利用上海江南造船厂

这不是一个受人委托按规定专业要求制定的规划案，而只是记录了深大师生隔着半个中国为保护属于上海，也属于全国人民的国宝级重要工业遗产——江南造船厂——而呼吁、奔走、建言的过程。

3.3.3.1 江南造船厂历史回顾

江南造船厂的前身是李鸿章在“洋务运动”中于1865年（清同治四年）创办的江南机器制造总局，1867年迁至现址。它是我国创办最早、规模最大的近代民族工业企业，是名副其实的“中国第一厂”。让我们简略回顾一下它的几个“第一”吧：

• 1868年7月生产出第一艘兵轮“恬吉”号（后改为“惠吉”号）。

• 1868年开设翻译馆，产生了中国第一批翻译家徐寿、华蘅芳、徐建寅。

• 1891年炼出了中国第一炉钢。

• 1911年为招商局建造的“江华”号双桨蒸汽钢质长江货船，排水量4130 吨，为当时上海所造船只中吨位最大的一艘。

• 1918—1922年，为美国建造的四艘排水量为14750 吨运输舰，是当时远东地区所造的吨位最大的船舶，也是外国政府首次向中国船厂定造的船舰。

• 1946年为民生实业公司建造的“民铎”号双螺旋蒸汽机钢质长江上游轮船，排水量634 吨，2400匹马力，是中国第一艘采用全电焊建造工艺的船舶。

• 1961年在兄弟单位的协助下，成功地制造了我国第一台万吨级锻造水压机，能够锻造300 吨重的特大钢锭，解决发电、冶金、化学以及国防工业所需要的特大锻件。

• 1979年建造718工程中的海洋科学调查船“向阳红10号”，该船是世界上同类型船舶中吨位最大、综合性最强的科学调查船之一。

• 1980年建造当时中国最大的船闸长江葛洲坝船闸二号闸门。

• 1990年我国自行设计、建造的第一艘3000m^{3}全压式液化气运输船“华粤”号在该厂制造成功，当时世界上只有日本、荷兰等少数几个国家能制造。

从以上简要介绍的几个第一（因弄不清哪些需要保密，所以没有列举该厂生产的各种现代军用舰船），我们可以看到这个厂在中国对外开放和工业化历史中的地位。

江南造船厂是中国的骄傲，更是上海的骄傲。它为上海建设也作出了许多贡献，如1984年为上海延安东路越江隧道工程制作的Ø11.3m网格水力机械出土盾构，1984年为上海金山石化总厂建造的Ø64m减压塔是乙烯工程配套的关键设备（被列入上海市政府

1988年办的实事儿之一），另外，还有内环线2.6标钢结构工程，上海大剧院、上海体育场及浦东国际机场的钢屋架结构，上海世界金融大厦、上海国际航运大楼的钢结构工程等。

上海市内有两条旧街道的名字（制造局路、局门路）来自江南造船厂的前身江南制造局，可见它与这座城市的割不断的联系。

3.3.3.2　呼吁保护江南造船厂的过程

在中国工业化历史上有着如此重要地位的江南造船厂，竟然一度要面对为世博会让地方而被拆除的命运。2004年3月，深圳大学区域经济研究所所长刘会远授意在经济学院所带区域经济研究生唐修俊关注江南造船厂搬迁等问题，并出资派其到上海江南造船厂、泉州海外交通博物馆等地考察、调研。4月唐修俊在导师支持下向《现代城市研究》杂志投稿，对上海拆江南造船厂办世博等表示质疑。该杂志5月号作为第一篇文章予以刊登，引起了较大反响。刘会远将自己和同事探讨保护有代表性工业遗产的文章配合学生的这篇稿子广泛赠送有关部门和领导……差不多一年后，事情有了转机。下面引用《现代城市研究》杂志编辑为该刊2005年第6期刘会远《也谈造城运动（四）》一文所作的编者按，以说明江南造船厂得以保留的过程。

2004年1月，著名作家冯骥才先生在本刊发表《中国城市的再造——关于当今的"新造城运动"》，直陈当前城市建设中"无个性、模仿、粗鄙"的现象，号召要"以前瞻的，深入的文化思考去纠正当前这种急切和粗糙的行动，把造城运动所带来的文化损失降到最低点"引起了较大反响。特别是深圳大学区域经济研究所所长刘会远先生就此在本刊2004年第3、4期上发表文章，对当前的"造城运动"进行深入的理论分析，并结合他与深大李蕾蕾老师合著的，当时正在本刊连载的《德国工业旅游面面观》，提出应对有代表性的重要工业遗迹进行保护。此后深圳大学研究生唐修俊响应冯先生的号召并借鉴刘会远、李蕾蕾老师的观点，大胆撰文对上海拆迁江南造船厂（办世博）及北京拆除第一机床厂提出了质疑（见本刊2004年第5期），引起了多方关注。文章建议保留北京第一机床厂重型车间的观点，得到深圳大学刘会远老师（见第2—3期合刊）和丁夏同学（见第4期）的撰文响应……另外，今年3月上海市30多位政协委员联合发起提案，要求尽量保护江南造船厂有历史价值的一些建筑和工业遗迹，并已得到上海市规划部门的书面的肯定答复（见本刊第5期信息专栏）。

3.3.3.3　深大师生保护和利用江南造船厂的主要观点

下面将深大师生在2005年就保护和利用江南造船厂并理顺上海"海派文化"的建

议综述如下。

(1) 按航海—造船博物馆的方向改造江南造船厂是振兴中华的需要

2005年6月3日，江南造船厂位于长江口长兴岛的新厂址开始动工，这同时也是建厂140周年的一个庆祝活动。国内媒体给予了广泛报道。

江南造船厂的建厂纪念日在中国是一件大事，从5月到6月，中央电视台《历程》栏目多次播放了以著名节目主持人张腾岳采访原厂长陈金海（并穿插了许多历史镜头）的节目，六月初的两个周末，香港凤凰卫视亦分上下集播出了专题片《大国船梦》，香港文汇报亦以“驶向世界的中国旗舰”为题用整版篇幅对江南造船厂 140年的历史进行了回顾。“旗舰”、“船梦”这些词汇准确反映了江南厂的地位和国人对它寄予的期望，也准确反映了中国工业化的“历程”。

位于长兴岛的新厂址建成后，江南造船厂旧厂址有价值的工业建筑将得到保护。深圳大学研究生唐修俊建议按航海—造船博物馆的方向改造江南造船厂，并把博物馆的规划与世博会的规划结合起来。这个建议非常有价值。

也许有读者会说，上海规划局在给30多个政协委员的回复中已说要在江南厂旧厂址搞工业博物馆。你们深大师生为何特别强调“造船”和“航海”呢？

江南造船厂的前身是江南制造局，在其旧址搞工业博物馆是对的，也是中国的需要。但是中国人对航海寄予了太多的回忆和梦想，这些回忆和梦想在历史上因多次“海禁”、“闭关锁国”，以及在帝国主义的侵略、打压下被压制，今天才真正得到了释放。

“今年[1]是郑和下西洋600周年纪念，按传统天干、地支纪年法，60年一个甲子，60年的周期可以看作一个中国的‘世纪’，那么按此法，郑和下西洋已经10个甲子、10个中国‘世纪’了，我们的‘大国船梦’难道不应该好好释放一下吗？

“今年又是抗日战争胜利60周年。在这次战争中我国舰队再次全军覆没，当然并不像在甲午海战中那样许多军舰被击沉或‘捕获’[2]，而是自知在舰对舰的战斗中不是对手而自沉。这虽不失为一种理智的决定，但船不如人毕竟也是一种耻辱！并因此造成了无法捍卫领海和内河的一系列恶果（抗日战争中我们失去了除沿海零星敌后根据地之外的全部海岸线和港口）。

“今年又是（1885年）中法战争中福建海军经马江一役全军覆没120周年（两个甲

---

1. 文章最初发表是2005年。

2. 实为投降，“捕获”为日方说法。1885年2月17日日本海军联合舰队曾耀武扬威的举行“捕获式”，并正式占领威海卫及刘公岛。

子）。

“最不忍揭开但又必须时时面对的伤疤是甲午战争。自1894年9月17日黄海海战开始，至1895年2月14日（丁汝昌、刘步蟾殉国后）威海卫水陆营务处候选道牛昶炳在日军旗舰“松岛”号上签署《威海卫投降条约》止，中国海军主力北洋舰队全军覆没，到今年已经历了130个年头。正是这场战争的失败，使江南制造局的创办者李鸿章因代表清政府签订《马关条约》而长期遭到国人唾骂。中国政府不但一度失去了宝岛台湾，更使几年后的中国长期有海无防，外国军舰如入无人之境。

“前不久台湾亲民党主席宋楚瑜来访，中共主席胡锦涛以郑和七宝宝船模型相赠，这不正象征了两岸政治家和全体中国人的大国船梦吗？

“我们希望上海世博召开的时候，能够有一艘真正复原的郑和宝船停在江南造船厂（那时是博物馆）的船坞中！”[1]

(2) 建航海—造船博物馆是上海义不容辞的责任

改革开放后，上海市政府在外国船到达黄埔江岸边的地方搞了个纪念性建筑，称为“外滩源”。与“文化大革命”中的盲目排外情绪比起来，这反映我们中国人变得更加客观、更加大度了。但我们还是需要从另一个角度考虑一下问题，外国船在黄埔江边登陆时，上海并不是蛮荒之地。北宋时期朝廷就在秀州（上海松江）、青龙镇（上海青浦县）设置过市舶司，市舶务、到明朝上海成为官营外贸和转口贸易的重要基地，手工业也发展迅速，“松布衣天下”之说反映了棉纺业发达的情况，若不对中国自己棉纺业的源头、造船业的源头等等同样给以纪念，待下一次“左”倾思潮抬头的时候岂不是又会有麻烦？

据说“古者观落叶因以为舟”，《物原》一书载：“燧人氏以匏济水，伏羲氏始乘桴。”另外还有“轩辕作舟”的传说。这些记载和传说已经得到了考古发现的印证，例如，浙江萧山跨湖桥固陵港遗址出土的8000年前的独木舟和木桨；余姚河姆渡遗址出土的7000年前的独木舟和木桨等。甲骨文是夏商时期（公元前21至前10世纪）使用的文字，在已发现的甲骨刻辞中，有大量关于舟船的文字。而从“舟”的多种甲骨文字形看（如两头弯曲的船型，两根弯板横着2—4根横梁或舱壁）这时的舟已是一种木板船。

中国古代主要有三大船型：福船、广船和沙船，因沙船对上海的发展贡献很大，

---

1. 引自刘会远：“也谈‘造城运动’之五——上海该如何为筹办世博会及保护江南造船厂重要遗迹交出理想答卷？（II）——继续冯骥才先生、唐修俊同学的话题”，《现代城市研究》，2005年第7期。

这里介绍一下。沙船是中国海船中最古老的船种，发源于长江口崇明一带，方头方稍平衣的浅水船型，因其善于行沙涉浅，稍搁无碍而得名，多桅风帆利于提速，宽敞甲板利于装卸。清朝解决了台湾问题后，康熙二十三年（1864年）开放海禁，沿海南北海路通畅，凭借沙船，上海渐渐发展成为一个东南沿海的贸易大港和漕粮运输中心。

在江南造船厂旧址搞航海一造船博物馆，除了江南厂自己的产品，上海本地的船型，中国其他地方古今造船成果也应得到体现。特别是郑和舰队的各种船型以及他们当时先进的航海技术。

在纪念郑和下西洋600周年的活动中，有专家把郑和宝船同达伽玛探险用的小船相比较是很不严肃的，反映了我国学界也有蛮严重的阿Q精神（用于探险的三维帆船与统帅乘坐的郑和宝船功能本不一样）。但郑和宝船确实体现了当时世界造船业的最高水平，特别是水密隔仓的技术，大大提高了行船的安全性（即使船被损局部漏水，水也只能进入一两个密封的隔仓，不致对全船造成影响），欧洲到18世纪才掌握这一技术。

郑和宝船长44丈、宽18丈、长宽比2.466，而泉州出土的13世纪中型远洋货船长宽比2.6，这说明前人经过实战的摸索可能总结出这种结合水密隔仓技术的宽体船抗风浪的能力比较强（起码不容易折断），而且用同样的材料宽体船的容积较大、承载的货物也就比较多。

今天我们已经能造几万吨、几十万吨的巨轮了，但受苏伊士运河、巴拿马运河船闸宽度的限制，船都造得很长，这样多消耗了很多材料，而且在狂风巨浪面前钢铁巨轮造得过长也是可能被折断的。在能源和钢铁等材料价格日益上涨的情况下，我们该重新考虑：集中了祖先智慧的古代船型被完全抛弃是理智的吗？让我们再造出古代的船，在航海实践中与现代船只比较一下吧！江南造船厂搬到长兴岛后，旧厂址的船坞应保留一部分，并承担少量的造船，修船业务，使来航海一造船博物馆参观的人能实地看到造船，修船的工作情况，当然也包括仿造古船的情况。

郑和七下西洋时掌握着世界最先进的航海技术，最近各种媒体对“水罗盘”、“过样牵星术”、“针路”等做了比较详细的介绍，这里就不多说了，希望江南造船厂（旧址）未来的博物馆能用光电技术使参观者仿佛身临其境感受到郑和如何“云帆高张、昼夜星驰，涉彼狂澜、若履通衢”，如此，观众（特别是青少年）关于海洋的知识一定会大大提高，上海“海派”文化也将会真正增加“海”的特色从而得到升华，而升华了的海派文化也必将成为上海市博会的灵魂。

唐修俊在其打头炮的那篇文章中指出中国："珠江口有个澳门在葡萄牙统治时期修建的航海博物馆，馆藏颇丰，对葡萄牙人的航海史及以郑和下西洋为代表的中国航海史做了平行的介绍。

"福建沿海的泉州市也有一个海外交通史博物馆，里面较完整地记载了几千年来海洋与泉州（乃至全国）之间千丝万缕的联系，并保留了相当一部分实体船和模型船。走进博物馆便宛如置身于'航海'文化的时空隧道中，仿佛又看到了郑和带领船队浩荡出海的壮举和郑成功从荷兰手中收复台湾的英勇事迹……现在，这个博物馆已成为泉州最重要的景观之一，来此参观学习的游客络绎不绝。山东黄海之滨的青岛市有一个海军博物馆，而且整个城市散发着一种浓郁的海洋文明的气息。

"可是从青岛到泉州涵盖了外向型经济最发达的上海、江苏、浙江几个省市的长长的海岸线上却没有弘扬海洋文化的博物馆，实在说不过去！沪苏浙三省市要做中国外向型经济的龙头，就不能过于陶醉于自己河网地带小桥流水人家的农业文明。上海号称'海派'，其实所谓海派在人们的心目中只是指老上海对海外东西接受得比较多而已，还根本没有从本质上学到开放的海洋文化。利用世博会和建设航海—造船博物馆的契机，应该向海洋文化大跨度迈出一步！"[1]

总之，办航海—造船博物馆是上海义不容辞的责任，而江南造船厂的搬迁又为在保护重要工业遗迹的基础上利用江南造船厂旧址办航海—造船博物馆提供了契机，而且这一设想与世博会并不冲突，反而成为世博会的一个重要展示内容。

(3) 挖掘海洋文化深层次的人文内涵

从2005年的7月11日起，中国人有了自己的航海日，但是纪念航海日以及平常培养海洋意识需要有载体，需要有活动的场所，江南厂旧址就是一个理想的场所。

江南造船厂原厂长陈金海在接受央视采访时说，希望将江南造船厂旧址建成爱国主义教育基地。这使我们很受鼓舞，但是仅仅建成爱国主义教育基地是不够的！我们为什么从郑和七下西洋的辉煌迅速萎缩到闭关锁国？不是人们不爱国，我们必须从文化的深层次中寻找原因！

"海洋意识"、"海洋文化"到底包含些什么呢？

1. 唐修俊："对上海拆江南造船厂（办世博）及北京第一机床厂拆除的质疑"，《现代城市研究》，2004年第5期。

长期以来中国主要是一个农业国，我们农业民族有一个特点是善于在自己耕作的土地上等待，播下种子以后等待着老天爷下雨、侍弄着庄稼一点点长大，等着它成熟……而游牧民族和海洋民族的空间意识比较强，他们总是在寻找，寻找水草丰美的草原、寻找海产丰富的渔场、寻找两地货物的较大差价，从而能确保海上贸易得到丰厚的利润。例如："对迦太基来说，它的巨大的地产远不如它的海上利益来的重要。它占领西西里和科西嘉，与其说是为了地产，不如说更多的是为了打击希腊和伊特拉斯坎的贸易竞争者。"弗兰茨•奥本海还指出："城市市民，包括沿海商业城市居民的心理状态与陆地居民迥然不同……，因为他们在一天中所遇到的新鲜事远比农民一年中遇到的还多；对于源源不断的新消息和新事物已习以为常，总是渴望更新的事物。"可以说自古以来海洋民族特别是沿海城市居民由于交通、信息等方面的便利，得到了较多的发展机会 。[1]

美国战略家马汉大约一百年前研究总结了历史上的海上战争及其影响，提出了制海权决定一个国家国运兴衰的思想，直接促成了德、日、俄、美等国海军的崛起……[2]

在和平与发展为主旋律的今天，人类又遇到了一个新的严重问题，那就是陆地上的资源渐渐枯竭，我们必须到占地球70%以上面积的海洋中去寻找资源。

我们过去常说：落后就意味着挨打，造成我们落后的原因很多，其中重要一条是缺乏开放的海洋意识。而今天再不重视海洋，那就直接意味着失去资源，直接意味着要长期被封锁、被遏制……

但我所说"海洋文化"、"海洋意识"还不仅仅就是这些。没有比较是难以说明问题的，下面尝试通过对郑和与亨利王子的比较研究深入探讨西方海洋文化的内涵。2005年刘会远在《现代城市研究》杂志的连载文章大篇幅回顾了历史，本来这是不符合该杂志的专业范畴的，但是为了保护江南造船厂，为了帮上海这个号称"海派"文化的城市真正理清海洋文化的文脉，这个杂志和它的广大读者接受了对历史的长篇回顾。相信本书的读者更能接受（受篇幅限制，当初杂志删掉的部分内容又找了回来）。

① 对郑和与葡萄牙航海王子的初步比较研究

《新编剑桥世界近代史》指出："历史学家选择美洲的发现作为划分中世纪和近代的一个方便的时间……但是科学史或者思想史，尤其是欧洲的扩张史却都告诉我

1. 弗兰茨·奥本海：《论国家》，商务印书馆，1994，第71页。

2. 马汉：《海权论》，中国言实出版社，1997年。该书编选自马汉1900—1918年的四部重要著作，《亚洲的问题》、《欧洲的冲突》、《美国的利益》、《海权对历史的影响》。

们这种划分是武断的……哥伦布的伟大发现也是深深扎根于中世纪的一个漫长过程的组成部分。在他横渡大西洋的壮举背后，是葡萄牙在15世纪的一系列发现，最后找到了直达印度的航线。”[1]

那么在大发现之前，欧洲处于一种怎样的状态呢？葡萄牙学者雅依梅•科儿特桑研究葡萄牙的发现，也首先关注“深深扎根于中世纪的一个漫长过程的组成部分”。现概述如下。

在11—13世纪，奴隶出身的工匠、商人渐渐脱离了束缚他们的原始环境，伴随着都市的增加和扩大，劳动迅速分工，贸易进一步发展，欧洲出现了许多新的贸易中心、新的大集市，各国政府和教会当局都为商队提供向导和保护贸易，在欧洲这些大集市有助于各国人民接近和统一基督教世界。

伴随着时间的推移，下等人出身的商人、工匠等有了自由和尊严，他们的力量和经济上的独立形成了巨大的势力和政治上的自治，新阶级开始参与管理和领导国家。同时经济制度也发生了变化，各地出现了许多“行会”或被称为“汉萨同盟”的商人协会。信贷制度，保险业务的发展也配合了新的贸易形式。

接着雅依梅•科尔特桑指出：“城市新阶级的演变引起了社会的政治危机，在一定程度上这是由于城市已无法满足这些阶级对经济扩张的迫切要求。狭隘的本位主义的城市经济曾把都市提高到国家地位，在完成使命后，它不再为世界性贸易的扩张服务，而是背道而驰。这种显而易见的失败，加上14世纪中叶饥饿和黑死病在欧洲引起的人口危机，其必然结果是国民经济替代了都市经济。”[2]

另外，我们还不应忽视宗教的作用，十字军运动最终把罗马教皇确认为反对异教徒的有战斗精神的基督教教会的领袖，基督教世界对他们的最高利益有了共同的责任感。被黑格尔称为“萌芽状态现代科学”的经院哲学把进行推理的讨论的习惯引入了世俗文化，使人们普遍持有进行自由分析的态度。

十字军运动虽然未达到收复圣地的目标，但这场运动在科尔特桑看来却有利于欧洲的贸易发展。不仅密切了信奉基督教的各国之间的贸易关系，也加强了这些国家与近东处于萌芽状态的贸易关系，为欧洲的西方国家打开了通往东方的道路。

圣弗朗西斯科•德阿西斯创立的宗教组织——方济各会使基督从十字架走下来、

---

1. 《新编剑桥世界近代史》，中国社会科学出版社，1999年，第十五章。

2. 雅依梅·科尔特桑：《葡萄牙的发现》，丁文林等译，中国对外翻译出版公司，1997年，第84页、101页、106页。

走向全世界，与穷人结合在一起，并给了劳动以宗教上的尊严。《旧约》的精神是把上帝描绘成发怒的、遥远的长老，把人说成是永远带着原罪的野种，而方济各会则把上帝描绘成有爱心和同情心的上帝，说美丽的自然界反映了上帝神圣的形象，同时，又把人提高到能与上帝沟通和对宇宙充满着博爱。

教皇格列高利九世在歌颂圣弗朗西斯科的赞美诗中说道："新的人类从天而降并创造了新的奇迹。"[1]

还有一个背景需要交代：除了马可•波罗的游记和马里诺•萨努托的《艰苦的行程》外，中世纪最后三百年许多深入亚洲、非洲的方济各会修士写下了反映基督教信徒扩张主义的地理文学作品。例如，若昂•皮安•德卡尔皮诺的《蒙古王朝史》、奥多里科•德波尔代诺内的《描述东方》等。而拉依蒙多•卢略（1234—1314年）首先提出环行非洲去印度的计划。与大发现的起因有着密切联系的著作莫过于《了解世界上所有王国、领地和封地志》，其作者是14世纪下半叶初一位不知名的西班牙方济各会修道士，他被认为"在思想上是堂•恩里克王子更直接和更接近的先行者"。[1]

如果说方济各主义在创建新的宗教情感方面有极大的重要性，那么同时诞生的新阶级（特别是资产阶级）与宗教无关的世俗精神也成为中世纪社会的基本特点，这也为大发现的到来作了准备。长期进行贸易旅行的威尼斯波罗家族的马可•波罗可以视为是这一世俗精神的代表，"到了13世纪，世俗精神已经和民族精神融为一体。德国的弗雷德里科二世、法国的'美男子'菲利普以及葡萄牙的路易斯•达巴维拉和堂•迪尼斯，是首先体现了世俗精神与民族主义相一致的伟人"。[1]

现在我们该清楚伊比里亚半岛人是在怎样一种背景下开始大发现活动的。

由于奥斯曼帝国的兴起堵塞了陆上丝绸之路，造成了早在13世纪就已非常繁荣、活跃的位于陆上丝绸之路西端的威尼斯等地中海城邦走向衰落。当时西方上流社会已习惯于使用丝绸之路输来的东方产品，此时物以稀为贵"胡椒和银子一样贵重"、"肉蔻能与金子相提并论"，谁掌握了香料及丝绸、瓷器等东方商品的贸易，就能攫取高额利润。伊比利亚半岛人正是为了这高额利润，积极策划着他们的航海事业。而有利的地理位置也使他们成了从大西洋开辟通往东方的海上通道的前哨。况且教皇也给了葡萄牙王室和西班牙王室进行"发现"的许多特权。

---

1. 雅依梅·科尔特桑:《葡萄牙的发现》，丁文林等译，中国对外翻译出版公司，1997年，第119页、341页、632页。

葡萄牙王室有着先天的与航海事业的联系，堂•费尔南多是那个时代的第一个兼国王与船主为一身的君主，他颁布了向海洋发展的法典。其弟诺昂一世登基不久，取消了一些封建特权，从而团结了更多的航海资产阶级和专业人士。诺昂一世有几个优秀的儿子，其中堂•恩里克王子在1415年攻占休达的战斗中军功卓著“在组织北方船队和军事主动性方面，突出地表现出他是一个实干家，这一点与他的几个哥哥形成鲜明的对照，他们是思想家和学者”[1]。从此堂•恩里克王子渐渐成为葡萄牙航海和征战活动的组织者。

在这里我们不可能用大篇幅回顾历史事件，仅用雅依梅•科尔特桑的一段话作个概括：“堂•恩里克王子第一次使开发地球的想法变成了整个民族的计划，通过一种方法使这种想法具有了活力，有了系统性和科学性，并且能够持之以恒。由于他，人们研究了大西洋的风向和海流；发明了专门用于发现的工具——三桅帆船，来驾驭大西洋的风向和海流；在航海技术中引进了新的经验，利用天文学的方法观测纬度；清除了平空想象出来的岛屿，使地图绘制现代化，并成为现实经验的真实反映；把从未有过的广袤的大西洋航行路线图补充到旧的地中海海港地图集中；在船上安排了书记员，他们的工作由简单的缮写变成了记述地理和编年史；开始采用新的和通晓多种语言的翻译，这不仅有利于地理上的发现，也可以同新的人群进行接触；开始实行新的开发贸易和拓殖的方法：垄断技术，使外来的产品适合新的土地、公司、受赠人的辖区和商站—城堡的需要。总之，王子在葡萄牙点燃了发现的精神，把他自己的激情传达给了整个民族。”[1]

耐人寻味的是，郑和与堂•恩里克王子是同时代人。泱泱大国的郑和辉煌在先，如果他不仅仅是简单的效忠于明成祖，并拿出更多精力团结民间广大的海商（“商人的地盘是某个特定时代的民族地域或国际地域中的一块”[1]）说服或清除朝中的保守势力，他本来可以取得更大的辉煌。正像塞缪尔•P.亨廷顿指出的“要摧毁盘根错节的传统权益，常常需要动员新的社会势力参与政治……”[2]，但这是以他宦官的身份所难以

1. 布罗代尔：《15至18世纪的物质文明、经济和资本主义》，第二卷，第184页，三联书店，1993年。按照布罗代尔的这一观点，中国遍布南洋的众多海商和华侨正是中国（中国对外经济活动）民族地域或者国际地域的标志。这是一股强大的力量，却被明王朝的保守势力视为非正统、不忠，甚至是叛徒。郑和与朝中保守势力不同，对海商和华侨是温和的（仅仅把证据确凿的罪犯押解回国），但他也不可能超越时代的局限。

2. 亨廷顿：《变化社会中的政治秩序》，第129页，三联书店，1989年。

做到的。正如黄仁宇先生说的“1386年朱明王朝的成立，这在唐帝国发展的背景上看来，实系‘大跃退’。第三帝国与第二帝国根本不同之处，则系其性格‘内向’，缺乏竞争性。以小自耕农作国家的基础，非常显著”[1]。

郑和实际上是一个悲剧人物，而他的远航所获得的非常丰富的极宝贵的资料竟被朝中保守派付之一炬，则不能不看做是整个中华民族的悲剧！从某种程度上可以说，明朝宫廷里的这把小火比史学家们大书特书的秦始皇焚书的大火、八国联军摧毁圆明园的大火，都烧得更惨烈！因为它烧去了中国人走向海洋，建立并维持海上经济秩序的雄心！与此形成对照的是偏处于欧洲一隅的区区小国葡萄牙却把每一次海上发现所获得的资料都视为国宝，并为此建立了极严格的保密制度。经过举国上下团结一致的几代人的努力和积累，葡萄牙终于后来居上成为跨越三大洋的海上巨人！

我们在这里做这种无情的比较，是要提醒国人防止因改革开放20年取得了伟大成绩而产生浮躁情绪。同时，还要严肃地探究推动全球化进程的初始动力，以及其中生发出来的精神力量。

很显然以追逐利润为根本目的的新兴资产阶级在历史前进的这一重要关头起了关键的作用。更久远的威尼斯不说，早在13世纪，葡萄牙也已出现了航海资产阶级的组织——一个类似保险公司的协会，用古代教友会的形式组织起来，并在1293年得到迪尼斯国王的许可。后来堂•阿丰索五世以及后来的所有国王要么属于商人圣灵教友会，要么授予教友会很多特权甚至是司法的特权。布罗代尔认为：资本主义之成功端在它与国家互为一体，它本身即成为国家。葡萄牙的例子印证了布罗代尔的观点。“1385年，一场‘资产阶级’革命在里斯本建立了阿维茨王朝。这场革命把资产阶级推到了前排……”[2] 从事航海事业的资产阶级成了国家的主要支柱,并团结了国内各个阶层。雅依梅•科尔特桑曾生动地以教堂里的一幅壁画中反映的历史场面分析了这种团结，以及“对远方事物共同的梦想和期盼”[3]（郑和缺少的正是这样一个中坚阶级和广泛的社会基础），他们统一的基础是信仰向外扩张的天主教。而堂•恩里克王子和堂•若昂二世则是这一资产阶级和整个国家的杰出代表，他们组织的远航和探险有非常明确的目

1. 黄仁宇：《放宽历史的视界》，第164页，中国社会科学出版社，1998年。该书提及中国皇权时代的三个大单元，即第一帝国的秦汉、第二帝国的隋唐、第三帝国的明清。

2. 布罗代尔：《15至18世纪的物质文明、经济和资本主义》，第三卷，第144页，三联书店，1993年。

3. 雅依梅·科尔特桑：《葡萄牙的发现》，丁文林等译，中国对外翻译出版公司，1997年，第682—683页、1430—1431页。

的——把从印度到亚历山大有丰厚利益的贸易从威尼斯人手里夺过来，以里斯本为中心向外辐射到全欧洲。

同时由航海资产阶级所推动，由恩里克王子等精英所代表的“地理大发现”也为文艺复兴奠定了物质和精神上的基础。航海事业推动了航海、测量、绘图技术等新的科学技术的发展，中世纪以托勒密为代表的狭隘、僵化的宇宙观，随着地理大发现这场革命而轰然解体了。雅依梅•科尔特桑自豪地写道：“是葡萄牙在十六世纪前25年打开了新纪元辉煌的大门”，“人类突然认识到了自身的伟大和自然界的宏伟，从而在各个方面萌生了远大的抱负并开始了以实现其抱负为目标的伟大行动”。[1]

而郑和下西洋自然也极大地激发了中国人的自豪感，但这种自豪与以往“泱泱大国”、“礼仪之邦”的自豪并没有质的飞跃，反而成为重新走向封闭的新的思想依据。在郑和于第7次下西洋途中死去之后，中国又回到了闭关锁国的状态。

堂•恩里克王子死后，葡萄牙航海家们继续着他的事业。1497年达•伽马绕过风暴角（后改为好望角）后，葡萄牙人不仅沟通了大西洋与印度洋、太平洋的海上贸易，而且以武力迅速垄断了原来的印度洋与太平洋之间的贸易。这样被土耳其奥斯曼帝国骚扰和截断的陆上丝绸之路终于在海上又重新衔接和延长了，海洋成了欧洲地理学家笔下“伟大的公路”、“伟大的桥梁”。而澳门一度成了这个“伟大桥梁”的重要“桥头堡”。

② 中国人改变传统观念任重道远

表面上许多中国人都愿意接受海洋文化，但一遇到关键时刻常常会露出马脚。比如：我们是唱着或听着根据闻一多先生一首诗创作的歌欢庆澳门回归的，当唱到“Macau不是我真姓”时，许多人激动万分感到中国人百余年来的耻辱正在被洗雪！但闻一多先生在这里搞错了，葡萄牙人在澳门靠岸的地点是妈祖阁（俗称妈阁或妈祖庙）前面的小码头，葡人打听这里是什么地方，香客指着妈祖阁说：“妈阁”，葡人用他们的字母把“妈阁”拼写并记录下来，这就是“Macau”的由来。这个“妈阁”最初是由摆脱海上风暴的福建商人为妈祖娘娘还愿所建，是澳门最有代表性的建筑。用妈阁来代表澳门，命名澳门是顺理成章的事情。况且妈祖又是郑和舰队全体海员敬奉的神灵，是所有航海者的保护神，妈祖崇拜是澳门最重要的民间信仰之一，今天人们又在澳门建起了世界最高的妈祖雕像。我们说“Macau”不是我真姓，从逻辑上这带有对天

1. 雅依梅·科尔特桑：《葡萄牙的发现》，第1500页。

妃娘娘（妈祖）不敬和背离海洋文化、背离澳门传统的意味。

我们唱着、听着“Macau不是我真姓”收回了澳门的主权，葡萄牙统治者离开了，但葡萄牙人留下的体现海洋文明的传统不应轻易地被我们抛弃。我非常敬佩闻一多先生文学艺术创作和学术研究方面的成就，也更加敬佩他不畏强暴的斗争精神。但智者千虑必有一失，“Macau不是我真姓”可能就是那一失。有人指出闻一多青年时代在海外留学被人看不起的经历（特别是毕业典礼上一个白种女孩拒绝与他站在一起）对他一生影响比较大，这方面让心理学家和文艺批评家们去讨论吧，而我们就不要再扩大闻先生的那一点“失”了！

那么曾开创过全球化进程的葡萄牙为什么会走向衰落了呢？正如雅伊梅•科尔特桑指出的：“很少有民族像葡萄牙民族那样，为丰富科学知识而作出自己的贡献，进而为使理智不断战胜宗教信仰，世俗的精神和世俗文化，不断战胜宗教精神和宗教文化而作出贡献，这正是现代社会的特点。不幸的是，我们在帮助创立这种精神的同时，又背叛了它——这是葡萄牙历史可悲的自相矛盾，耶稣会的教师们在海外和在宗主国内的所作所为极好地反映了这一点。……正是那些曾经在亚洲、非洲和美洲发现并揭示了古代既没有涉及又没有掌握的新生活如此众多的形式、现象和活动范围的人，到了宗主国后却竭力摧毁自由的批评精神，而这种精神是人类进步的必要条件。”[1]其实，雅伊梅•科尔特桑还没有完全说到根本上，17世纪荷兰、英国逐渐形成的有效产权制度是促成他们商业和贸易繁荣的根本保障，而葡萄牙、西班牙的无效产权制度则必然导致他们的落伍。海洋文明的接力棒，从近代文明走向现代文明的领跑者的接力棒被传出去了。

今天，全球化的浪潮势不可挡，我国都市里的许多时尚青年（甚至中、老年人）欣赏着美国大片、韩国电视剧，享用着肯德基、比萨饼、汉堡包、阅读着外国及港台的文学作品，还有我国一些“与时俱进” 的作家、学者提供的文化快餐…… 他们很满足，认为自己已经现代化了，现代到几乎能同步得到发达国家国民所能得到的一切。

通过将开创了全球化进程的葡萄牙航海王子与郑和初步比较可以发现，我们许多人的现代化根本上就是残缺的，我们需要从大发现时代开始，补上“海洋文化”的功课，并跟踪现代化接力棒的传递，不断完成我们自己的制度创新！

当我们为了追赶和超越发达国家而疾跑的时候，适当地停下脚步检视一下自己是否带足了必需的装备还是很有必要的，否则我们最终难以达到目标。上海江南造船厂旧址将要建起的航海—造船博物馆就应该成为一个我们自我检视的场所。

其实我们还有一个更严重的问题：至今还没有对长期存在并在“文革”中达到顶点的“左”倾思潮做彻底清理。许多地方领导人不重视保护有代表性工业遗产，实际是受“左”倾思潮余毒的影响 。

弗洛伊德指出：“丢失东西也是症状性行为的扩展，丢失东西的行为与失主的隐蔽的动机密切联系。这种行为一方面表明人们对这个东西的评价较低，或者反对它的存在，或者对送他这个东西的那个人有反感，或者通过这种症状行为赋予这个东西特定的意义，丢失贵重的东西也是为了表达一系列的冲动，一方面作为压抑的思想的象征，即发出了一个信号，他很高兴忽略这个东西；另一方面（最普遍的原因）这是对自己的难卜的命运提供一种供奉品，以表明现在自己忠诚于自己的命运。”[1]

因我国许多重要的工业遗产与极“左”思潮泛滥时不被重视甚至被视为有害的民族资产阶级的企业，洋务运动中封建官僚办的企业，掠夺资源的帝国主义企业以及后来的官僚资产阶级的企业联系在一起，所以虽然今天我们一些领导满嘴的改革开放，抓住机遇，但他们的潜意识决定了仍要将那些工业遗产弃之而后快，并将之作为某种“供奉品”以表明自己对某种“命运”的忠诚！

如果我们不及时抢救，这些重要的工业遗产将因领导们“抓住机遇”大拆大建而荡然无存。而信息产业快速发展又强化了一些大都市的领导对工业（特别是传统工业）的嫌弃，这一点也应引起我们的注意。

其实从整个国家的发展进程来看我国正处在工业化的中期阶段，正处在一个大的社会转型之中，就是从农业为主导的社会向工业为主导的社会转化。根据一些发达国家的发展经历，在工业化的中期阶段往往会出现一个黄金发展时期，但同时这个时期也常常是矛盾凸现的时期。我们都认同要建设和谐社会（当然首先要注意防止贫富悬殊的进一步扩大），这里主要涉及大都市与周边地区的和谐，以及历史与今天与未来的和谐。

有前瞻性是一件好事，像北京、上海等大都市重点发展信息产业、会展业、金融业等等都是聪明的合乎潮流的举措。可是各个大都市的领导应该记住自己所领导的城市是属于全国的，而且特别应注意发挥区域经济中心、信息中心等作用。虽然因各种

1. 弗洛伊德：《日常生活心理病理学》，见《弗洛伊德文集》，长春出版社，1998年，第二卷，第179页。

原因传统工业大量迁往郊区和周边城市了，在大都市里现在发展最快的是服务业。但其实现代服务业最重要内容是生产者服务业（如金融服务、咨询服务、企业管理服务等），而且不受地域的限制（如通讯、互联网服务等）。生产者服务业还大多有关联效应和乘数效应。如物流业将运输、仓储、包装、咨询等行业整合创造出新的较高的利润源。再比如会展业拉动酒店、广告、旅游、娱乐等多个行业产生1:7甚至1:10的乘数效应。特别是以新技术的产生和各种创新活动为发端的新兴服务业在大都市里获得发展先机，然后会迅速向其他城市和地区扩张，例如用自己培育的高新技术与周边城市传统产业的传统技术结合，带动已迁往郊区的企业和周边城市的企业提高加工能力，特别是提高企业的自主创新能力和区域的各相关技术融合的集成创新能力，一起向工业化的更高阶段发展，而这也正是我们要举办世博会的意义所在。

某大都市一家著名机床厂根据市里规划的要求迁往郊区了，厂长雄心勃勃的要用置换土地多出来的钱更新设备。我们知道机床是生产机器的机器，这位厂长重新装备他的机床厂，提高创新能力，在某种程度上就是要用这个母厂来装备他的城市所属的各工业门类，国务院一位分管工业的副总理曾与这位厂长谈得非常投机，然而令我们的副总理惊讶的是这位厂长被免职了，因其想法与上级某工业局领导要利用工厂搬迁的机会搞房地产开发的决策不和。局领导能在房地产开发中赚到钱吗？（最近国家出台的调控政策扼制了房地产价格的虚高）即使赚到了钱是不是属于捡了芝麻丢了西瓜呢？若忘了自己（某工业局）领导的使命！岂不又是另一种“弗洛伊德丢失”。

虽然大量的传统工业迁往郊区和邻近城市了，但是在我们的大都市里工业文明不能丢，带动全国向工业化的更高阶段发展的雄心不能丢！而且在城市里保留一些有代表性的工业景观也是有意义的。

3.3.3.4 上海保护和利用有代表性工业遗产的新局面

继来自香港的罗康瑞先生改造利用传统石库门建筑的“新天地”取得轰动效应后，另一位来自台湾的登琨艳先生将苏州河边原属于杜月笙的旧仓库租下来进行了有创意的改造，以适应自己设计室的需要，并吸引来一些同行进驻。也有不少公司和团体临时租借他的场地聚会，当然如果你请得动登琨艳先生，他本人就是一个设计和布置会场的高手。

登琨艳先生因设计改造和利用南苏州路1305号旧仓库而获得联合国教科文组织2004年文化遗产保护奖。一时间设计师、艺术家租用改造旧厂房、旧仓库做工作室、画室等成为一种时尚，苏州河边也呈现出纽约苏荷区的风貌。

为什么这些设计师和艺术家偏爱老建筑呢？租金便宜固然是一个因素，老建筑所蕴涵的厚重的底蕴，以及苏州河畔独特的地理、历史环境都是吸引他们的重要因素，他们的灵感、他们的创意之树，需要扎根在营养丰富的土壤中。

最近登琨艳先生又有了新动作。在卢浦大桥附近坐拥200米黄浦江岸的一片园林式的工厂区里，登琨艳先生创办的上海创意产业园已迎来了第一批国际性的设计师团队进驻。

在这片工厂区里有1923年美国GE电子公司建造的末端直抵黄浦江岸（附属码头）的高大厂房，现在属于上海动力设备有限公司（工厂正门位于杨树浦路2200号）。有趣的是，作为被登琨艳先生改造后新生的创意产业园区，这个环境正在为新兴的创意产业提供着“动力”。虽然江南造船厂的工业遗产得到了保护，但它周围的工厂已拆得差不多了，以往以江南厂为中心的工业文化聚落已不复存在，但登琨艳创意产业园所在的夹在杨树浦路与黄浦江之间的那一片工厂区却依然保留着较完整的工业文化聚落形态，这应该引起上海市领导的重视。登琨艳先生曾很激动地指着与他的园区相邻的一片厂房对笔者说：“那是上个世纪初中国民族资产阶级创办的第一个印染厂（或染整厂）的厂房……”据说上海某大学正在对这片工业文化聚落的整体保护和开发进行规划。

今天与2004年初我们开始策划保护江南造船厂时的形势已经不同了，保护和合理利用有代表性工业遗产已经开始深入人心，我们相信江南造船厂老厂址最终会得到合理的保护和利用。

附录一

《德国工业旅游面面观》外一则[1]

——原东德Lausitz褐煤矿与西德RWE褐煤矿的差距

何俊涛　刘会远　李蕾蕾

图1　原东德大面积的农场

《现代城市研究》杂志原编者按：

本刊于2003年第6期至2004年第12期陆续刊登了刘会远、李蕾蕾的12篇连载文章《德国工业旅游面面观》，介绍了德国对废弃的或者正在使用的工业设施进行旅游开发的做法与经验，受到了许多读者的欢迎与好评。目前与这些连载文章内容相同的电视专题片即将播放，欢迎有兴趣的读者继续关注。

2005年深圳大学研究生何俊涛在德国实习时，同样由科隆大学苏迪德教授带队考察了原西德RWE公司褐煤矿（见本刊2004年第6期）和原东德的Lausitz褐煤矿，并在刘会远、李蕾蕾的提议和参与下，撰文对这两个露天煤矿的工业旅游开发进行了比较研究。由于我国一些采煤企业与原东德的Lausitz煤矿处境很相似，相信这篇文章会给读者带来新的启发。

和其他传统发达国家一样，德国经济曾依靠煤炭工业而振兴。20世纪60年代下半叶，因价格更低廉，更环保的新能源的应用，煤炭工业走向衰落。由于历史原因，西德和东德煤矿的开采方式和转型道路有许多不同之处。考察了原西德RWE公司先进的褐煤矿及周围复垦区的成功恢复的农业（请参阅《德国工业旅游面面观（六）》），我们怀着不一样的心情，来到东德，体验产业转型的另一面。

1. 原发表于《现代城市研究》2006年第1期。

图2　Lausitz褐煤矿露天矿坑植被稀疏，污染严重，湖面颜色黯淡

我们一早从科隆出发沿着高速公路横穿德国中部。苏教授提醒我们，经过前原东西德边境时一定要留意外面的景观。从车窗望去，西边是一小块一小块的农田，属于不同主人的各式农舍星罗棋布地坐落于大小不一的田野。到了东德，展现在眼前的是一望无际的大农场，面积达到5000亩（西德一块农田通常只有30—40亩）（图1）。农田边上是大型的用于储藏工具和收成作物的农舍。经历过农业合作化和公社化年代的中国人都知道造成这种差别的原因，大家从景观的差异能唤起记忆，农田是窥视历史分野的镜子。

很快，我们便到达Lausitz褐煤矿。Lausitz位于萨克森州莱比锡市南部，曾是德国三大褐煤产区之一。早在20世纪30—40年代，就有工业公司开发这里的资源，煤炭挖掘、化工、发电和机械制造成为支撑莱比锡发展的支柱。民主德国时期，国营矿业企业更是 "疯狂" 开发直到德国统一。1999年最后一台机器停止运行，Lausitz褐煤矿从此退出历史舞台。

苏教授告诉我们，学者们喜欢拿Lausitz褐煤矿和RWE褐煤矿做对比。我们从踏上煤矿的那一刻起就深深感受到二者的差异。

首先映入眼帘的是辽阔的旧采煤作业区，这和RWE褐煤矿周围起伏绵延的山地

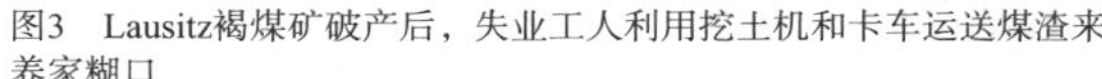

图3　Lausitz褐煤矿破产后，失业工人利用挖土机和卡车运送煤渣来养家糊口

图4　Lausitz褐煤矿利用挖煤与泥土喷洒一体机，边开挖边回填

景观迥然不同。东德褐煤的埋藏深度浅，煤层厚度薄，所以这里的露天矿坑面积要远远大于其他地方（图2）。由于煤矿已经停产，用来防止积水的设备另作他用，地下水喷涌而出充满了整个矿坑。地下水填满180多米深的矿坑只用了3天时间，想象一下是否有水漫金山般的壮观。

走进矿坑的边缘看到零星的挖土机和卡车在运送煤渣，听说操作这些机器的是因煤矿破产而失业的工人，他们为了养家糊口而“捡”煤矿的“破烂”（图3）。比起RWE煤矿既生机勃勃又严格有序的作业场面，Lausitz褐煤矿显得非常萧条并有些混乱。无情的历史并没有眷顾这个褐煤矿辉煌的过去，只留给参观者一声感叹，感叹岁月的变迁。

我们非常关注矿区的生态环境，但这里的状况并不乐观。战后，东德政府为了尽快恢复工业生产并赶超西德，在规划时没有考虑有毒物质和废弃物质的处理问题。经过半个世纪的积累，种种环境问题渐渐浮出水面。跟西德郁郁葱葱的矿区相比，摆在我们面前的只有稀疏的植物，大雨过后大量的沙土被冲进矿湖，严重的污染和水土流失使湖面变得颜色黯淡（图2）。

为了解决Lausitz褐煤矿的遗留问题，1995年德国政府根据《德意志联邦矿业法案》（German Federal Mining Act）成立了LMBV公司（The Lausitz and Central-German Mining Administration Company）。LMBV公司负责废弃矿区的规划、环境综合治理、复垦、居民安置、地产贸易、商业和旅游业开发。另外，当地的水资源管理和

图5　矿区改作非农业用途的规划图

图6　矿区拟规划改造为旅游、体育、娱乐等用途图

图7　指示牌向游客展示着Lausitz褐煤矿的过去

工程项目管理也由该公司承包。

但当询问这个巨大矿坑具体的改造计划，苏教授略带遗憾地告诉我们，由于东德时期留下了的复杂问题实在太多，大家都非常迷茫，目前仍在规划工作阶段。

其中一个重要问题就是复垦。RWE褐煤矿的甜菜种植区给我们留下深刻印象，但Lausitz地区却找不到一处复垦区。苏教授将问题归结为当年的目光短浅。复垦的前提是采煤前把原有的肥沃泥土转移并保留下来，西德煤矿就有长达30年的保护计划。可是Lausitz开采时直接把表层泥土挖走，富饶的土地变得非常贫瘠。另外一个难题是矿坑的土基。西部RWE褐煤矿采煤时挖出并储存的泥土再经过“漫长”的传送带运到专门的泥土喷洒机，然后均匀地铺在坑底，形成坚硬的土基。虽然回填的原表层土被存放过一定时间，但从现场看（或者从大时序来说）整个工程给人的感觉是边开挖边回填的。而东部Lausitz的挖煤机和泥土喷洒机是一体化的，随着机器的前进喷洒泥土的工作也在不断进行，表面上也好像是边开挖边回填，但因为没有专门收集表层土，结果土基的厚度不足（或者与沙石及矿渣相混）难以复垦，而且累计下来需治理的矿坑回填需要数十年时间（图4）。明智的办法就是把矿坑改作非农业用途，比如，商业、旅游、体育、娱乐等（图5，6）。

不过由于污染严重，最近一两年暂时以最“原始”的工业遗址面貌呈现给游客参观。这里目前还保持停产时的状态，没有任何旅游和商业设施。唯一能让游客驻足的就是一个小土堆上的指示牌，它像一本历史课本，向大家展示Lausitz褐煤矿的过去。

图8　依次摆开的采煤机的大刀片

图9　地下水涌入塌陷的坑道形成一条狭长的水道，这条水道规划改造为赛艇运动中心

图10　巨型矿坑形成的淡水湖将成为欧洲重要的水上运动中心

图11　冷清的居民安置区

图12　矿区的乡村气息将被保留，以吸引大都市的人前来居住或旅游

图7旁边摆放着采煤机的大刀片，假如它们有生命的话，“眺望”着自己“工作”过的地方，唯一的感受就是沧海桑田的变迁（图8）。

然而，一些污染比较轻的矿坑已经被改造为旅游休闲度假区。离开那个废弃的矿坑往南走，公路边是一条狭长的水道，它是废矿坑道的钢支架拆除后地面沿坑道走向形成塌陷，地下水涌入形成水道。根据规划，它被改造为赛艇运动中心（图9）。

走到水道尽头眼前豁然开朗，原来这里是一碧千顷的淡水湖。凉爽的微风轻抚着脸，感到空气格外清新。在这里人们深深投入大自然的怀抱，心中的所有烦恼都抛到九霄云外。怎么也没有想到这个天水一色的湖竟然是巨型矿坑，在为人类的力量喝彩时，不禁又觉得在大自然面前我们是多么的渺小，我们始终享受着大自然的恩宠，却没有自觉地善待自然……这个湖如今是周末旅游胜地，人们开房车来到湖畔，在湖里驾驶帆船。不久，这里将成为欧洲重要的水上运动中心（图10）。

最后我们来到矿区的居民安置区，看不到西德安置区欣欣向荣的景象，一切都那么冷冷清清（图11）。听苏教授介绍，东德采煤时将整个村庄迁走。停产后原矿区又重建了各种建筑，但大部分居民不愿意回迁。由于莱比锡有大量工业区而缺少乡村景观，有关部门计划将这里的建筑重新装修，保留乡村气息以吸引大都市的人来居住（图12）。

参观RWE褐煤矿时的心情是惊奇与兴奋，但在Lausitz看着荒凉的废弃煤矿心里有着丝丝的沉重。不仅是对于历史兴衰的感触，也是为人类的某些短视行为而感到痛心。Lausitz的难题是德国从现代化向后现代社会转变过程中不可愈合的伤疤，希望中国在伟大复兴中少走这样的弯路。

附录二

电视专题片《德国工业旅游》(学术交流版)
解说词及专家点评

编者按:

2006年9月底中央电视台第十套节目连续三天播出了电视系列专题片《德国工业旅游》,播出版是三集。根据学术界的要求,为适应教学、科研的需要,我们又编了资料更翔实的学术交流版,共九集并穿插了四次专家点评。这里将专题片《德国工业旅游》(学术交流版)解说词及专家点评作为附录收入本书,而播出版的解说词已基本被学术交流版所涵盖,为避免重复就不收录了(中央新影声像公司已出版发行DVD)。

为方便读者将解说词与电视画面相对应,我们特意保留了编辑脚本的部分场景提示。

第一集 世界文化遗产——格斯拉尔市拉默斯伯格矿山博物馆

刘会远 李蕾蕾

2003年9月由中国中央电视台和深圳大学专业人士组成的摄制组受科隆大学苏迪德教授的邀请赴德国拍摄《德国工业旅游》电视系列片。

[机场 与苏迪德相会

苏迪德教授在法兰克福机场迎接摄制组。

[字幕:苏教授、中英文名、职衔

苏教授曾在中国中山大学讲学,很了解中国,他说中国的空中交通枢纽放在政治中心——首都北京机场,但德国航空业的枢纽位于原西德中部的法兰克福,当然枢纽航空港的形成是多种原因交互作用的结果,但由这一点也多少可以看出中德两国不同的传统。

[苏教授接受采访画面,只保留与解说词相同内容的话作为环境声

我们在法兰克福并没有采访任务,但既然经过法兰克福,尽管天色已晚,苏教授还是带我们瞻仰了位于法兰克福市内的歌德塑像,不仅是德国人自己,就是我们这些

外国人也认为，歌德代表了德国的灵魂。

[清晨 雨中的格斯拉尔

我们从一座古城开始介绍德国的工业旅游，现在是早晨六点钟，这里是格斯拉尔，位于哈茨（Harz）山麓，这座美丽的古城因公元968年哈茨山拉默斯伯格矿出产白银等有色金属而发展起来。1050年国王亨利二世在此修建了城堡，从11世纪到13世纪有多次帝国议会在这里召开，格斯拉尔一时间成为德国乃至欧洲历史的中心。

[雨中的皇宫城堡 接帝国地图扩张动画及亨利一世、鄂图一世等画像

这是一个什么样的帝国呢？自公元919年原属东法兰克王国的萨克森公爵亨利一世（919—936年在位）建立德意志王国，亨利一世及他的继承者鄂图一世（936—973年在位）实行强兵黩武政策，公元961年鄂图一世利用罗马教皇请求镇压反教皇的罗马贵族的机会，占领了北意大利。为此，教皇加冕他为“罗马人的皇帝”，德意志王国从此改称“罗马帝国”，后又改称“德意志民族的神圣罗马帝国”——而历史学家则称其为德意志历史上的“第一帝国”——其实这个称号只表现了德意志统治者的虚荣心，当鄂图一世及后继者亨利二世等把主要精力徒劳无功地放在意大利的时候，德意志本土的世俗封建领主们则利用这个机会加强割据势力，皇帝徒有虚名，他的基本收益主要来源于自有的领域。在这种形势下，拉默斯伯格矿山出产的白银对于支撑所谓神圣罗马帝国的正常运作是多么的重要。

[雨中格斯拉尔无人的街道

雨淅淅沥沥地下着，格斯拉尔城还未醒来，但来自中国的摄像师已经用镜头来探访这个古老的城镇了。

如今德意志第一帝国甚至希特勒的第三帝国都已经离我们远去，但这座沉积着哈茨地区历史的古城格斯拉尔依然向我们述说着这里曾经因盛产白银而富甲天下的历史。至13世纪，小镇已加入了汉萨同盟，金属商们纷纷向英国和法国扩展生意。1500年矿山开采达到顶峰时期，木结构的房子被商人们装饰得越来越豪华。

[雨中格斯拉尔有人的街道

雨淅淅沥沥地下着，格斯拉尔渐渐地醒了，被中世纪行会会馆的凯泽世界、哥特式风格的市政厅等古老建筑所包围着的集市广场上，小贩们开始准备迎接顾客。这个集市广场有着古老的历史。目前中国的城市正在兴起一股广场热，但那些表明市长政绩的广场却常常修得大而无当，没有实用价值，甚至割裂了本地的历史文化传统。在德

国，广场都是非常实用的，可以用来举行仪式，迎接贵宾，也可以提供给引车买浆者作营生，你看作为格斯拉尔象征的喷水池上闪耀着金色光辉的帝国之鹰，如今也淹没在贩夫们的摊位中了，以这只鹰为中心，广场地面铺装的古老石板的放射性纹路也让人难以辨认，这是一种亵渎吗？不，这正是一种非常正常的德国景象。

[雨中街道 万钉洞穿的头像

雨淅淅沥沥地下着，除了金色的帝国之鹰，在这个盛产有色金属的城市里还有不少金属雕塑和矿石标本陈列在市区的各个角落，在市场广场和教堂之间这段短短几十米的巷子中一个被万钉洞穿仍顽强倾听的巨耳头像吸引了我们的注意，它代表了什么？在白天天晴的时候，会有许多市民和游客坐在这里小憩，“巨耳”可以听到人民的声音，但为什么要付出被大钉洞穿的代价？或许这又与格斯拉尔的另一个别称——“女巫之城”有关。当地有个传说，即在哈茨山区的主峰布罗肯峰上，每年的4月30日到5月1日的夜间，女巫们要和魔鬼一起举行宴会庆祝冬天的过去。歌德的《浮士德》也描写了这个有名的传说。每年4月30日晚上，格斯拉尔的妇女们扮成女巫在广场上表演，一派狂欢情景。这个巨耳头像也许就是被女巫施魔法的结果。

[雨初停的街道，汽车通过，湿的地面反射着汽车的灯光

雨渐渐停了，一辆辆汽车穿过古老的街道，给这座古城带来了一些现代气息，格斯拉尔旧城区的房屋有三分之二是1850年以前的，而且绝大多数是木结构建筑。其中有168座居然建于1550年之前的中世纪。如今这些房子依然被精心保护和使用着。

[汽车驶过

当这些汽车从古老建筑旁疾驰而过时，你可以感受到古代与现代的强烈对比，感受到德国人既小心认真又粗犷豪放的双重性格。

[皇宫城堡

天晴了，摄制组又开始了一天的工作。

[主持人出现

主持人：现在我们来到了格斯拉尔，王宫、教堂和矿石标本构成了这个城市的主要特色……

是的，矿石和皇宫城堡反映了这个城市的特点，1992年因矿而兴的格斯拉尔古城连同被连续开采了千年的拉默斯伯格矿山一起被联合国教科文组织确认为世界文化遗产。下面就请观众跟着我们摄像机的镜头来了解一下给格斯拉尔带来了财富和荣誉

的拉默斯伯格矿山吧。

[拉默斯伯格矿山大门、院落、建筑

今天我们先认识了因矿而兴的古城格斯拉尔，然后再来认识矿山，有趣的是我们对矿山的考察也是倒叙式的。

[被包的矿车特写，停产的历史画面

有着一千多年开采历史的拉默斯伯格矿山在1988年停产，这在格斯拉尔，在整个德国都是一件大事，著名装置艺术家Christo（就是曾经把柏林议会大厦包起来的那个家伙）特地赶来，把这个千年矿山的最后一车矿石打了个包，使之成为永久的纪念品。

[倒转的矿山标志

自矿山停产后，矿山标志——两把交叉的铁锤被倒转了过来，但这座矿山并没有被尘封，部分坑道和厂房被整修后成为（有色金属）博物馆，现在让我们在心里把这个矿山标志再反转过来，一起在博物馆里重温一下采矿的历史吧。

[画室、墙上的画

这个画室以前是矿物测试车间，这些画都是艺术家们用这个矿山出产的不会褪色的矿物颜料来进行创作的，已成为博物馆的重要藏品，这些反映轰轰烈烈生产场面的画作把我们拉回到过去的时代。

[被灯光强调的墙上铆钉

这些锈迹斑驳的铆钉被特意装置的暖色灯光所强调，既透出历史的沧桑感，又显示某种装置艺术的美。整齐排列的铆钉又像是一个方向标，指引我们走向这个矿山的过去。

[书店。博物馆长介绍

博物馆长介绍说，这个矿从公元968年就开始开采了（他翻开一本书）书中的这幅地图反映10—11世纪该矿山的情景。

[矿工冲凉更衣房，金属网上幻灯打出的矿工映象若隐若现

这里是矿工下班时洗澡和更衣的地方，一切都保留着原来的样子，几片金属网上幻灯打出的矿工身影若隐若现。馆长说他们追求的就是金属网上的这种若隐若现的效果，这间更衣室里曾经挤满了工人，他们在这里留下了许多痕迹，现在虽然已人去屋空，但他们的音容笑貌依然会时常在这些金属网上若有若无地显现出来。如果用

电脑或录像重播过去的场面不会有这样的效果，而且洗澡更衣的场面太具象了也不雅。

[院中矿石标本

馆长解释：这是一块有着390年历史的矿石所雕塑出来的艺术作品。这个矿区和城市有10个这样的矿石雕塑。它们被不同的艺术家设计成不同的艺术作品。每个矿石雕塑代表1个世纪，从而反映出该矿区大约1000年的采矿历史。这10个矿石雕塑，有5个摆放在矿山，另5个摆放在城市各处与矿山有着各种联系的地方。（矿石雕塑中手印的特写）艺术家创作的手印表达了矿工对于矿石的处理。

[院中井架

馆长解释该矿山的整个矿物处理过程都充分利用了重力作用，以节省劳力。矿石被开采出来后从最高的井架开始顺着沿山坡而建的工厂各个车间经历着粉碎、分选、洗矿、冶炼等一系列的工序。

[逆着矿石处理的程序从下而上参观

这些至今还可以转动和振动的机械，有的用来粉碎矿石，有的是在选矿过程中加了不同的化学品后，再给以搅拌让化学反应更为彻底，以使各种有色金属矿更有效地分离出来。

[升降机口、斗车提上来，顺势而下

我们逆着矿石处理的程序来到升降机口，这里是整个选矿厂的最高点，装满矿石的斗车被从矿井提升上来之后，矿石在下行的过程中经过各车间的选矿程序被精选，最后被冶炼成金属。

[进入隧道的小火车

按照溯源逆向参观的顺序，我们又进入了地下。

[体验用风钻或铁锤钢钎在洞壁上打眼

矿井中各种设施得到了完整的保护，观众可以体验以风做动力的风钻在洞壁上打炮眼；也可以体验更原始的方法，用铁锤钢钎打炮眼。过去炮眼打好后，在里面装上炸药，点火一炸，矿石就从掌子面炸下来了。

[水动木轮

这是一台用来抽取地下水的木制机械，有趣的是它本身也是用水驱动的，不过从山上引来的水驱动了机械后要小心地从这个平面上引走而不要流入下面的深井。

[色彩斑斓的洞壁

隧道里，最吸引人的就是洞壁上这些色彩斑斓的矿物质。虽然这个矿已经失去了开采价值，但各种伴生的矿物质被地下水溶解后渗出，又凝结在洞壁上。你看：绿色和蓝色是氧化铜、白色是氧化锌、暗红色是氧化铁、黑色是氧化银……

[孩子们进出博物馆

怪不得孩子们都喜欢来这个博物馆参观，平常我们人类生活在地壳与大气这两个圈层的界面上，博物馆保留的矿井隧道使人们能深入地下神秘世界。我们相信，来此领略了地下神秘世界的孩子们将来会有许多人成为矿业工程师。

[一处深入展馆内的矿脉

就要离开地下世界了，当我们要迈入新建展馆的时候，看到一段含矿的岩层延伸进入展馆内。它既是展馆的地基，同时也是展馆的展品，告诉人们矿脉是怎样在岩层中延伸的。

[矿石标本展厅

你看，这些矿石标本像珠宝一样陈列在设计新颖的玻璃柜中。

[展厅的一面旧墙

这是新展厅与旧厂房的结合部。博物馆的设计者故意保留了旧墙的原貌。

[一处被凿开门洞的选矿池

追求真实是这个博物馆的最重要的原则，但有时为了让观众探究选矿机械的奥秘，会对原选矿设施作一些改动，但改动的痕迹非常明显，这些痕迹在告诉观众，这里被改造过。

[一块古代路面

这是块古代的路面，留下了车轮碾过的深深轨迹。俗话说，前有车，后有辙。将这块凝固着历史轨迹的路面庄严地陈列在这里，象征着矿山博物馆深刻的历史反思。

[古代生态破坏的画面

千百年来，开矿需要坑木，冶炼也要燃烧木头，曾给生态带来巨大破坏。博物馆真实地展现了这段历史教训。

[“二战”苦工画面

在第二次世界大战中，这个矿也使用了大量从被占领国家抓来的苦力，博物馆也没有回避这段历史，甚至追踪这些昔日的苦力到外国对他们进行访问。

只有尊重历史的人才能赢得人们的尊重。

[独角兽特写

这个长着角的马似乎是一个圣物。在中国有许多"马刨泉"一类的地名，是说泉水的发现是被某某马踏出来的。这个矿的发现也有类似的传说。

[琳琅满目的展品、铜钟等

这个展厅里的展品，都是不同历史时期用这个矿山生产的有色金属制造的。它记载了矿山昔日的辉煌。

[音乐起、铜钟等特写

在这琳琅满目的展品中我们听到了历史钟声的回响。

[钟声中推出歌德剪影和诗句

歌德在写给矿工的一首诗里这样问道："是谁帮你们觅宝、幸运地公诸于世？只有靠聪明和诚实的帮助；这两把钥匙让你们打开每一座地下宝库的大门。"

[矿井隧道中渗出五彩斑斓矿物质的洞壁

是的，只有靠聪明和诚实才能在这五彩斑斓的神秘的地下世界觅宝，也只有靠聪明和诚实才能寻觅到人类曲折发展道路的真正规律。

只有了解矿工在黑暗地下世界的艰苦工作，只有经过艰难的探索真理过程的人，才会像歌德在临终时那样喊道："光，再多一点光吧！"

[迭出法兰克福黑夜中的歌德塑像

第二集 世界文化遗产——古老而雄伟的弗尔克林根炼铁厂

刘会远　李蕾蕾　唐修俊

[路上，不断靠近工厂

在前面一集中我们介绍了拉默斯伯格有色金属矿，它是作为格斯拉尔市的一部分，与整个古城一起被认定为世界文化遗产的。现在我们要介绍的弗尔克林根炼铁厂是德国第一个被单独作为世界文化遗产认定的工业遗迹。

[进入大门

弗尔克林根炼铁厂位于德法边境德国最小的州——萨尔州的弗尔克林根市。它建于第二次工业革命期间的1873年，在1890年前后就已是当时德意志帝国最重要的炼铁厂之一，而且代表着第二次工业革命时期炼铁业的最尖端技术。1986年，这座炼铁厂停产，但是保住了基本部分，今天它成为工业博物馆，吸引了许多游客前来参观。看，一群青年学生鱼贯而入来到工厂。

[馆长和大家在一起

馆长Mendgen先生在苏迪德教授的介绍后对我们的到来表示欢迎，并热情地向我们介绍博物馆的有关情况。

[Mendgen接受采访的画面

一般来说，德国工业化的历史对于我们的社会非常重要。具体来说，这个地方的炼铁厂保留了19—20世纪之交那个年代最后的炼铁厂。这就是这里的背景。我从1998年起开始积极宣传这个联合国教科文组织认定的世界文化遗产。

[通过旋转栏杆门，进入博物馆

尾随着前面的青年学生，验门票后我们进到了博物馆里面，映入眼帘的便是林立的高炉和管道。在馆长的带领下，我们来到了炼铁厂的备料车间(矿石堆场)。这个车间已被改造成摄影和图片艺术展厅。此时，一个纪念“9·11”事件的摄影图片展览正在进行。

[展厅内部

在过去正常炼铁时期，精选后的矿石或加工过的矿石烧结块等原料就存放在这里面。矿石、焦炭以及其他一些辅助原料就是在这里通过筛分、给料、称量等确定的装料程序后通过上料机运至炉顶的。

[镜头扫视周围

而如今早已停止炼铁，特别是1996年这里被认定为世界文化遗产后，巨大的堆场还能有什么用途呢? Mendgen先生给我们解释了铁矿石堆场的再开发利用的理念。

周宇：这个本来是原料堆放的场所，现在却用来办展览，您当初是怎么构想的?

Mendgen：这个地方历史上是通过炼铁获得收入的，而现在成为了一个历史纪念地、文化场所。它必须有新的获得收入的方式，因此我们将这个铁矿石堆料场转化为展览空间。在这里必须显示两种东西。一种是作为工业历史纪念地，你已经看到我们保留了这里的所有历史细节，但另一方面，这里还必须是一个成功的展览场地。因此，我修建了一个门、展示廊以及这个空间。我们很幸运，我们有很多参观者，现在，每年有超过15万的参观者，参观人数还在上升。因此，我们认为这个文化中心的理念很好。

[镜头转动对着天车轨道旁的一幅幅画

的确，在富有历史感的旧厂房里举办一些历史文化展览是一个很好的理念，就拿正在进行的纪念“9·11”事件的展览来说，你看，这一幅幅画面不正像从天车轨道滑过来一般吗？钢结构世贸中心的残骸也得到了厂房锈蚀的钢结构框架的衬托，旁边还保存的原料似乎在提醒人们这里的一切都会被送往历史的大熔炉。

[接韶钢、漏斗、振动筛

让我们看看还在生产的铁厂的高炉是怎样运作的吧。你看原料从漏斗漏下来后，经过振动筛进入斗车，这个斗车再经过上料机长长的斜轨道被送入高炉，最后成为新的铁水。

[铁水包倒铁水、铁花飞溅

这一切不是很有象征意义吗？真有点儿东方哲学“轮回”的意境。你也能深刻领会到物质不灭的真理。

[走出展厅，通向高炉的路上

周宇：Mendgen先生，我们身后的建筑已经是锈迹斑斑了，看上去……那么你给我们介绍一下眼前这一切吧。

Mendgen：你看这里有6个高炉，每一个高炉每天可提炼1000吨的铁。为了使高炉工作，你需要矿石、焦炭以及可以将其传输到高炉的运输系统。你还需要一些空气、热空气。因此，你需要鼓风机。在那个方向你已经看到的机房就是鼓风机运行的动力机房。炉料运输系统就是这座像桥一样的设备，装料车在上面跑动的时候就像旧金山的缆车，以便将炉料运送到高炉的顶部。然后还要运送铁矿石和焦炭。铁矿石被存放在那个地窖式的库房，目前我们正在那里举办一个“9·11”的图片展。在这个高炉的前方你可以看见右边的烟囱。在稍远处，你看见一个高炉。在这些高炉的左右两边是风加热器（也就是考珀炉）。意味着你要推送到高炉中的空气要很高的温度，因此，你要先加热空气。这些考珀炉就是要用煤气来加热空气，煤气用来加热考珀炉。特别有趣的是，这里具有不同年代的考珀炉。我们有1858年的考珀炉，这个考珀炉现在被用作一个瞭望平台，你可以上到顶部。这个是1970年代的，因此比较新。这左手边的是1916年的。它们建于“一战”末。因此，“一战”时这个地方就具有了现在的规模。

[爬高炉

我们跟着Mendgen先生开始沿着梯子攀登高炉。

在这个平台上，我们不但可以看到炼铁厂内部的各个系统，还可以看到弗尔克林根世界遗产地的周边景观。

周宇：Mendgen先生，您能不能简单介绍一下这个钢铁厂周围的环境，咱们边走边聊。

Mendgen：我们看到的面前的这一切都是世界文化遗产。例如，这是一个水塔，主要用来冷却熔炉。左手边是鼓风机的动力机房，用来制造高炉燃烧过程中需要的热风。鼓风机房的后面一个巨大的蓝色方盒子形建筑是一座现代化的钢厂，它生产钢材，仍然运行着。远处你可以看见一个发电站的两个塔。在它前面你可以看到弗尔克林根这个城市中心的教堂和市政大厅的塔。在它前面的是世界文化遗产地的一部分，是一个工厂，铁矿石从那里被运送到高炉。我们所站的地方是一个考珀炉。你可以看到好多巨大的考珀炉。另外，每一个高炉的上面都有一个小房子。这种小房子里面包含用来打开高炉的技术设备。然后，你可以看见4个管子从高炉伸出来。煤气以及烟尘就是通过这些管子从高炉中排出。这些烟尘和煤气被清洁后可以重新利用，我刚才说过，它们被用来加热考珀炉。在后面你可以看见还在运营的轧钢厂Saarstahl公司。这是6号高炉。在6号高炉的后边是一个焦炭厂，你看到焦炭厂看起来像乡村景观，里面新长了一些树木。这是一个问题，我们不能保留这个地方所有原来的东西的原貌。

周宇：那两个小山包是什么呢？

Mendgen：那两座小山包是炉渣山。你知道从高炉出来的不仅有铁还有炉渣。炉渣是一种废弃物。这些炉渣通过吊车被运送到那里。有趣的是那两个小山包的名字是这个工厂的前主人的名字，分别叫Hermann和Dorothea。

周宇：这两个小山包存在有多少年了？

Mendgen：他们从1885年开始在那里倒炉渣，一直持续到1986年。这里你看见的是煤气塔。这储气罐至今仍在使用，为那个蓝色的盒形建筑即钢厂服务，仍在使用。

Mendgen：你看，世界文化遗产正处在仍然在运营的炼钢厂的中心地方。这3个考珀炉，以及这整个一片包括高炉，都是1916年建成的。也就是"一战"时建成的。因此，它们一直在运营甚至在战争期间都在运营。这是一个仓库建筑，是由法国人在1950年代建成的。这一点很特别。因为第二次世界大战后萨尔省属于法国。这说明法国人一直在建设这个地方，并使其生产铁的规模越来越大。那些平房是给维修用的。历史上有一大批工人要为这个工厂做维修和维护的工作。那里有一些小的维修车间，现在给大学的艺术系使用。艺术系在那里建了很多小艺术室。通常学生在那里从事一些艺术项目的学习和工作。

[从高炉下来，路上，密密麻麻的铁架轨道

听完Mendgen先生对整个炼铁厂的大致介绍后，我们沿着长廊往多媒体放映室走，这时，那些参观的青年学生也来到了长廊。这密密麻麻的铁架轨道就是取料斗车从备料车间到高炉顶部的通道。

[镜头对准高炉群下

高炉群下方是过去出铁水和铁渣的地方，停止生产后曾有制片公司在这拍过恐怖电影。而现在恐怖电影场面和出铁水和铁渣的场景都已被茂密的树林所覆盖。现已有学者对曾被工业污染的土地上生长出来的植物进行研究，称之为工业生态学。但也有少数学者坚持，炼铁厂应保持它的原貌。

[多媒体放映室

这里被改造成多媒体放映室看着荧光屏上的画面，我们仿佛经过一条时光隧道回到了弗尔克林根炼铁厂红红火火的年代，从画面中忙碌的炼铁工人身上我们能够看到德国在第二次工业革命中迅速崛起的气象。

[展览室、汽车车身、光彩夺目的勺子、工作服

放映室旁边是展览室，里面有一些用弗尔克林根炼铁厂的钢铁所制成的产品，由薄钢板轧制成的汽车车身和光灿灿的勺子可能就是其中的代表吧。这儿还有一些工作服和劳动工具，看到它们，总不由得产生一种对工人阶级的敬佩之情。展览室里还陈列着许多反映炼铁工业的图画艺术作品。

周宇：像这幅画是反映人们在过去历史上炼铁的场景吗？

苏迪德：是的。我们现在在这里看到的是艺术作品，一些来自欧洲不同的博物馆的绘画作品的复制品，主要反映炼铁的历史。这是一个非常有意思的艺术作品展示场地，因为这里原来是一个废旧的炼铁厂，过去铁矿石就是在这里被准备和混合好，然后被送上熔炉。因此，我认为在这样一个场景中，用来自不同国家的历史图片和油画，来展示和表现不同的历史世纪，铁是如何生产出来的。例如，这幅图片可能是16—17世纪的，表现的是当时古老的熔炉，与离我们这里仅几米远的更近期的熔炉是一个绝好的对比。

另一边，这幅现代艺术作品展示的是同样的概念，用来表现炼铁场的不同过程。两个工人在轧钢厂处理一个长长的钢产品的工作情景。这幅油画显示了弗尔克林根（Voelklingen）这里的高炉。因此，这是一个非常好的场景。

[动力机房

听说动力机房有一个世界千年文化年表展，这引起了我们的兴趣，连忙赶去。还未到动力机房，我们在电梯里就听到了机器的轰鸣声，这其实是播放过去生产时的录音以增加历史感。几个巨大的飞轮首先映入我们的眼帘，它们是为鼓风机等提供动力的设备，鼓风机产生的风经热风炉加热到一定温度后再进入高炉。有关资料记载，这个由蒸汽推动的巨大的轮子过去通常是以每分钟75转来为鼓风机提供必要的动力，而飞轮上的线圈还可以用来发电。鼓风机上的许多细节表明了1905年到1914年机械工程技术的概况。

[镜头对准飞轮和墙上的画

站在这巨大的飞轮前你能感受到推动历史前进的动力。而把这些反映历史进程的展览放在有巨大飞轮的动力机房确实是恰到好处。

[来到卖纪念品的地方，旅游信息中心

从展馆出来，我们来到旅游信息中心，里面各式各样的纪念品琳琅满目，就连锈迹斑驳的铁锭也被作为纪念品来卖。不过，最让人注目的还是这个绕轴转动的记载着弗尔克林根历史文化大型画册的画面，画面的转动仿佛联系着炼铁厂的兴衰荣辱。

[转韶关钢铁厂远景

让我们来对比一下吧，这是中国经济最发达的省份——广东省的规模最大的钢铁厂——韶关钢铁厂。这个厂的经济效益非常好，年产三百多万吨钢铁。

[回到弗尔克林根炼铁厂高炉远景（从山上拍摄）

你发现它们的不同了吗？弗尔克林根炼铁厂的高炉比较密集，很有气势，而它们比韶钢的历史要早半个多世纪，这也许就是它能够成为世界文化遗产的原因吧。

[铁厂全景

这座炼铁厂看起来残旧，但在人类科学技术飞速发展的时代，它只代表了我们的童年。

[远处两座铁渣山

远处是有着100多年历史的两座废渣山，那时也许还没有利用高炉渣制造炉矿渣水泥的技术，所以长年堆积的炉渣成了两座高高的山，炉渣山现在差不多已被植物覆盖，这也使它成为当地的一大景观，它就像大地母亲的一对乳房，给她筋疲力尽的儿女重新注入力量，然后诞生出一个新的超越工业文明的文明。

第三集 世界文化遗产——关税同盟煤矿

刘会远　李蕾蕾

[现为红点博物馆的原动力机房，进进出出参观的人群

这是埃森市一处典型的包豪斯风格的建筑群，简洁的立方体形状、对称而又和谐，有一种内在的撼人心魄的力量。所谓“包豪斯”是瓦尔特•格罗皮乌斯1919年创办的一所艺术造型学校的名字。

可是今天，你在位于德绍的包豪斯校舍遗址也看不到如此经典的包豪斯风格建筑了。

[厂房间人们走动、回到动力机房前

这个精美的建筑现在是北威州设计中心和红点设计博物馆，但它过去是用来做什么的呢?

[草地、休息玩耍的人们

看到在草地上休憩的这一些人，你难以想象这里曾经是工矿企业。

[镜头从草地人们上摇

这个高楼的窗户构成了一条轴线，沿着这条轴线向上看去，楼顶上出现了高大的井架和井架之上对称的巨大天轮，噢，我们明白了——这里曾经是一家煤矿。

周宇： 提起采煤业，相信我们中国的朋友都会非常的熟悉，因为在我们国家的山西、新疆等地都有许多大规模的煤矿，但是一个已经不能工作的煤场被联合国教科文组织命名为世界文化遗产，你可能就闻所未闻了。现在我就带您去看看……

[人类文化遗产条幅

这可不是一家普通的煤矿，2001年它被联合国教科文组织认定为世界文化遗产。这已经是德国被定为世界文化遗产的第三家工业遗产地了。

[苏迪德接受采访

Zollverein（关税同盟）就工业遗产而言是德国也是欧洲非常重要的一个地方。关税同盟是一个煤厂，是1928—1932年间从以前古老的采煤活动的基础上建立起来的。那时它是整个欧洲最现代的煤矿。说它最现代主要是由于它采用的生产的合理化流程以及与之配合的设计非常合理的建筑。

两位鲁尔区的，也许是整个德国的，最重要的建筑师——Fritz Schupp和Martin Kremmer设计了这座煤厂，（生产流程的）每一个细节都做了设计。这个煤厂显示了一种生产的专业化、建筑的专业化，以及那时人们在这里工作的自豪感。这是一个包含新生产方式的功能性建筑，而且立即就成为了一种范本。煤厂的许多业务组合在一起，所以从一开始这个煤厂就是日产量最高的煤矿。我们还看到了其他的煤井架，我是说这是第12号煤井架，周围还有其他很多煤井架。但这一个是中心的一个、最重要的一个。

这里最有趣的是我们不仅保护了一座建筑或一个煤井架，而是将整个工业景观作为遗产地进行保护。这里是煤矿区，几百米远的地方有一个巨大的焦炭厂，我认为这个焦炭厂是整个欧洲唯一一个得到保护的纪念性建筑。因此，我们称（这个遗产地）为“合唱曲”（ensemble），很多部分集中在一起显示出以前工业景观的各个功能单元。

几年前，1986年这个煤矿关门了。现在它已经被重新整修，成为一个将20世纪早期工业遗迹进行整体保护的范例。

有趣的是，我是说这样的保护成本是很高的，你需要有很多钱来翻修和维护，我不想讨论一些保护的细节，我只是想告诉你正如我们在弗尔克林根看到的那种保护理念，每一个建筑都获得了一个新的功能、新的用途，因此这里不是一个死亡的整体。待会儿我们会看到老的动力机房已经成为了北威州（North-Rhine Westphalia）的设计中心以及埃森大学的一部分。还有一个设计博物馆，这些东西又催生了其他一些另外的活动。那些建筑中进驻了许多与设计有关的小公司，使这里看起来就像一个科学园或技术园。还有一些建筑变成了展览馆，那个海报显示一个展览正在举办。所以这个地方是作为一个整体得到了重新利用，而这从长远来看又为保护提供了机会（和条件）。

我虽然不知道最新的数据，但是我认为每年大约有50万人来这里参观。这50万里面不仅包括那些有导游的旅游者，这种游客大概10万，而且还包括那些仅仅是来这里看看的人。这个地方已经被公众接受了，现在已经成为德国甚至国际上一个重要的事物。

[邮票特写

苏迪德教授对这一处工业遗产地给予了很高的评价。德国政府为纪念这里被认定为世界文化遗产还专门发行了纪念邮票，这也印证了苏教授的话。让我们回顾一下这个工业遗产地的非同寻常的历史吧。

[历史资料

1847年德国实业家Franz Haniel买下了此地建厂。并将工厂的名称定为关税同盟煤矿，以纪念1847年成立的一个经济组织。关税同盟的成立是诸侯林立的德国走向统一所迈出的重要一步。

煤厂建立之初就修建和使用了当时最现代化的蒸汽火车，这位企业家相信以后铁路会联接上整个鲁尔区。

1848年第2号竖井开始工作，到了“一战”末，采煤的竖井逐渐从两个扩建到10个。

1920年一个更具雄心的计划开始了，围绕12号竖井修建一个能系统处理煤区来煤的洗煤、选煤厂。 1927年，建筑师Fritz Schupp和Martin Kremmer 应用包豪斯学校的理念对厂区进行了整体设计，5年之后，12号竖井及其周边洗煤、选煤等工业建筑完成。这些呈几何形状、对称、和谐的厂房体现了包豪斯建筑风格。甚至灯柱、灯泡也与周围浑然一体。外墙体与钢制栏杆窗户可以抵御坏天气。煤厂内部的钢铁支撑要素也很有特点。

[现在的12号竖井

这是被保留的12号竖井，成为了这里的地标。了解采煤业的人都知道，矿井总是成对或成组的形式出现，提升力大的主井用来出煤，副井则用来向井下输送工人、设备，或用作送风的通道。12号竖井就是一个明显的主井，井下的煤被提升上来后，在这座高大的厂房中完成洗煤、选煤的过程。

[资料片洗煤、选煤过程

这是过去洗煤的情形，重的煤炭沉在水底，轻的浮在水面。

[连接煤厂的斜的廊道

煤按照炼焦、动力煤、煤化工原料或一般取暖煤的要求被分类后，从这些倾斜的不同的廊道运走。

[厂房内部落满灰尘的设备、工具等

1986年12号竖井停产，今天，它已经按照原真性原则保存下来。

为了防止机器设备的老化和腐蚀，工作人员会经常检查，为其上油，保证其可以运转。

厂区还成了大型节日活动的举办地。一些传统的活动在此举行。

蒸汽火车每年仍旧运行，当年运载的是铁矿石、煤矿，通向欧洲的铁路网，而今天承载的是愉悦的人们和怀旧的情思。

所有来此的参观者都会联想到煤炭、矿石和钢铁等，老一辈的人想到过去的工作，年轻的后人想到他们这个地方以煤、铁为生的历史。

选煤、洗煤厂过去无止境的噪音变成了今天寂静的场所和博物馆。

[现为设计中心动力车间的外景

现在让我们再回到本片开头展现的那一处包豪斯风格建筑吧。这处在1927—1932年建成的厂房被英国著名建筑师福斯特（Norman Foster）改建成了北威州设计中心和红点设计馆。当这里成了世界文化遗产地，许多人对这座建筑中间原锅炉房上存在的高大烟囱被拆除提出了质疑。

在被评为世界文化遗产以前已经拆除的烟囱若再重建起来是否有假古董之嫌呢？毕竟12号矿井的井架和洗煤、选煤厂已得到了完整的保护，而对这处工业遗产地一些附属建筑的开发利用，使得部分曾被冷落和抛弃的工业建筑遗产再次融入到人们活跃的经济文化生活中，从而实现了一种戏剧性的生命转变。

[《建筑的生与死》P143.144 图片

你看这是锅炉房改建前的内景，让人感到死气沉沉，而改建后仿佛赋予了它青春的活力，给人一种灵动的感觉，很符合设计中心的功能要求。

[P144.142 两幅中央大厅图片 再接狄文达拍许多广告公司进入的厂房门口

这些几乎要被拆除的旧厂房，现在成了激发人们无穷创意的“灵感之乡”，不仅政府办的设计中心、博物馆和大学要在此安家，连民间广告设计公司也纷纷进入这个园地。旧厂区再生后迅速繁荣的局面又使苏迪德教授产生新的忧虑。

苏迪德：但是有一点或许需要批评。这个地方的周围是老的工业地区，居住着一些很穷的人，住房条件差，失业的没有受教育的外籍工人比较多，有巨大的社会问题。因此我们有一些担心。而关税同盟煤矿从德国政府和欧盟等得到大量的钱获得了发展和改善，而将成为一个富裕和后现代的岛，但周围地区却是充满社会问题的衰退的工业地区，这种反差长远来看如何得到改变，我们目前还不知道。

[院中的各种管道

我们沿着输送煤的封闭式传送带和传送煤气的管道来到了关税同盟煤矿的炼焦厂。

[炼焦厂

过去被精选的炼焦煤输送到这里，然后炼成焦炭再送往炼铁厂做高炉炼铁的原料。

[出焦历史画面，接苏迪特介绍

周宇：苏教授，像这种焦炭厂的设备在国内也经常可以看到。

苏迪德：这是焦炭厂，也属于关税同盟煤矿世界遗产地的一部分。这是一个非常大型的焦炭厂，我想它有200个焦炭炉。你可以看到这些焦炭炉的编号，145、146等等。这个焦炭厂利用这个煤矿的煤来炼焦。目的是为了获得炼铁所需要的加入到高炉中的另一种原料，即焦炭。这个焦炭厂几年前关闭了。刚开始时，没有人认为能够将其保护起来，但现在它已成为世界遗产的一部分了。

有意思的是，这个焦炭厂已停产了好几年，但我们仍然可以闻到它的气味。显然，这个焦炭厂很难重新利用，因为这些焦炭炉几乎没有什么用处。因此，出现了很多关于如何利用这个场地的讨论和有不同的措施。其中一个我们不能从这里看到的措施就是利用太阳能发电。还有其他一些措施我现在难以描述。但可以告诉你这里在冬天的时候发生的有趣的活动，你看这里有一些水，是焦炭出炉的时候为了不使其燃烧，而用来冷却的水。这条水道现在在冬天对于孩子们很重要，因为鲁尔区还没有一个天然的湖泊……（声音渐弱）

[管道

过去这里出焦的场面可以用热气腾腾四个字来形容，炼焦的副产品——煤气——又被这些管道输走，为工厂和附近社区提供能源。

[游玩和锻炼的人们、天轮等

今天厂区变得安静了，但来此锻炼的人们依然给这里带来了活力。

[游泳池、登高的人、水池

这个过去用来冷却焦炭的巨大的水池，现在看起来很平静，在冬天却成为喧闹的滑冰场，虽然这里不再出焦，却依然呈现出一派热气腾腾的景象。

看到这幅画面，你不能不感到关税同盟煤矿这处世界文化遗产地的生命在不断地延续。

[关税同盟煤矿大门

艺术和文化——此地在新的鲁尔区找到了自己将来的位置。

第一次专家点评

点评专家及主持人：

吴传钧：中国科学院资深院士　中国地理学会名誉理事长
原国际地理联合会（IGU）副主席　著名人文地理学家

晁华山：北京大学考古系教授　曾作为联邦德国洪堡基金学者在德国从事博士后研究

阙维民：北京大学世界遗产研究中心教授　中国地理学会历史地理专业委员会理事

周　宇：中央电视台主持人

周宇：观众朋友，您好！系列片《德国工业旅游》已经连续播出三集了，前三集的内容主要是反映了德国具有代表性的工业遗产，被联合国教科文组织确认为世界文化遗产，这在很多观众看来是一件不可思议的事情，因为我们中国也是一个世界遗产大国，但是我们被认定的世界遗产大多数时间比较久远，属于农业文明时代的历史遗迹，难道废旧的矿山，不再使用的旧矿山、旧高炉、旧厂房也能被认定为世界遗产吗？为了解答观众朋友心目中的疑问，我们特别邀请了三位专家，对前面三集所播出的内容进行点评。在节目一开始呢，我们一起来认识一下我们请到演播现场的嘉宾。

吴传钧：好，那我先简单地说一点儿。我想我们的国家现在正在着力地进行工业化的发展，以此来推动整个全面化的发展，这是非常确当的一个政策。那么谈到这个工业化呢？它和其他产业的发展过程一样，它也是经历了一个开始发展阶段，然后逐步扩张的阶段，再提高的阶段，到达一定的程度，它到达了一个非常繁荣的，提升的阶段。但是也可能因为客观的原因，它出现了许多不利的现象，那么因此影响它的发展，逐步地下降下来了。甚至逐步地消退了，这个是很自然的。特别是有一些城市，它依靠单一的矿产资源作为它主导产业。比如煤矿，那么当这种矿产资源在开发的后期，资源越来越枯竭了，因此它的这个生产就下降了，于是就出现衰落的情况。甚至影响到整个它所在地区的城市的经济，也跟着衰落了。那么这种例子在很多工矿业发达的国家是很多的。那我现在举个例子来说，半个多世纪以前，我到英国去留学，我就参观了英国威尔士南部的煤矿主要产区。那个时候，多数的煤矿它这个资源已经进入开采的最后阶段了，生产越来越下降，原来有很多矿工就不能参加工作。那么需要一个转业，但是转业也没其他的机会，因此使整个地方衰落下来。出现了很多社会经济问题，那是很不好的。另外在第二次世界大战时，英国很多工业城市遭到纳粹德国飞机的狂轰滥炸，受到破坏，而且是很严重的破坏。很多城市变成一片瓦砾场了。因此战后如何来清理改造这个地方，要动用大量的人力、物力、财力才能够进行改造。这就面临（牵扯）到很多问题，究竟怎么样来改造好？有几种观点：有一种认为既然已经变成一片瓦砾场了，变了个废墟了，何必保存呢？干脆把它铲平了，清除掉，直接作开发。另有一种看法呢，那么就把它适当的修修补补，进行小规模的重建。还有一种看法呢，就是进行适当的改造，能利用的利用下来。更有一种看法呢，要另起炉灶，从综合开发的角度来加以改造。比如它像是一种世界遗产性质的，那就可以把它很好地保护起来，甚至作为旅游资源来加以开发，这样促进所在地区产业的调整，提供了新的就业的机会。总而言之，这是个很复杂的问题。究竟如何办好，要因地制宜，根据各地的情况，要慎重的考虑，多方面地加以权衡，才能定夺的一个问题。那么英国在那个时候它的政府增加了这样一个机构，就叫作城乡规划部（Town and Country Planning），主要是要解决这些受到破坏的工业城市的重建和改造的问题。当时在学术界也出现了一个叫做工业考古学，实际上很多工业已经被破坏掉了，只保留了遗址，如何来研究这个问题，来联系今后工业的发展，这也出现了一个新的学问了，很有意思的。今天，我们看了这个由中央电视台和深圳大学合璧拍摄的《德国工业旅游》系列片，很有意思。这个是以德国的鲁尔区等地为例，选择了几个典型地区，这些地区各具特点，来探讨这个问题，也就是刚才我讲的那个问题。这几个地区，有的过去是以钢铁工业为主，有的是以采煤工业为主，有的以其他工业、加工工业为主，各有特点的。历史背景也不一样，我们看到特别是许多地方因为得到联合国教科文组织的认可，确定为世界文化遗产，得到有关各方面的支持，来加以资助，因此在这些地方，有些剩余的工业设备可以加以利用，剩余的厂房也可以加以利用，所以我们看到一些改造成为展览馆，有的成为图书馆，有的成为大学的分支机构，有的成为文化、娱乐的场所，那么也是因地制宜吧。这样一个情况，使得这些城市恢复了生机，也使当地的产业经过改造以后呢，增加了就业机会。一个是改造了居住的环境，一个是提高了当地居民的生活水平，这是非常有意义的。我想我们中国许多厂矿的遗址，也是不少的。这样可以参考这些经验来考虑我们的问题，这个也牵扯到旅游的问题了，我们国家从改革开放以来，旅游业从无到有的，得到突飞猛进，很多地方旅游业已经成为第三产业的支柱产业，通过旅游事业的发展，它促进当地的交通业、手工业、农业甚至文化发展，提供了很多就业机会，这个情况是非常可喜的。旅游业发展到今天，观光旅游、休闲旅游，最近还发展了生态旅游，还有带有文化遗迹的科教旅游，旅游业发展是不错的，但是美中不足的是我们的工业旅游成为了一个薄弱的环节。所以我想我们也可以参考英国、德国这些工业国家的经验，就是把有代表性的工业遗迹争取成为世界文化遗产，这样我们也可以进行保护性的开发，作为旅游资源来开发，这是完全可以的。我们除了考虑遗产问题进行开发以外，其他工业项目也可以作为旅游资源来开发。比如大的工业区，我们现在改革开放又出现了很多新式的、大型的、拳头的工厂，还有一些新工业园，那么这样许多都可以作为旅游资源，作为工业旅游的对象来加以开发，我们在这方面的潜力是很大的。那么今天我为什么要谈到和地理联系起来呢？因为这次德国工业旅游系列片是由深圳大学的几位教授和专业人员与德国科隆大学的苏迪德教授合作完成的。两个主要撰稿人中，刘会远是经济地理专家，李蕾蕾博士是人文地理专家，他们也是参加我们中国地理学会的积极分子，所以我把他联系到地理学。地理学是一门脚踏实地的学问，它主要以人地关系为主题，人地关系这就牵扯到旅游资源的开发这个问题。所以改革开放以来，我们的地理界广泛参加的旅游资源的调查和旅游区的规划，起了很大作用，取得了很大的成绩。所以这次《德国工业旅游》这个系列片的介绍，我觉得也可以带动地理学的发展。他们的确是脚踏实地到德国的鲁尔区等地进行实地考察的基础上面，非常形象地记录了德国鲁尔区的改造过程，而且非常生动地描写它的成就，我觉得很好。我想这套工业旅游片的放映效果一定是令人满意的，我相信它是个成功的作品，对开创我们今后的工业旅游也好，对于我们保护有代表性工业遗产提供了参考经验。

周宇：阙老师，您主持的《浙江绍兴仓桥直街历史街区》、《福建漳州历史街区》和《浙江庆元木拱廊桥》申报项目分别获得联合国教科文组织亚太地区遗产保护2003年的优秀奖、2004年的荣誉奖和2005年的卓越奖。借用体育界的一句话说：您这是"三连冠"了，而且您还做过访问学者，您看了我们拍摄的这部系列片有什么感受呢？

阙维民：世界工业遗产是世界遗产的重要组成部分，从1972年《世界遗产公约》公布以来，特别是1978年第一批12个世界遗产项目公布以来，到了1994年，世界遗产专家发现，在世界遗产的名目中世界遗产的地区分布不均匀，而且种类分布也不均匀，所以当时就发出了一个《均衡的、具有代表性的与可信度的世界遗产名录全球战略》。十年以后再来关注的时候，发现这个问题依然存在，所以又发布了一个《亚太地区全球战略问题》（报告），在这个《战略问题》当中，提出了有9个（遗产）类别是需要特别关注的，工业遗产项目在其中。2003年还提出了一项《近代遗产研究与文献编制计划》，在这个《计划》当中，有10种类型的世界遗产需要关注，工业遗产也在其中。到了2004年，联合国教科文组织的世界遗产中心，他们编制了一个《"行动亚洲2003—2009"计划》，这个《计划》当中，特别关注四类遗产，其中"近代与工业遗产"是重要的一个关注项目。所以工业遗产是世界遗产的重要组成部分，但是它要特别地引起关注。

下面我们来看看在世界遗产名录中历年的工业遗产情况表，迄止2005年，共有37项工业遗产被引入世界遗产名录，占所有世界遗产项目的4.56%，占文化遗产项目的5.89%，所占比例并不高。在1978—2005年的28年间，有20个年份是增列工业遗产的，在这些增列年份当中，有3项以上的年份是2001年，是5项。然后1993年、1997年、1998年、2000年和2005年是各3项。根据工业遗产数占世界遗产总数的百分比以及世界文化遗产的百分比来看，2001年和2005年是最高的年份。根据上述两项分析结果说明，1993年以后，尤其是2000年以来，工业遗产的增列幅度开始增大。

我们再看看世界遗产名录中工业遗产项目的各国分布情况。在137个成员国中，共有28个国家拥有37项世界工业遗产（其中有一项是10个国家共享的遗产），包括22个欧洲国家、3个南美洲国家、2个亚洲国家和1个北美洲国家。在拥有工业遗产项目的数目方面，有11个国家拥有一项以上的工业遗产，前4位都是欧洲国家，分别为英国（5项）、瑞典（3项）、法国（3项）、德国（3项）。有10个国家拥有一项工业遗产，其余7个国家是10国共享世界遗产的共享国。中国排名在10名以外，在拥有工业遗产项目数与该国总遗产项目数的百分比方面，中国为3.21%，排名第26位。其中拥有工业遗产3项以上的4个欧洲国家，排名依次为瑞典、英国、法国和德国。

根据以上分析结果，我们可以这样认为：

第一，工业遗产的项目主要集中在欧洲。

第二，工业遗产最多的国家分别为英国、瑞典、法国和德国。

第三，中国虽然拥有工业遗产项目，但是其拥有的数量，尤其占本国总遗产项目之百分比，排位均是很靠后的。

（周宇：阙老师，在世界遗产名录当中，我们中国的排位靠后，但是其中还是有工业遗产这个项目的，您能不能给我们介绍介绍？）

阙维民：好，这里就要谈到“世界遗产名目•工业遗产”的年代分布这一（问题），在这个（年代）分布当中，我们看到世界遗产名录的工业遗产项目是以工业革命的遗存遗物为主，反映年代涉及18—20世纪的项目占主导地位，共25项，占67.57%，工业革命以前各个历史时期，甚至原始社会时期中反映人类技术创造的遗存遗物，也属于工业遗产项目的范畴。中国有一项工业遗产被列入，那就是2000年被列入世界遗产项目的“青城山与都江堰水利灌溉系统”，这是反映（公元）三世纪的一项遗产，这样说明了，我们可以把工业遗产划分为广义的工业遗产和狭义的工业遗产，狭义的工业遗产就是严格意义上的、工业革命的遗存遗物，广义的工业遗产就包括工业革命以前人类技术创造的遗存遗物。

在世界工业遗产的保护方面，还有一个“国际工业遗产委员会”。刚才我们强调了瑞典是工业遗产的强国，所以1978年这个国际工业遗产委员会就成立于瑞典。工业遗产保护委员会是促进工业遗产的保护、维护、调查、记录、研究与阐释的世界性组织，它还发布了一份《公告》，这份《公告》是每年发布四期，它下面有四个专业委员会，这四个专业委员会是矿业、煤矿、交通和纺织（专业委员会）。它的理事会成员有12个国家的15位成员，在这些成员当中，英国3名，法国2名，其他的都是1名，在地区分布方面，欧洲占了12名。所以结论是：工业遗产保护的中心在欧洲，而以英国与法国为重心。第二，中国尚未成为国际工业遗产保护委员会成员国。

（周宇：刚刚我们谈的这些，您能不能再给我们介绍一下目前国际上工业遗产保护的趋势是什么样的？）

阙维民：这个趋势，实际上我们要强调的一项（内容），1978年在工业遗产的重要国瑞典成立了国际工业遗产保护委员会，这个委员会对工业遗产的保护起着巨大的推动作用，是世界ICOMOS的咨询机构，尤其是关于文化遗产中工业遗产这个项目的主要专家咨询者，实际上它也是世界遗产保护公约联合国教科文组织遗产中心的一个咨询单位，这个保护委员会有很多的项目、很多的举措。2006年从它的公报上来看，有6项工业遗产国际会议，今年要在世界各地召开，其中6项是在欧洲国家（召开）。这里还要提到的是，2003年它提出了一项《下塔吉尔宪章》，这个宪章对工业遗产的定义、遗产的价值以及法律的保护、维护、教育、培训、表述程式都作了详细的说明。刚才已经提到2003年的时候，世界对工业遗产开始重大的关注，提出了几个全球性战略，这里还有一个国际工业遗产保护委员会提出的《下塔吉尔宪章》，全称就是《下塔吉尔工业遗产宪章》，是在俄罗斯的工业重镇下塔吉尔发布的，当时发布的年代是2003年7月，这个宪章是由国际工业遗产保护委员会起草的、提交ICOMOS并呈送UNESCO以获得认可和最终批准，它分别为序言、工业遗产的定义、工业遗产的价值、工业遗产的确认，记录与研究的重要性，还涉及法律保护、维护与保护、教育、培训表述与阐释等7个方面。

周宇：晁老师您看我们刚刚两位专家，吴老先生还有这个阙老师都是在英美留学过的，这样一个经历。您是德国洪堡基金的学者，在德国从事研究博士后这个工作，我们知道洪堡是现代地理学的创始人之一，那么您是来自历史学界和考古学界，可以说您的研究和地理学界有着渊源，我不知道我们在德国拍的这个系列片和您的经历这么贴近，您是不是看了感觉更贴切一些。

晁华山：是的，刚才阙老师谈的主要是，世界遗产里工业遗产有着特别重要的意义（周宇：对）。世界遗产包括的门类非常多（周宇：对），工业遗产是其中的一个门类。（周宇：那我们是不是应该也向观众朋友交代一下这个世界遗产多样性的这个特点，也就是说，我们可不可以从世界文化遗产多样性的角度来向观众朋友介绍一下，为什么很多有代表性的工业和交通设施也能够成为世界遗产？）对，世界遗产应该能够反映人类历史和人类过去活动的各个方面，世界遗产名录里现在有800多处遗产，包括的门类非常多。世界遗产包括文化遗产和自然遗产这两大部分。我们现在谈的是世界文化遗产这一部分，为了了解文化遗产的多样性，我们把文化遗产按功能分类，初步把它分为九类，这样就便于我们了解文化遗产的全貌。第一类是历史文化名城，这一类包括了20多个国家的首都，还有其他许多著名城市的历史街区。像法国的巴黎，俄罗斯的圣彼得堡。这一类在世界遗产的9类里是最多的。第二类是城堡和要塞，这都和军事有关，这一类也比较多。像欧洲中世纪的贵族城堡、中国的长城和英国的哈德良长城，都属于这一类。第三类是宫殿和园林。过去皇帝、国王很重视这方面的建筑，所以保存下来的不少，令人关注的也非常多，像法国的凡尔赛宫和枫丹白露宫，我们中国的沈阳故宫和北京故宫都属于这一类。园林有官方的园林，也有民间的园林，我们中国的苏州古典园林属于民间园林。其次是宗教建筑，我们把它分为两部分。一部分是基督教的，在欧洲、北美和南美都有，它包括大教堂、教堂、修道院、朝圣道路和宗教圣地，因为遗产数目非常多，所以我们把它单独列为一个部分。另外一部分是其他宗教的，包括伊斯兰教和佛教，还有各个国家自己的宗教，这方面的遗迹也非常多。就中国来说，像敦煌莫高窟，武当山道观，这都是宗教类的。另外印度佛教的遗迹也非常多。另外一类是陵墓和墓地。全世界的陵墓和墓地虽然很多，但是具有突出的普遍价值列入世界遗产名录的并不多。金字塔属于这一类，我们中国的秦始皇陵和兵马俑也属于这一类。再有一类是遗址和岩画。在这九类里，遗址和历史文化名城一样也非常多，有的很引人瞩目，比如意大利的庞贝城，法国韦泽尔的两万年前的有壁画的洞窟，中国的高句丽的王宫和遗址。另外一类是乡村和环境，这一类累积了几千年的农业文化，最著名的有菲律宾伊甫高的山间水稻梯田。因此我们中国现在也希望把云南的哈尼族梯田，申请为世界遗产。这一类还有美国保留的印第安人村落，这些村落尽量保持17、18、19世纪时的生活的状况。最后一类就包括零星的单体建筑和一些工业与交通的设施，还包括一些巨石雕塑，这一类数目也很多。其中有我们中国的曲阜的孔庙、孔林和孔府，有智利复活节岛的巨型雕刻人像，有美国的自由女神像，现在工业、交通这方面也非常多，刚才阙老师已经讲了很多了，我就不多讲了。

近代工业时期的工业遗产有20多处，阙老师所说的30多处则把更古老的新石器时代的加工场所也包括在内了。这里所说的20多处以近代为主。比如奥地利19世纪的盘山铁路，这段铁路建成100多年了，现在还在运行。另有奥地利的盐田，这个盐田也是比较古老的。另外有比利时的运河船闸，还有比利时的一处石英矿。还有很早就列入名录的波兰的盐矿，它在1978年就被列入名录了。德国有3处，这个系列片把这3处都包括进去了，有炼铁厂和银矿厂，还有煤矿和煤矿地方的工业景观。另外有芬兰的锯木厂，荷兰的蒸汽抽水站和它的磨房网。挪威的铜矿厂，瑞典的炼铁厂和铜矿，西班牙的金矿场。在欧洲除了以上这些，英国是最多的，有5处，有布莱纳文19世纪的工业区，德文特的旧工业园区，还有著名的空想社会主义者欧文的理想城，这个理想城被列入遗产名录，因为里面有很多纺织厂的建筑。另外一个是萨尔泰尔的旧工业城镇，还有工业革命早期的铁桥谷工业旧址。欧洲的工业遗产主要就是以上这些了。在欧洲以外，有阿曼的乳香香料的产地和它的运输路线，有印度的喜马拉雅的铁路，孟买的维多利亚火车站，在美洲有玻利维亚的银矿区，有墨西哥的一处矿场。（周宇：一口气介绍的这个20多个属于工矿交通设施的这个世界遗产，它们之间这个相互重复的门类好像非常少？）对，对列入名录的世界遗产要求非常严格，可能这个遗产在申请的国家很重要，但是它会被拿到世界范围内进行比较，要求遗产具有突出的、普遍的价值。关于这一点，下面我们要讲的德国的3处工业遗产都是符合这些苛刻条件的。

（周宇：嗯）好，刚才我们主要是谈工业遗产，谈世界遗产的多样性。实际上，评选世界遗产本身就很有意义。有了世界遗产，人们不光能从书本上了解人类的历史，更能让人从世界遗产实物看到人类的历史，看到过去的人对世界历史的杰出贡献。另外，评选世界遗产的过程也能促进人类社会的和平发展和持续发展。刚才阙老师谈工业遗产的问题时也强调，通过评选世界遗产对社会的发展、和平发展、持续发展起到了促进作用。另外，通过评审世界遗产也促进了国际交流和国际合作。世界遗产的传承对于当代人，特别是对年轻人的教育意义非常大。就我们中国来说：我们中国是个世界遗产大国，现在有31处世界遗产。这对提高我们国家的文化素质和文明素质有很大的促进作用，也提高了我们民族的自尊心、自豪感和凝聚力；通过世界遗产促使我们爱家乡爱国家；世界遗产的保护也能促进旅游业和旅游相关产业的发展。世界遗产的评选还能提高我们国家的国际地位，通过这项活动使我们介入相关的国际活动。

下面我专门谈谈工业遗产。（周宇：嗯，好的）我们从中国开始谈。中国有很多遗址都是很古老的，农业时代的，有几千年前的、几万年前的，这些遗址的意义当然很重要。不过这些遗址过去人们并没有有意保存，而是我们现在发现，然后把它整理后保存的。近代工业设施就和这不一样，这些工业设施现在存在着，面临存和废的抉择。我们是把它毁掉等以后的人把它发掘出来，或者根据照片把它重建起来呢？还是现在我们就认识到了工业设施在人类文化传承方面的意义，现在就把它维护保存下来呢？这和上面所说的发掘和保护古代遗址并不相同。由于欧美国家对近代工业文化的价值和保存意义认识得比较早，所以他们对工业设施的保存做得比较早也比较多。保存工业遗产的意义和保护遗址的意义不同，有先知先觉的关系在内。所以这次深圳大学和中央电视台合作拍这部系列片的意义非常突出。（周宇：嗯）拍摄这部系列片的过程对当代人很有意义。（周宇：嗯）对年轻人更是如此，因为这些遗产不光是要现代人能够看到，而且还要传承下去。我们现在能看到金字塔，看到中国的其他遗迹，是因为过去的人有意无意保存下来的，我们现在有意地把近代工业遗产保存下来，这对当代人的教育可是非同一般。现在就要保存，不要等它湮没了以后再发掘出来。

（周宇：晁老师好像这几个工业遗迹您都到过那里，能不能给我们谈谈您到那以后的感受和体会呢？）嗯，好的，这3处工业遗迹可不那么简单，评审的过程也有反复，有的遗产地开始申请的时候，世界遗产中心把材料退回来了，说你们要再补充。我们现在看这3处遗产，它确实符合突出的、普遍的、价值的标准。要是很一般的工业遗产，不一定能被列入遗产名录，它的真实性和完整性都要经过严格的评审才能通过。这3处遗产我去过两处，而且我去得比较早，那时它们还没有申请世界遗产。当时我在德国是洪堡基金会的访问学者，德国有些团体，很重视安排我们这些来自不同国家的学者去参观这些地方，他们也许觉得我们这些人未来可能是他们这些企业或者学校的合作者，所以他们安排我们去参观这些地方。我在那两处遗产地看得比较认真，我先从拉莫斯堡的矿厂和哥斯拉旧城说起，我是1981年和1983年去的，当时矿山还在生产。人家介绍这个地方的矿山很有名，最初开采的是银，后来开采的是铜，再往后开采的是铅。整整开采了一千年，没有间断过。而哥斯拉这个城市是因为有了这个矿才兴建起来的，它最繁荣的时期是14、15世纪，当时国王的宫殿就建在这个地方。这个地方开采矿石以后，城市很繁荣，所以经济实力也很强。现在这个地方保存得非常好，我去的时候有些已经不生产了，但是还有些矿在生产。矿区保存着设备、矿井，还有铁路、厂房和工人住宅，有的几百年了还保存着，这些都和矿场有关系。这个城市的顶峰时期建有皇宫、教堂和市集。它的建筑物和街道很有特色，街道都不长，没有很直的、很宽的街道，都是相当狭窄和弯曲的，路面都用是鹅卵石铺成。街边的房子特别好，很多都是17世纪、18世纪、19世纪的。房屋的特点在于墙壁的构造，墙壁都是用木柱做骨架，交叉地或者直立地支撑着墙壁，墙面涂泥，这些木支架都露在外面，很有特色。后来评选哥斯拉作为遗产的时候就强调说这些房子太有特色了。当时我们还参观了博物馆，博物馆里，不像我们在中国看到的一些比较小的单个展品，它把比较大的设备、完整的设备也都放在博物馆里了，这很有特色。博物馆都非常大，在81年、83年的时候就已经有了，多数是有关矿山的。另外还让我们下到正在生产的矿井里，当时在开采铅，我们看的是一个比较小的矿井，在生产的时间让我们下去。那是小矿井，竖井是垂直下去的，我们坐在一个网兜里，像个箩筐一样，我们坐进去以后下去，很深，不知道有多深，然后到水平的巷道里去看。从安全方面、从设备的先进方面，都没问题。都是19世纪、20世纪一直使用的生产设备。另外我要谈一下矿场保存的问题，矿场怎样才能转变成一处遗产？这个矿场的停产是在1988年，1988年以后呢！这个矿原来是私人的，停产后就转交给当地的政府，由联邦政府、州政府还有哥斯拉市政府管理，这三级政府都管，资金由这三级政府保证。博物馆由市里来管理，他们有很详细的规划，在申请遗产之前管理工作都做得非常好，这是关于拉莫斯堡矿场和哥斯拉旧城（周宇：嗯）的情况。

另外第二个要说的是弗尔克林根炼铁厂，炼铁厂在德国的西南部，在萨尔州，靠近法国。这个地方列入世界遗产名录是因为这个炼铁厂的地位非常突出非常重要，把它拿到哪去评都没问题，它具有突出的、普遍的价值。这个厂在19世纪末建成，后来成了德国最大的炼铁厂，是欧洲当时最先进的工厂，最先进的炼铁设备都是从这个厂开始应用的。这和英国的不一样，英国工业革命早，但是到19世纪末20世纪初，最先进的炼铁技术在德国，而且是从这个厂开始的，它被评为世界遗产的时候就是靠的这一点。它有当时最先进的设备，而且这些设备到第二次世界大战以后还在用，再没有增加过，也没有改变过。这个工厂1986年停工后，所有权也转给政府了，它的地位就变了，变成真正的文物保护法下法定的文化遗产了。州政府后来为保存这处文物专门成立了一个机构，这个机构决定，凡是有保存价值的设备，全都要保留。这项决定可是了不得的一件事情，强调有价值的都要保留。保护工作需要的经费由政府来负担，保护中间存在的难题都由政府出面来解决。它的真实性在于这个工厂的所有设备没有损坏，也没有新增加的设备，所以遗产是完全真实的，在接受它作为世界遗产的时候，强调它是完全真实的，遗产委员会专门派了一个工业遗产小组去调查后，做了这样的结论。另外，从全世界来说，当时并没有第二家像这样的工厂，在中欧和东欧已经停产的工厂，也没有同样的。另外虽然有一家类似的工厂停产了，但是没有打算要保留，所以说它是唯一的。

第三处是埃森关税同盟煤矿设施与工业景观，设施和景观两个部分都包括在内。我在埃森待的时间比较长，我81年、83年去看，后来我80年代、90年代，我每次去德国都要到这个地方来看。我最早去的时候这个工厂还没有停产，还在运行，我看的是它的一个竖井和巷道。在80年代的时候它已经考虑到要作为工业遗产保存，所以工厂停工前已经做好要保存的准备。给我印象深的有以下几处，一个是正在挖煤的竖井和水平巷道，煤矿的生产过去我在中国没有看见过，我们下去后发现它的巷道设备非常先进，那种轮式的掘进式机器自行前进，挖着走着，煤就顺着机器的输送带运到后边，而且它能防止瓦斯超量，防止明火。这些设备当时都很先进。巷道里面没有烟尘。这种自进式的机器产量高、效率高、干净没有粉尘，随采随运出。

另外看了露天煤矿，露天矿场很大，大约有七八百米长、两三百米宽这样的露天矿，地表土已经完全挖去了，那里的掘进机非常庞大，机器样子像坦克，是履带式前进，但是非常高大，占地有三十米乘三十米这么大，前面伸出一个轮形挖掘机，后面伸出一个移动臂把挖出的煤转送到设在地面上的传送机上。掘进机由5个人操作，轮形挖掘机的轮沿上有一圈挖斗，一个挖斗能挖10立方米的煤，整个矿厂除了我们参观的人，除了机器上操作的5个人外，再没有其他人。挖掘输送的效率非常高。我们看了那个庞大的机器非常吃惊，怎么这么大。这是我们参观的第二处，大规模露天矿。

关于沉降区的处理，目标和方法有几种，有的沉降区适于旅游，就把沉降区改成人工湖，周围有绿化。有的地方适合运动就改成游泳休闲的地方。另外和煤矿有关联的是，埃森这里除了煤矿还产钢铁，钢铁这部分没有被列入遗产保护范围。钢铁这部分有克虏伯开办的工厂、克虏伯家的花园。后来克虏伯建立了基金会，给工人建造住宅。这几处我都去参观过，这工人住宅我去参观过几次，在19世纪末到20世纪初，工人就住在这些房子里。外观一看是老房子的样子，房子虽然很旧，但里边设备是现代的。在清朝晚期克虏伯和中国有关系，中国买过它制造的大炮，现在故宫里边还保存有当时为了卖给中国大炮而制作的铜制大炮模型，在故宫也展览过。（阙维民：我插一句，克虏伯卖给中国的大炮在厦门的一个炮台上有两门，其中一门现在还保存着。）模型非常精致，非常好看。在克虏伯的花园里有个小的博物馆，展出和煤矿有关的物品。另外我在那里看到两张老照片，一张是李鸿章送给克虏伯的自己肖像，另一张是清政府派去的考察团和德国人合影的照片，这都是一百多年前的了。前些年世界遗产中心讨论这处遗产时有反复，世界遗产中心说，专业评审机构ICOMOS提出，应当把地面建筑多包括进去一些，这处遗产的地面建筑和前面两处不同，它的建筑是包豪斯风格的，很有特色。在德国，包豪斯风格建筑强调工艺技术要和建筑功能结合，德国东部一处包豪斯风格建筑本身就是一处世界遗产。埃森这里把包豪斯风格应用在煤矿的地面建筑上，所以你从这些照片上能看出来，建筑形态非常美，关税同盟12号煤矿井口上的那个标志，它非常美。我们当时也看到许多建筑的照片，它的外形很美、内部很实用，它是要打破传统的古典主义传统。它的建筑设计是建筑艺术和功能完美结合的典范，给人的印象很深。这处遗产代表了埃森地方从19世纪末到1986年这一百年煤矿业发展的全过程，人们在这里可以全部看到，连它的技术发展过程都可以看到，这里是当时世界上最大、最现代化的煤矿综合建筑，也是最有效率的一个煤矿。它被列入世界遗产名录，在工业遗址这部分来说，它是个典范。许多国家申请世界遗产的时候，世界遗产中心会建议你去看埃森这个地方，因为它更突出一些。

周宇：嗯，晁老师您介绍的已经很全面了，对我们的摄制组也有很大的启发。由于我们这次拍摄的日程安排的是相当的紧，几乎是一天一个地方，所以我们也忽略了一些细节，比如说这些企业的工人所住的这个宿舍我们没有拍摄到，但您刚刚介绍对我们拍摄的内容进行了详细的补充。另外在这里我还要告诉大家，在2005年9月由国务院振兴东北办公室和全国科协在辽宁阜新举办了一次资源枯竭城市（经济）转型研讨会，在这次会议上，我们摄制组的两位专家刘会远老师和李蕾蕾老师都受到了特别的邀请，并且播放了我们这部系列片的三集内容，而且他们还作了专题演讲，反应非常强烈。研讨会后，阜新市的领导很快就派专人到深圳大学和他们取得联系。请他们帮助就有代表性的工业遗产的保护和工业旅游项目进行一个长远的规划。在这里我们提醒观众朋友要注意的是，今天我们的专家都是介绍的一些国外的经验，我们要对自己的有代表性的工业遗产进行保护并且进而进行世界遗产的申报的话，我们还是要结合我们的国情，多听听专家的建议进行全面的保护。比如说像工人居住的一些住宅那我们也不要忽略。比如说我们的大庆油田在创业的时候，工人们艰苦条件下居住的这些住宅——干打垒房子，也是非常有时代特点的。好，在节目的最后我们还要特别感谢我们今天来到现场的三位专家，观众朋友如果您有什么意见或建议的话，欢迎您通过屏幕上方所显示的方式来信、来电和我们联系，我们下期节目再见！

第四集 德法边界相互呼应的钢煤遗址

刘会远 李蕾蕾

[萨尔州、路上

我们在《德国工业旅游》系列电视片的前三集里，已经介绍了三处被联合国教科文组织认定的世界文化遗产：格斯拉尔拉莫斯伯格有色金属矿、弗尔克林根炼铁厂、关税同盟煤矿。其实在德国还有不少很有特色的工业遗产地正在申报世界文化遗产，而很多拥有这方面资源却没有申报世界文化遗产的城市，也尽量保护那些已停产工厂的标志性工业建筑并引以自豪地作为自己城市的标志。

[车窗外闪过旅游标志

按照路边褐色旅游标志的指引，我们正在接近萨尔州德法边境非常有特色的一个小城——诺因基兴，苏迪德教授告诉我们这个城市的名字德文原意是——九座教堂——也就是说这座城市因拥有九座漂亮的教堂钟楼而得名。

[停车场

我们将车停在了一家大型商场的停车场，当年那个钢铁厂被保留的部分遗迹就在旁边。

[高炉、镜头又转向远方教堂钟楼

我们从高炉旁向一个方向看去，让我们数一数（镜头拉近）1、2、3、4，果然仅仅往一个方向看就能见到4个教堂的钟楼。

[墙上的说明书

周宇：苏教授，这是这座城市的标志吗？

苏迪德：是的，这个标志非常好地表现出我们对20年前遗留下来的这个钢铁厂的特征的描述。

这里第一座高炉建于1593年。所以这真是一个历史性的地方。现在受到城市的喜爱。

周宇：中间的这是什么呢？

苏迪德：这代表着教堂，也许这个教堂属于这个公司，或者只是代表那里的教堂。这是一种古老的文化和新文化的联姻。

[标志特写

苏教授说得好，这是一种古老文化与新文化的联姻，代表工业文明的高炉与农业文明时代的中世纪教堂钟楼错落有致、非常协调地耸立在诺因基兴的空中，构成了这座城市完整的历史。

[水塔

你能想到吗？这座原钢铁厂漂亮的水塔已被改造成一个别致的小型电影院，摄制组的成员禁不住要在这儿留一张影。

[企业家塑像

旧高炉在市民的心目中像教堂钟楼一样成为城市的标志，而曾经给这座城市带来过繁荣的企业家也像圣徒一样受到人们的崇拜、尊敬。

[高地远眺

在离开这座城市之前，我们到一处高地看看它的全景。

周宇：我们知道这座城市诺因基兴是经历了一个逆工业化的过程，但我们非常想知道这里的人们是如何把废弃的工厂变成现在的工业遗产也好，或者说是具旅游、文化价值（的景观）也好，是怎么一个演变的过程呢？

苏迪德：诺因基兴（Neukirchen）是一个非常好的例子，（通过它我们可以了解到）老工业城市、老钢铁城市曾经在19—20世纪非常重要，但由于受到逆工业化的影响，竞争力逐渐丧失，工业结构也逐渐改变。这里是萨尔州最早的炼铁厂。17世纪就已经有很大的规模了。但在1970—1980年代早期，这个炼铁厂陷入困境并最终倒闭。有趣的是，那时所有这个城市的负责人都想将其完全清除。他们想把它拆了。只有很少的几个人，当时我们萨尔大学和一些我们的学生想将其作为遗产保护下来，因为我们认为这里对城市的认同感和标志特色很重要。

那时人们还不理解要把这些保护好。那时的观念认为这些东西是废料垃圾。几乎没有人，或者只有很少的人认为这也是文化。这种文化不像诗歌、文学或音乐，而是一种工业文化。这一点那时还没有意识到。20年前，每个人都认为钢铁厂是一种很普通的事物、没有什么特别的。那时他们还没有钱来保护它。而现在，20年后我们看到，人们的态度发生了变化。现在许多人认为这些东西很重要，是我们的历史，我们必须保护它。我们不能保护全部但可以为我们的未来和后代保护一部分。

现在这里已经被重新修整了。我们看到的炼铁高炉已经被粉刷过了。铁锈已经被去除了。现在它已是这个城市非常重要的一部分，代表着这个城市的形象。每一个萨尔人都会说“这个大型购物中心旁边的高炉，已经成为这个城市的形象标志”。

[路上

我们知道钢铁业总是与煤炭业联系在一起的，告别了诺因基兴，苏迪德教授带我们去考察煤矿沉陷区。

[车开进沉陷区

这些东倒西歪的房子就是煤矿沉陷区的景观了。这些房子显然被加固过，墙面上有许多固定钢筋的螺栓和铆钉，经过加固的房子依然有人居住。

周宇：迪特尔，你看这些房子歪歪扭扭，好像有点儿凸凹不平的样子，它是因为长年挖矿的原因造成的吗？

苏迪德：是的，这是一个非常典型的例子。这是一个旧的矿工住的房子。它已经被翻修过了。它原来的风格也许是1860或1880年代的。地下的煤被开采完后房子就变成了我们现在看到的这个形状了，这是一个非常有趣的现象，因为人们可以通过它了解煤矿开采到底是什么样的结果。另一个有趣的地方是我们已经谈到的遗产和需要保护的遗产。这是一种典型的煤矿遗迹，但是没有人想过要长期保护它。作为一个反映了采煤的影响的例子来保护它。现在所有这些旧房子都正在渐渐地毁掉。这很可惜。因为20年后，我们可能就没有机会看见这种景观并明白采矿对地表带来的影响。那边你也能看到同样的情形，只是房子倾斜的角度不同。因此，我认为应该保护这些房子作为典型的例子向我们的孩子和后代显示采矿公司那时的行为。

[加固房屋的铆钉特写

在地理学中景观（Landscape）一词是由德国学者首先提出和大量使用的。美国加州大学的索尔教授进一步主张把文化景观作为人文地理的研究核心。这处东倒西歪的房屋所标示出的沉陷区也许很难成为以赚钱为主要目标的旅游目的地，但在人文地理学者苏迪德眼里，这里却是一处重要的景观！苏教授要告诉后代，当年采矿公司不负责任的行为造成了什么样的恶果。可是萨尔州德法边界德国一侧已没有煤矿企业保留至今了，别着急苏教授已驾车穿过了毫无遮拦的德法边界，带我们到法国来看一处煤矿遗迹。

[法国的煤矿，几处井架，主观镜头走进展厅

同我们已看过的德国几处工业遗迹一样，对工业建筑的利用主要是搞展览，包括煤矿本身历史的展览和其他方面的展览（转另一展厅）以及用来做艺术创作的场地。

[蓝色激光、艺术品

周宇：你今天带我们离开德国来到法国，参观这些非常有特色的博物馆，是不是因为像这样的煤炭博物馆在德国的萨莱省没有呢？

苏迪德：我们现在在法国。这是一个非常有趣的地方。因为在德国，在距此仅仅几公里远的德国一边，我们没有这样一个大型的煤炭博物馆。我们有Voelklingen炼铁厂及其他高炉，但没有煤炭博物馆。这里在法国、在Lorraine的地方却有这样一个博物馆。这个企业叫Wendel矿业联合体。Wendel是一个大型工业家族，不仅拥有煤矿还拥

有其他炼铁厂。这个地方有几个采煤的井架，我们可以看见3个以及一些大型建筑，它们全部被赠送给了一个对此有兴趣的小团体。这个小团体说“我们想保留这个地区的遗产，保留整个煤矿区，因为煤矿现在就要消失了”。突然有一天，Wendel公司就将这一切给了这个小团体。小团体非常震惊地得到了这里的一切，但却不知道如何处理，过了一段时间，直到他们获得了一些资助才开始了一些发展。现在这里变成了一个能够接待参观者的博物馆了，但还不能参观地下，因为比较困难，主要是一些安全问题等等。但游客在这里可以获得一种真实的体验，人们可以来这里参观这些建筑、展览、非常真实的展览、非常好的解说等等。这个煤炭博物馆与德国那边开展的工业旅游有一个非常好的互补关系，这里是煤炭遗迹（而德国那边是钢铁遗迹）。

[采煤、炼钢资料

经过两次世界大战，欧洲的政治家进行了深刻的反思。如果欧洲人不想在起了变化的世界中走下坡路的话，就必须联合起来，1951年以西德、法国为主再加上意大利、荷兰、比利时、卢森堡一共6个国家首先签订了《欧洲煤钢联营条约》，建立了煤钢一体化市场。有力促进了相关国家经济发展，也为欧洲统一迈出了第一步。今天这些曾为欧洲的发展做出了突出贡献的煤钢企业虽已不再生产，但从德法边界两边在煤钢工业遗址的保护，工业旅游的开展方面的互相协调和合作上仍可以看出欧洲统一的势头。

[镜头转向院落、几个井架

支持这个煤矿博物馆的民间团体已制定了与德国方面配合发展工业旅游的规划，但与边界那边不远处弗尔克林根炼铁厂、诺因基兴市等等比较起来，这里的开发利用程度还比较低，但我们对捐出了整个煤矿产业的Wendel 家族，对努力保护和开发这个工业遗迹的民间团体依然充满了敬意。

[像谷仓的建筑及其井架

在这有点像谷仓的建筑及耸立其上的井架之下，是这里最古老的矿井，它得到完整的保护。

[现在的井架、选煤厂房

而这些现代的井架和连在一起的选煤厂房虽已停产，却依然透露出几分现代大工业的气息。

[全景

煤炭资源虽然枯竭了，但生活还要继续下去

[一只小狗走进镜头

我们衷心祝愿法国的这座煤炭工业的遗迹能够得到进一步的保护和开发利用，我们衷心祝愿德法边界两边的工业旅游事业能够互相呼应蓬勃发展。

第五集 有着教堂般工业建筑的措伦煤矿

刘会远　李蕾蕾

[高高的煤矿井架

德意志帝国在1871年成立时，许多人指出这是铁血宰相俾斯麦强权政治、强权外交和军事胜利的结果。而英国经济学家凯恩斯后来却从另一个角度指出："德意志帝国与其说是建立在铁和血上，毋宁说是建立在煤和铁上。"可见煤炭工业对于德国的振兴起了多么大的作用。现在我们就将向大家介绍一个有着教堂般工业建筑的煤炭企业措伦煤矿，现在它已成为一处有着大量露天展品的煤炭博物馆。

[露天展品画面

[镜头从高高的井架下摇下，现出带有中世纪风格的建筑群

如果没有这几个高高的井架，走在这个带有中世纪风格的建筑。你能想到这是个采煤企业吗？但它确实是一个煤矿（镜头不时现出各种露天的采煤设施及井架）措伦煤矿坐落在鲁尔区东部的多特蒙德市。就在100年前的1904年它开始出煤。那时德国刚完成统一不久，过去被几十个封建公国分别控制、关卡林立的德意志地区，这时形成了统一的大市场，经济快速增长，截止到第一次世界大战爆发前的1913年，德国已超越法国和英国，成为仅次于美国的第二大工业国。而煤炭工业是它整个工业的基础。处在这一时期的德国企业家也当然会表现出某种"豪气"以及某种独特的审美趣味。

周宇：如果不是看到这么多高立的井架，我还以为是走进了中世纪的一个街区呢！我真的不敢相信这又是一个非常著名的煤炭企业。

苏迪德：这毫无疑问是煤矿的一个井架。我们现在来到了建立于20世纪早期的措伦煤矿。这是一个非常功能性的建筑，但如果你环顾四周看看其他建筑，会发现这种建筑风格对工业而言非同寻常。这反映了一种意图，建筑师或者企业的意图。他们想创

造出一种特别的东西，以使这个煤矿成为一个样板性煤矿，而那时它也的确成为了一个样板性煤矿。很多参观者前来学习这里的机械运作等等。但是最特别的还是建筑的表达。这种建筑风格不是一种专门的风格。它是不同风格的混合体。有意要创造新的而且印象深刻的东西。你只要看看这里的一些要素就明白了。那些有许多小塔的是巴洛克风格的要素，窗户及门口的形式是早期哥特式风格的，还有些窗户是罗马风格的。专业人士还可以发现其他细节并告诉我们建筑师具有某种观念以便通过这种独特的形式，表现企业的权力和自豪感。

[进入教堂般的大厅

我们进入了一个好似教堂的建筑、宽大的厅堂空空荡荡、高高的屋顶既给人一种宗教式的向上升腾的感觉，同时又体现了现实人间的一种进取精神。从裸露的梁、柱、龙骨木架可以看到日耳曼桁架式传统建筑结构（似兽或鱼头的木构件特写……），由于坚固的木构架承担了这高大建筑的荷重，所以窗子开得又大又高（窗特写）、明与暗、深色的砖石与鲜艳色彩勾出轮廓线的木构架形成了一种对比，所以在宗教般的凝重中又让人感到几分明朗和轻快。

周宇：这个建筑无论是从外观看还是走进来看，怎么看都像个教堂。

苏迪德：这个建筑很典型，它不是生产性功能建筑，我的意思是它的功能是给工人发工资的地方。其实给工人发工资只要在一般性的地方就可以了（不必建成这样），但是工人来这里领工资，他必须进来，领到工资然后离开，这是一个非常具有象征性的行为过程。我的意思是通过这个行为过程显示了权力、煤矿公司的权力，也传达了人们的自豪感。因此这个建筑具有"再现"意义，告诉了我们那个时代工业思想的设置。

我们可以发现这里有一些文字，因为它们就像诗歌，翻译出来有点困难，但是大意是要告诫人们，作为一个好公民，工作是独特的，也是一种光荣。

周宇：努力工作。

苏迪德：努力工作。

那边的文字大意也类似，也就是要人们努力工作，工作得到正面的肯定，因此这些就是劳动和工作的道德规范，当然也有人会说这些文字和描述反映了控制，控制矿工努力工作使公司赚更多的利润，我认为这种对工作的（神圣性）强调在那个时代是很典型的，这也解释了为什么德国以及其他西方国家在工业化过程中能如此成功。因为工作是一种光荣、干好工作、成为一个可靠的人是一种光荣。所有这些综合在一起，我认为这个地方很好地反映了这种思想设置、生活方式、工作规范等等。

[女教师的声音 出现了一群孩子，有的对镜头做手势，男教师

真有趣，在这个庄严的煤矿工人领取工资并接受教导的殿堂里出现了一群活泼可爱的孩子，也许他们的爷爷就是这个矿上的工人，就在这个殿堂里领取过工资并接受过教导。那么，这些老矿工的后代还会像祖辈一样将工作视为神圣吗？让我们跟着这群孩子，跟着他们的青年教师看个究竟吧。

[展厅 过去工人来报到的巨幅老照片

过去这个著名的企业吸引了许多青年劳动者，今天他们的一些还远未成年的后代也来了。你看，漂亮的女教师正在向孩子们讲解工作服及劳动保护用品存放和使用的方法。

[女老师、坐在长凳上的小学生、工作服和防护用具的特写

同我们参观过的其他采矿企业一样，过去每个矿工的工作服及劳动保护用品都是这样吊在半空中的，这样有利于散发工作服中的潮气，而且一切都是通透的也有利于对工人的管理，使他们无法藏起私人财物。

[在一排排工作服中迭现煤矿工人的形象

采煤是男人从事的高风险职业，矿工们在暗无天日的井下是见不到女人的，生命力旺盛的青年矿工压抑不住内心的欲望时相互间也免不了会开一些不雅的玩笑，但每一个矿工心中都有一个圣洁的女性形象——煤神圣•巴巴拉（Saint Barbara）。

[迭出煤神形象

[女教师操纵工作服升降，金黄的头发在身后甩来甩去

过去的矿工是爷们，现在坐在长凳上的也是些小爷们，在这个男人的世界里，一个耐心向孩子们讲解的青年女教师显得那么突出，但又绝没有不协调的感觉，因为她使我们感到仿佛矿工心目中的煤神Saint Barbara（圣•巴巴拉）显现了，她曾经保佑过一代代老矿工，今天又在引导他们的子孙茁壮成长！

[动力机房

这个厂房高大宽敞，窗外井架上的升降机正是依靠这些巨大的机器所产生的动力将地下煤矿工人开挖出的黑金源源不断地提升上来。

[镜头对准一排仪表

为了看清这些仪表上的重要数据，这间厂房开了很多窗户，而且窗户也设计和装饰得非常漂亮，在厂房内可将窗外的井架看得清清楚楚。

[镜头先对窗外井架再摇回室内对学生和教师

看，这群孩子也在这里，正认真地听女教师讲解这些机械的工作原理。

[小火车停在两座建筑间

这些由原来的运煤斗车改装成的游览小客车可以安全地接送游客出入矿区，而在我们的心中，这条矿区专用的窄轨铁路和行驶在其上的游览车仿佛开辟了一条能穿越时空的通道。

[小火车开动

[孩子们在楼侧楼梯上出现

看，这些孩子们就要进入矿区了，谁为他们操纵升降机呢？

[周宇扳动巨大扳手

这次扳动巨大的操纵杆的可不是煤神圣•巴巴拉，也不是孩子们的青年女教师，她也是一个难得在这里出现的女性——中国中央电视台年轻的节目主持人周宇。

[展厅、各种展品，最后对准宣传画

由于时间关系，我们未能跟着孩子们进入矿区，而要赶在太阳落山前拍摄展厅里的展品。

瞧，这幅画是不是让你觉得既熟悉又亲切，一看就知道它表现了“矿工给人们带来了光明”这个主题。在工人阶级当家做主人的中国，这样的宣传画，我们是经常见到的。

周宇：在我们国家有许多宣传煤矿工人的宣传画、美术作品，特别特别多。今天在这里能够看到你们这里宣传煤矿工人给人类生活带来光明的这样一幅宣传画，我也觉得特别亲切。

[苏教授接受采访

这个形象象征性地显示了煤炭工人在战后的英雄形象。因为煤炭是战后德国重建的基础。煤炭保障了我国的能源供应。人人都知道煤炭工人的工作是极端艰苦、极端危险的。我认为平均来说煤炭工人的工资也是所有经济活动中最高的。因此煤炭工人有不错的收入但是也极端艰苦。

但苏教授还指出了这幅海报所显示的我们尚不理解的另外的内容。

这幅海报向我们显示出煤炭工业的困难时期，那时国内的煤炭受到外国廉价石油的威胁。因为1950年代末期，特别是1960年代（经济）起飞时期，石油大量进入到德国市场，成为非常有竞争力的能源。因此，很多煤矿突然之间受到了威胁，我的意思是煤炭过去是非常重要的，它提供了30万个在煤炭部门的工作机会，那时有1000多家煤矿企业。因此煤炭工业是一个非常大的经济部门，但是便宜的石油突然之间威胁到它，采煤业的衰落也就开始了。

[各种展品 接孩子们照片

性急的观众也许会问：那些孩子怎么样了？别着急，就在我们刚才录制采访苏教授节目时，我们摄制组的一位成员已用照相机捕捉到了孩子们在进入矿区前调节头上的矿灯以及走出矿区后满脸煤黑的画面，多么可爱的孩子，从他们身上你看到了他们祖辈那些煤矿工人的形象了吗？你看到了圣洁的煤神了吗？煤矿可以因失去竞争优势而关闭，但劳动神圣的传统将会在德国一代一代传下去！

[与教堂相似的工业建筑内部殿堂

建筑是凝固的音乐、是无言的史诗。德国劳动神圣的传统被永远凝固在这教堂般的工业建筑中。

[与教堂相似的工业建筑外景，庄严而又神圣的音乐。

第二次专家点评

点评专家及主持人：

周尚意：北京师范大学地理与遥感学院城市与区域规划研究所所长　教授
　　　　中国地理学会人文地理学专业委员会副主任

曹卫东：北京师范大学文学院院长　教授　曾在德国法兰克福大学留学

周　宇：中央电视台主持人

周宇：观众朋友大家好！我们的系列片的前三集向大家介绍了德国被认定为世界文化遗产的三处工业遗迹后，我们特别邀请了有关方面的专家针对朋友所关心的工业遗产如何被认定为世界文化遗产这个话题进行了一次讨论。刚刚呢我们又播出了《德国工业旅游》的第四集和第五集，大家发现没有？在这两集节目当中，我们所探访的工业遗迹无论从规模上还是从知名度上都不能和那三家世界文化遗产所相提并论，但是我们却对这些普通的工业景观进行了一次深入的开掘，把蕴涵在这些工业建筑当中的人文价值和一些特殊的制度设计展现出来，让观众朋友来和我们一起思索，为此我们今天特别请到了两位人文学者来到演播室和大家就这两集的节目内容进行点评。好，在节目开始之前我们先来认识下我们今天请到演播室的两位嘉宾，坐在我对面这位女士是北京师范大学地理与遥感学院城市与区域规划研究所所长、中国地理学会人文地理学专业委员会的副主任周尚意教授。周教授您好！（周尚意：您好！）这位先生是来自北京师范大学文学院的副院长曹卫东教授，曹教授您好！（曹卫东：您好！）曹教授您主要研究的领域是德国思想和中德文化关系，而且您本人还在德国法兰克福大学的社会学系学习过，您看了我们和深圳大学老师在德国拍的这个工业旅游的专题片后，您的感受是什么呢？

曹卫东：看完以后印象很深刻，因为我们通常会把旅游当成工业来做，我们号称旅游是无言的工业，但我们第一次把工业作为旅游来做，还是通过这个片子第一次看到，这给我们印象很深刻，这是第一点。第二点呢，就像主持人提到的，我们看到这两集当中这两个地方，无论从规模还是从知名度，的确不能和先前的几个相比，但是它很有它的特色，这个特色我想可能主要是在这两个工业遗址它所处的位置，一个在鲁尔区，一个在萨尔区。这两个区在德国整个20世纪中，应该说扮演了很重要的作用，（周宇：您当年在德国学习的时候，这两个地方您一定也参观过吧？）都去过。（周宇：当时给您一个什么样的感受呢？在没有看我们这个专题片之前。）两个地方给人的感觉不是很一样。比如说萨尔区它给人的感觉更多地带有一种历史沧桑感，因为我们知道德国从19世纪以来，整个悲剧也好，整个幸运也好，不幸也好，基本都跟萨尔区有紧密的联系，那鲁尔区其实上成为德国战后经济腾飞的一个标志，所以这两个区给人的感觉不是太一样，但是不管如何，它们对德国就具有很重要的意义。

周尚意：在片子中我们看到诺因基兴这个城市，它所处的地区为萨尔地区，与之比邻的法国一侧为洛林地区。如果从地形图上看，这个地区正好是一个不太高的分水岭，这个分水岭地区就是一个地理边界或者是一个两个文化的交错地带。刚才曹教授提到，这两个地区是德、法在20世纪“二战”当中争来争去的一个地区，曾有一个电视片讲到一个家庭，这个家庭有很多的孩子，在他们的成长过程中经历着历史时期的变化，这个地区有的时候归为法国，有的时候归为德国，这个家庭的孩子们就会出现国家认同和文化认同上的问题。

我们在本期德国工业旅游的片子中能够看到，跨国的边界两侧，德国的建筑与法国的建筑不会有太大区别，这也是与历史上这里的区域文化具有一定独特性有关。但是萨尔地区建筑与德国其他的地区的建筑风格还是有一些差别的。就像曹教授所说的萨尔地区是一个非常特别的地区。本片提到，希望德法两国在工业旅游方面加强协作，我想这也许能在一定程度上抚平战争给这个地区人民造成的痛苦记忆。

周宇：有人说每一个城市和每一个领域都有其标志性建筑，但是我们发现其实在德国最普通的建筑也能反映其整个的建筑风格。

曹卫东：那么从传统上来讲每一个德国城市的标志性建筑通常是两个东西，一个是所谓的教堂，第二个是市政厅。那么围绕着这个教堂和市政厅会有一些广场，但这些广场一般都不是太大，唯一例外的可能是柏林，那里有稍微大一点的广场，这个广场通常不是很大的，但是它很有象征意义，到每个城市它都要向你展示，事实上就是所谓的商场广场也是城市广场。这是前现代，到了德国经历过这样一个现代化运动之后，特别是20世纪60年代以后，德国兴起新的这样一个建筑风格，就是我们现在经常会见到的所谓包豪斯这样的一种风格，越来越成为德国一些新兴城市的标志性的建筑，但是我们刚才看这两集电视片当中，我们注意到比较有特色的是他们把一些工业建筑经过很有艺术的处理之后，作为城市的标志性建筑，这些我想可能在全球我们见到的还不是很多。（周宇：对，您说到这里，我们摄制组刘会远老师也拍了一些图片资料，我们一起来看一看。像这张图片您二位看看，哎，还有这张，您看这张图片是一家私人的企业工厂，它身后的这个建筑就是当地的标志性建筑，周老师您一定熟悉这个图片。）

周尚意：这两张照片很有意思，这张照片拍摄的角度与那张照片的角度略有不同，两张照片基本上将诺因基兴三个不同时期的建筑都呈现出来了。我们可以在照片中看到刚才曹教授所说的前工业时期的建筑、工业时期的建筑（如高炉）、后工业时期的建筑。三个时期的景观均呈现在这一个照片中。一个城市，城市中的一个街区均可以成为鲜活的城市历史博物馆，建筑把城市的历史凝固在其中。这张照片非常好地展现了德国这个城市的历史文化保护，人们通过保护建筑把城市的历史脉络保存下来了。如本电视片子里面介绍的，诺因基兴这个城市，最早以9个教堂作为这个城市的地标，现在这个城市又选出了新地标，新地标在这两张照片里都体现出来了，即这个高炉。城市天际线是从远处看到的城市在天空背景中的剪影轮廓线，每个城市天际线的特点由天际线突出的地方决定。诺因基兴以前是以九个高出其他建筑的教堂作为地标，现在是高炉。在中国，一个城市选择城市的地标建筑有若干条件。第一个条件，地标一般是比较高大醒目的景观，比如说台北的101大楼、上海的东方明珠塔。北京的城市地标是天坛，尽管它体量不像101大楼这么高，但是北京城市天际线被控制为中间低四周高。所以在中心低的地方，天坛还是比较高耸、宏伟的。除高度条件之外，城市地标还应该坐落在比较核心的空间区位点上，就像刚才曹教授说的，在德国许多城市中心，市政厅可以作为城市地标，因为市政厅通常坐落在城市中心的地方，那里也是人们经常汇集的地方。最后一个条件，也是最重要的条件就是地标景观的文化意义。此条件比景观体量和地理位置更为重要。一个景观若凝结了城市历史的文化符号，那么就可以成为地标的备选对象了。诺因基兴的高炉，凝结了这个城市现代化时期的工业文明，所以可以作为城市的地标。诺因基兴为人们展现了一个历史文化遗产保护方面非常成功的例子。我们知道该城市的工业遗迹已经被评为世界文化遗产。

曹卫东：其实理念上高炉作为它的一个坐标和它以前所谓把教堂作为它这个城市地标也是可以接续起来的，为什么？我们知道对前现代来讲，人们那个时候崇拜的东西是一种宗教信仰，那么在宗教信仰的时代，教堂对人们来讲具有神圣的地位，但是到了现代社会以后，我们知道现代社会的核心是工业文明，工业文明某种意义上来讲变成了一种工业崇拜，那么工业文明的标志是什么？就是烟囱。所以说这两种作为人们心目中这样一个崇拜的偶像，有某种内在的联系。当如果把工业文明完全当成一种崇拜，这是值得反思和批判的，但就那个时代来讲应该来说它们有它们内在的自信。（周宇：比如我们所拍摄到的萨尔地区，它的工业史就与它的高炉有关，而且历史与教堂数目也有关，那我们也想从这个角度像观众朋友介绍一下我们旅游景区的选择都与它的文化背景哪些方面相关联。）

曹卫东：德国是一个内在文化差异非常大的这样一个国家，因为它统一的比较晚，所以相对来说各个地方的所谓的本地文化的差异性得到了非常完整的保留，这是第一个我们要注意的地方。这些我们可以从它们的建筑风格，从它们的生活方式，我相信在前面几集电视片当中报道的时候你们由从北走到南会有一些体现，比如说北部的人相对来说比较克制一些，南部的人相对来说比较明朗一些、欢快一些。北部人的色彩比较单调，你到巴伐利亚，人们的色彩比较鲜艳。这些文化差异性在他们整个生活方式、建筑风格当中还是有很大的体现，这是第一个问题。第二个问题，我们谈到工业旅游，谈到这些所谓的工业景观的时候，我们会注意到我们通常会把工业作为一种，怎么说呢？跟人类生活对立的一种东西，或者说跟自然完全对立的一种东西。所以我们现在谈到工业，脑子总是会想到冒黑烟、想到污染等等。但是在德国人的心目中，工业可能并不是我们想象的那么可怕，我们完全可以使工业成为文化的一部分，使工业成为自然的一个部分，也就是我们不能人为地把工业隔离开来。而目前为止在对待工业的态度上所犯的所有的错误，应该说没有把它纳入一个大的文化系统当中，而是把它突现出来了，这点我们想从前面看到的电视片中也能看得很清楚，所以我们看到很有意思的事是：这个地方，它事实上是把整个工业作为它这个地方文化认同的一个标志，我们现在这个城市的标志性的东西是什么呢，就是因为我们有这样一个工业的景观在这个地方，这其实反映了德国人对待工业的很特殊的一种心理。

（周宇：对，特别是这个文化带来的空间啊！比如说我们到矿区采访，这个矿区的地下是一个空间，地上完全是公共的空间，而且我们在矿区采访的时候拍摄到一段特别有意思的画面，不知道二位记得不记得很多年龄不大的孩子，可能只有七八岁，在老师的带领下到矿区去模仿，完全去体验矿工的生活，他们穿上矿工的衣服，然后脸上涂着黑炭，我们一起来看看这个图片，也是我们刘会远老师拍摄到的图片资料，我们可以根据这个图片资料一起来回顾一下。）

周尚意：措伦煤矿目前已经将停产的煤矿开辟为工业旅游区，照片中的这些孩子将到矿里体验采煤过程。就像主持人在片子的采访中说到的，在工业旅游过程中，孩子们一方面了解这样的工业过程，同时还了解到德国的文化精神，德国人文化精神有一点是在片子里提到的劳动光荣。不知道这是否与韦伯在《新教伦理和资本主义精神》中提到的资本主义精神有关。

曹卫东：刚才周老师说的，措伦煤矿是一个很特别的煤矿，我们刚才看了片子以后可能会知道，别看它不是很大，但事实上它是整个伴随着德国工业化的过程，应该说是整个德国工业化的一个浓缩，所以德国人也会把它作为一个很重要的文化遗产保留下来。今天还作为向孩子展示这样一个工业化过程的一个活的教本，我想这点是很难得的。那么我们看到这些孩子在这里面，可能刚才就像周老师和主持人都会提出的一个问题，劳动在德国为什么会被人们放在一个很高的地位，我想这里面可能有几个方面。第一个，我们都知道德国其实最好的产业是制造业，人家不是经常开玩笑，德国的东西别的没有优点，但是它很结实，用100年都不会坏。德国人始终是以它这种优良的制造业为骄傲的，那么它的制造业最初是建立在什么地方的呢，最初就是建立在煤和钢这两个方面。这样一个东西，所以说呢，我想无形当中德国人会对这种煤、钢有一种崇拜。这个是很正常的，包括我们看到战后欧洲追求统一的第一步也是从煤、钢开始，因为这也是他们过去争论的焦点，这是第一个问题。第二个问题谈到这个孩子们下矿井的这个问题，可能主持人刚才谈到中外对劳动观念的差别，其实我想我们中国也有劳动崇拜的这样一个心理，我们过去大人教育小孩都是劳动最光荣嘛，对吧，但是现在我们好像观念不知道怎么就突然出现了一些改变，特别是对体力劳动产生了一种很强烈的抵制情节，认为这个是底层的劳动，是低级的劳动。其实我想不是这样的，人类社会经历过今天已经有了不同层面，所以农业文明、工业文明到现在已经有了信息文明几个不同的阶段，那么它在每一个阶段，每一种劳动都曾经享受过非常光荣的地方——比如说在工业时代没有到来的时候，那时候只有农业劳动，那不存在高低贵贱之分的。德国人对劳动是有一种很特殊的情绪，这其实也不光是德国人，整个西方他们当时有一个说法就是劳动社会，这个社会是建立在劳动基础上的，但这劳动他分为体力劳动和智力劳动，后来因为马克思的资本主义批判，才认为是体力劳动是受到了智力劳动的剥削，但其实我想这是有他的道理的，但我想这里面更关键的一点就在于我们都要把它作为劳动来看待，无论是体力劳动还是智力劳动，这在德国人的观念当中就对劳动的尊重是始终如一的。我们今天对劳动的一个抵制，可能跟社会结构转型有关系，为什么我们知道现在社会有个更大的转型就是从生产社会转向了消费社会，所以人们都去追求消费。对所谓的生产有了一种远离，所以就会把生产看的低了一点，这是一种很错误的观念，这是第二个问题。第三个问题就是周老师刚才谈到的这种职业伦理、这种劳动伦理是不是跟韦伯说的新教伦理有关系，我想肯定是有一定的关系的。但是韦伯那里面讲的时候，有一个问题也没有把他严格地区分开来，就是所谓的资本主义精神，因为我们说到资本主义的时候也会想到西方的资本主义是一个整体，但其实资本主义它是有两种完全不同的模式，一种就是所谓的莱因模式，以德国为代表的，一种是英、美的模式，而马克思批判的那个资本主义应该说关键是批判英美的那种资本主义模式。为什么莱因模式的资本主义通常会被称为福利性的资本主义，这些人为什么爱劳动？我们在电视片里也看到了，一方面矿工的收入很高，对吧？

这谈到他们当时的工资水平是其他多少倍。(周尚意:高于其他)我们现在大家不爱劳动是因为体力劳动的工资很低,他工资收入水平高,所以说他得到保障。第二最关键的就是德国在它资本主义发生的时候,它就建立起来一套非常完整的社会保障体系,使得这些人没有太多的后顾之忧,所以我想韦伯说的资本主义精神基本上从主观层面来讲每个人要克己、勤俭,以劳动为光荣。但是资本主义关键的还需要一个制度上的保障,那么社会福利制度上的建立,应该说促使了德国人对这种所谓最艰苦的劳动不会产生太大的抵触情绪。

周尚意:的确,德国人将煤和钢看作他们历史上的荣耀符号,在本电视片里有这样一个宣传画,宣传画上的德文意思是"煤炭是自然的原动力",这说明此矿区将煤炭放在一个非常高的位置,让孩子了解了这个地区非常辉煌的一段工业文明的历史,这个工业旅游的活动所起的作用,又像是我们国家的政治课、历史课、地理课的探究活动的作用。从这个例子我们可以看到,旅游蕴涵着很多的这种教化功能。本旅游片中讲到了措伦煤矿发工资的地方,这是一个比较典型的德国的建筑。德国的传统建筑大概有三个特点。第一个特点是单体的体量比较大,以传统普通民居为例,单独建筑的平均体量较英、美、法的都大。第二个特点是厚重结实。第三个特点是有一个突显的、露在外面的一个结构,既具有土木结构功能,也具有装饰功能。不知道这三点是不是在某些地区比较明显?

曹卫东:我们在看电视片的时候其实在解说的时候已经提到当时在设计这些厂矿的时候,他们不像我们一样单纯地当成一个厂房来设计,而是把它作为整个工业文明的一种标志来设计,而且在设计过程中还要考虑到这样一些建筑跟传统建筑对接,这我们看得很清楚,所以我们看到在德国的这个,就像大都市里看不到高楼大厦一样,我们在他的工业厂矿里面也看不到太多的像我们所炫耀的那种庞大的建筑,它基本上还是保留了德国传统的一种既考虑到它的实用性,同时又考虑到它的一种文化展示功能的这一面,这是谈措伦煤矿发工资的地方。这发工资的地方还有一个更大的特点,我们看到了,周老师谈到它几个特点,比如说:窗户比较大、比较明亮,而且是木结构,雕饰的也很漂亮,我想它这里面还担负着一个更大的功能:我们知道对于矿工来讲,一般聚在一起是很容易的事情,在矿井底下大家都聚在一起,但那个空间不是一个交往的空间,那个空间是一种劳动的空间,为什么每个人都各司其职,每个人有每个人的工作位置,他的这个现代化的生产就是非常精密的,你不能错位的。不像前现代说我们两个人把针线活拿到一起做，在一起聊天吧，那是不可以的，但是矿工们同样需要交流，这个地方我们同样可以看到，领工资的地方同时也是给矿工们创造一个相互交往，以及让矿工们心灵得到解放的一种想象性的满足，那领钱是物质上的满足，但他还需要想象中的满足、精神上的满足，我想这些资本家也好，企业家也好，应该说在这方面考虑的还是比较周到。

周尚意：措伦煤矿发工资的地方，我给它定义为公共空间。公共空间的定义是，人们可以自由进入的，聚集在一起进行交流的地方。领工资的地方就是一个公共空间。比如说，刚才曹教授提到的城市广场也是一种公共空间，那里是人们可以自由进入，可以聚集在一起进行交流的地方。而对于一个区域，一个城市来说，公共空间是形成地方文化的最好的空间点。我个人是从事文化地理学研究的，所以比较关注公共空间在地方文化发展中的作用。一个地区不管在城市，还是在乡村，公共空间的作用都不容小觑。对于措伦矿区，其公共空间分布在什么地方？这些公共空间产生的文化是什么？公共空间分布地的人口社会阶层构成，以及该空间产生的文化，就代表这个地方主体阶层人口的文化。措伦煤矿发工资的地方分布在主体产业人群工人集中区，其产生的文化是劳资关系文化，这个公共空间体现了措伦矿区资本主义经济关系的文化。曹教授刚才提到矿下公共空间，那里是矿工文化产生的公共空间。在艰苦危险的井下，工人们协同工作，彼此交往，形成了一些精神上的认同。电视片中提到煤女神圣•巴巴拉就是精神认同的符号。这个符号的产生是依托公共空间而出现的。而今措伦将工人领工资的地方开辟成旅游景点，也是对这个地区的历史文化的一种宣传。应该说，公共空间是目前城市规划和旅游区规划都非常关注的一些空间点。如果说：在旅游规划中，如果将能够反映一个地区文化的公共空间找对，就将这个地区文化的文脉找出来了。这样旅游者通过游览所有的公共空间，就会体会到这个地方文化。

这张照片是剧组拍到的慕尼黑的啤酒节场景，那个场景也是在一个公共空间拍摄的，人们自由地进出，在那里喝酒、交流。（周宇：这就是那天晚上拍到的画面。）慕尼黑五月树啤酒节是世界闻名的地方文化节庆活动，啤酒节广场上的五月树是这个公共空间文化认同的符号标志。以前这个树上悬挂的是丝带、花环等，现在是上面开始悬挂着不少当地的知名企业的一些商标或灯饰了。这种文化认同的符号变化，也表明旅游对地方文化的一种影响。一个对外界开放的旅游地区。其公共空间树立五月树的活动，不仅起到了凝聚本地民众的作用，而且还起到宣传当地企业的文化的作用。

（周宇：而到有些村和镇相交界的地方也会有一些这样的五月树）周尚意：每个村子的五月树都是一个乡村社区的文化认同的标志。曾有四月三十日各个村子派人保护五月树的习俗。（周宇：曹教授刚刚我们聊到这个德国人对这个矿工工人工作地位的认可以及他们所提供的领工资的场所等等这些，由此而引发了我们许多思考，就是以前我们往往认为西方资本主义一味地追求剩余价值还有利润、精打细算，可是他们所作出这些事实呢跟我们以往的认识有很大差别的。）

曹卫东：那我想主要是我们对资本主义制度本身的理解有关系，因为我们前面已经讲过西方资本主义也不是铁板一块的，它有它区域上的差别，马克思批判的更多的是原始主义，特别是英国那样一个所谓建立在“羊吃人运动”基础上的，建立在现在工业革命基础上的那样一种资本主义。德国本身的资本主义就慢英国一拍，它是一个后发的资本主义，我们不能说德国人多聪明，但我们至少可以说德国人已经在很大程度上意识到了原始资本主义内部可能存在的一些问题。所以当他们自己在建立自己的资本主义制度的时候，就有意识地回避原始资本主义已经暴露出来的很多问题。其中最大的一个体现就是我们已经谈到的在措伦煤矿里面看到的它把发工资的地方也装饰的那么好，体现出了某种人文的关怀，我想这是个很有意义的一个事情。

周宇：观众朋友，《德国工业旅游》的第四集和第五集的节目内容，我们从平常普通的景观看到了现代的德国人通过工业旅游的开展，一方面传授了他们工业化的历史，另一方面也体现了他们在文化领域的内涵，好了，感谢您收看这一期的节目，我们感谢两位嘉宾的到场，观众朋友我们下期节目再见！

第六集　一个恋着绿色的露天煤矿

刘会远　李蕾蕾

[布吕尔(Brucehr)街道、王宫

经过连续几天紧张地对德国几处工业遗产的考察，今天摄制组终于得到了轻松一下的机会，早晨苏迪德（Soyez）教授带我们参观了布吕尔这座属于世界文化遗产名录的著名王家宫殿。

这里对苏教授有特殊的意义，他父亲当年作为联邦德国外交部的官员，经常参加政府在这里举办的各种活动，他们一家都很喜欢这个王家花园。在中国有些游客喜欢到帝王生活过的地方去沾一沾“王气”，这当然是一种迷信的说法。但跟苏迪德教授的长期交往使我们感到，他的宏观的视野除了因其从事地理教学与科研工作之外，可能也与他少年时代的成长环境有关系。

[路上

参观了王宫之后，我们又继续赶路。苏教授介绍说，前几天我们看到的都是工业遗产，今天要参观活着的工业——一家在可持续发展方面做出了突出努力的露天褐煤矿。

[坑口远眺、上下两台巨大的采煤机……

苏教授先带我们在露天煤矿的大坑边上远眺，上下两层作业面上两台巨大的采煤机以及整个露天矿宏大的场面使我们惊呆了。

[路上

然后我们来到了属于RWE公司的这家煤矿的陈列室。

[陈列室、巨大褐煤块标本、几种展品、墙上的图

周宇：听说这里是一个褐煤的矿区，那么在不久的将来呢，这里将（进一步）和旅游业结合起来，您能谈谈您对这里的构想吗？

苏迪德：你看到这些不同颜色的图斑显示出很大一片区域受到褐煤开采的影响。历史上褐煤开采的规模都很小，但最近几十年已经形成非常大片的采煤区。

这3个是最大的采煤坑，我们等一会儿将去现场看巨大的采掘机。有趣的是，褐煤公司不仅开采资源，而且还很关注褐煤开采之后的景观、土地的耕作和复垦。

也就是说原先有一些农业土地，褐煤开采后形成矿坑，然后把这些矿坑覆填又变成农业土地供给生活在那里的人们。让我们很感兴趣的是褐煤矿已成为这个地方的经济、生活方式的一部分（很有特点）。我们知道巨大的采煤现场、机器、作业过程等对人们很有吸引力，因此人们想知道更多的东西。褐煤公司向每年前来参观的大批游客开放，并向他们解释公司正在做的事情。

我们现在想做的，而且我们已经得到公司和这里许多社区的支持，就是研究不仅吸引游客前来矿坑参观而且也发展其他相关地区的旅游业的可能性。例如，有一些矿坑，小的矿坑是几十年前褐煤开采完后遗留下来的遗迹，我们想将其解释给普通游客。因为，一般的游客并不知道他们在洗澡和游泳的湖泊其实是一个工业产品。因此，

我们想向游客解释这里的景观、这里的遗迹，并将公司现有的活动整合进去，形成可以为整个地区带来效益的旅游业。

[航拍资料

矿上给我们播放的航拍场面验证了苏教授的介绍，多台采煤机在巨大的露天矿坑不同层面作业的宏大场面使我们感受到强烈的震撼，而矿坑周围连绵不断的绿色所说明的他们为可持续发展做出的不懈努力也使我们心灵深处深受感动。

[换车、参观的人群

在褐煤矿办公室外，熙熙攘攘的参观人流中，我们看到了来自蒙古人民共和国的一个专业考察团。换乘一辆专为进入工地使用的大而坚固的奔驰客车，向导Sigglow女士引领我们进入矿区。

[裸露黄土的路口，进入露天矿

汽车颠簸着向地下深处驶去，矿区覆盖着厚厚灰尘的道路在窗口上向后移动，给人一种错觉，仿佛是一条覆盖着历史尘埃的大河在流淌，而土壁上被挖掘机械啃食过留下的一道道弧形痕迹，就像这条大河翻起的波浪。让人感到怪异的是，这条河仿佛正从低处往高处流。

而从车窗左侧向煤坑深处下一个台地望去，有一条长长的望不到尽头的输送带。毫无疑问，这条输送带正是把矿坑深处的煤从下往上倒流着输往坑口电站。

我们到达了一个巨大的采煤机旁，司机师傅立刻用传呼机联系另一辆接载蒙古考察团的客车。当这批带有特殊考察任务的客人到达后，采煤机调整位置开始工作了。

[工作的采煤机

在中国的传说中有一种叫饕餮的特别能吃的怪物，所以人们把暴饮暴食的人称作饕餮之徒。而眼前这个巨大的采煤机不由得不让人想起饕餮，你看它长着一连串可以旋转的兜齿，毫不含糊地把一兜兜褐煤卷入口中，然后输入长长的食管，也就是长长的输送带，最后在坑口电站里消化吸收为能量。

周宇：我们现在是在褐煤矿区的采煤现场，Sigglow女士，我想问一下你，在我们身后庞大的施工场面是怎么回事呢？

Sigglow：我们所看到的是其中的一台采掘机。这台机器主要用来采掘褐煤以及剥离煤层上的覆盖土层。褐煤主要用来生产能源，为这个国家提供电力。原来的表层土被倾倒在煤矿的另一边。用于随后的复垦。这种采掘机可以在不同的煤层工作，最深可达180米。它们非常高效。

周宇：我很好奇，像你们这么大的企业为什么会用免费的方式来接待参观者和游客呢？

Sigglow：采掘机技术对于很多人都有吸引力。他们被这些巨型的机器所迷醉。他们对褐煤开采的技术、对土地复垦项目等也有兴趣。我们在这个地方的开采活动很密集，因此我们必须透明化。我们甚至不需做市场营销，就有人会来参观。人们对这里很感兴趣。我们欢迎游客，并且借此机会解释我们的理念，甚至解释褐煤与我们生活所使用的能源息息相关。

[回程见众多参观者，土路接挖土，输送土资料

原来这个露天褐煤矿的采掘程序是先把剥离的表层土收集起来用于在回填的旧矿坑上造地，然后再还给农民，怪不得我们在航拍的资料中看到了那么多绿色。也怪不得人们纷纷慕名前来参观。

[传输带、铁路、电厂

由传输带、铁路连接着露天矿与坑口电站，但游人从矿区到电厂却要经过公路绕行。

[公路、路边复垦的土地、在电厂边采访迪特

周宇：苏迪德教授，我们身后的这个坑口电站和刚刚看到的露天褐煤矿有什么关联吗？

苏迪德：我们现在所在的地方叫Berrenrather Boerde。这个巨大的坑口电站位于Viederaussem。这里最显著的是这些不同电站的巨型冷却塔。这里不仅仅只有一个电站，而是有几个不同年代的电站。他们与褐煤矿的是配套的（直接产物）。

我们这里可以看见几个不同的电站。我们后面还有一个。电能就是用这里的褐煤生产出来的。所有这些电站对德国的能源供应和消费非常重要。因为德国电能的四分之一就是由这里的RWE公司所属的电站生产出来的。

这个电站特别有意思，因为它使用了新式烟尘排放监测和调控系统。你可以看见左边的那个巨大的冷却塔。它是最新的一座电站的一部分，这个新电站污染很少而能源生产效率很高。所以，公司在传统褐煤发电领域做了大量的创新测试的工作。

当然，也有很多人认为能源生产还可以采用别的方式，而不是将电站集中在一起，将这么多冷却塔集中在一起，而是应该分散在更广泛的区域，以便不要使一个村

庄受到这种集中分布的负面影响。

[出现一位当地村民

一位当地居民见到摄像机主动前来交谈。

周宇：您作为这里的居民，露天褐煤矿和坑口电站给您的生活带来了什么样的影响？您能谈谈真实的感受吗？

[居民声音渐强

这里周围的居民曾经很多在这些工厂工作。但是工厂越现代，所需要的工人越少。现在最现代的发电厂就是你看到的在后面冒白烟的那个大型发电厂。其实，已经有一个电厂可以利用低质煤生产高产量的电和能源了。问题是这个电站冒出很多烟雾和蒸汽，使周围的村庄都笼罩在阴影中。现在有这么多冒白烟的塔，在冬天我们村庄有两个小时完全笼罩在阴影中。我们没有直射阳光。我们希望这些冒白烟的塔分布在不同的地方而不是一个地方。当然，分散会增加成本，集中在一起可以降低成本，你能以最低成本运作，但对我们的村庄不好。

[居民声音渐弱

这位当地居民对矿区的复垦工作还是满意的，但他希望坑口电站再建的分散一些，使电站排放的灰尘不至于对当地农业和居民生活有大的影响。在他的谈话中，我们感受到了在企业和居民中产生了一种互动的环境观，一种有关土地和整个环境的新的道德伦理。

[路

接着苏教授又继续按照地理学者田野调查的方法带我们去实地踏勘。

[一个将被拆毁的村庄

这个宁静美丽的村庄已经无人居住了，露天褐煤矿不久就要开挖到这里，与我们在前面提到的造成了大片塌陷区的煤矿不同，REW公司采取了请当地村民搬迁到安全地区的方法，搬走的农民得到了适当的安置，并分到了煤矿坑回填后复垦的土地。

[复垦土地、附近电厂

周宇：我简直很难以相信这么一大片平整的土地原来竟然是露天褐煤矿的复垦地。

苏迪特接受采访：这是一个很有趣的景观，因为如果你看看周围，这里看起来像完美的农业景观、精耕细作的农业、高产量的甜菜种植。但是你再看看周围，你发现远处有一些烟囱，很旧的烟囱，那边有4个。近100年来这些烟囱总共有12个。因为这个地方曾经是当时最大的褐煤电站。褐煤来自哪里？就这里！这曾经是一个巨大的褐煤矿坑，褐煤从这里开采完后形成了一个巨大的坑。褐煤被运送到电站发电，褐煤公司开采完褐煤矿后并非就一走了之。他们必须重新整理他们采煤的地方。因此，矿坑要复垦。所以，他们将其填上沙，在沙上面盖上肥沃的黄土。经过几年的耕作后，就变成普通的土壤了。

复垦的土地归还给由于褐煤开采而失去土地的农民。因此我们可以明白一个景观利用的循环，奇怪的、有趣的循环。

为了回答和解释这种景观变化，我们认为，这也是我们的一个建议，我们要在坑口电站的原址建一个游客中心解释以前的褐煤开采。我们将游客从那里带到这里，向他们解释工业遗迹、农业遗迹、景观如何由人类改造，又如何很好地被重新利用。

我们认为这种改造和循环将继续发生在北边的褐煤矿坑……这就是为什么我们要设计一条叫做“莱茵河地区能源体验”的旅游路线，来解释能源生产的景观利用以及一、二、三代之后这个地方将变成什么样。

我们知道世界上第一个工业化的国家英国是以“圈地运动”破坏传统的农业经济来换取工业经济发展的。拥有广大殖民地并有着发达航运业的英国可以这样做。但德国走的是另一条道路。从普鲁士时代一直延续至今，资本主义农业经济取得了很好的发展。从经济学家李斯特提倡农业的规模经营、化学家李比希农业化学研究成果的应用以及农业机械化的普及有效促进了德国农业的发展，使其能适应工业生产大扩张造成的现实需要。今天在这片露天煤矿的复垦土地上，我们看到了德国工业界及整个社会保护农业的优良传统。看到了他们为农业的可持续发展所做出的不懈努力……

[甜菜特写

秋天是收获甜菜的季节，复垦的土地上获得了甜菜大丰收，这种叶子和根茎都酷似萝卜的植物就叫甜菜，是提炼白糖的原料，在我们中国，南方种甘蔗榨糖，所以许多南方人不知道甜菜，其实我国东北和内蒙古（等地）也广泛种植这种植物用来榨糖。

[路上，运甜菜的车、糖厂

苏教授驾车特意从一个糖厂经过，并将榨糖的原料——一堆堆从复垦土地上收获的甜菜指给我们看。

是的，刚才看到美丽的村庄将被拆毁内心确实有点舍不得，甚至感到几分苍凉和凄惨。但看到复垦的土地上生机勃勃的景象，看到糖厂堆积如山的甜菜，有谁能怀疑田园诗般的生活依然在这片土地上继续着呢？

[路上高压线塔连绵不断 接传送带

这连绵不断的高压线塔架起了一条输电走廊，把褐煤矿周围一个个坑口电站所发的电输往全国。看着这条输电线路，我们眼前又浮现出露天煤矿长长的传送带上的褐色煤炭，它就像大地母亲的血管，为人类文明输送着营养。

[路、古堡

眼前我们来到了一处中世纪的古堡，大家都很高兴，从今天早晨对布吕尔王家宫殿的参观开始，经过一天对矿区的考察，接近黄昏我们又来到这个古堡，是不是苏教授刻意让我们体验一下他所设计的工业旅游与传统旅游相结合的旅游线路？很快我们就明白了，苏教授告诉我们，这座古堡已由控制露天褐煤矿的RWE公司购买作为公司总部，RWE公司对古堡保护得很好，同时也向公众开放。工业旅游与传统旅游相结合在企业层面已经开始实践了。

[古堡画面、王宫的画面与航拍露天矿画面不断交替或迭现

当年古堡和王宫的主人如果在天有灵，他能相信一个现代电力公司把他曾统治过的古老土地翻了个底朝天，最后又恢复了古老土地的传统耕作吗？这一切显得那么神秘，这一切又那么合情合理！这就是一个坚持可持续发展的现代企业在德国大地上画下的最震撼人心的，既古老又新奇美丽的图画！

中国一位前辈学者（胡适）说过文明是一个民族应付他的社会环境的总成绩。在这片远离大都市的绿色中，我们看到了一个高度发达的文明！

[叠田野、电站、输电线、叠煤神

这是煤矿之神Saint Barbara（圣•巴巴拉）在我们所经历过的所有矿区——不论是地下煤矿还是露天矿——都供奉着她的形象，而在我们看来她就是给人类带来了光明、带来了无尽能量的大地母亲！这位伟大的神面对人类一度对自然环境的肆意破坏也曾痛苦过，而今天，面对这片依然保持着蓬勃生机的绿色的土地,神女应无恙，当惊世界殊！

第七集 体验岛——北杜伊斯堡旧钢铁厂景观公园

刘会远　李蕾蕾

[市内道路，右上方显出科隆大教堂尖顶

今天，苏迪特教授要在他科隆大学的办公室处理一些事情，利用这点时间我们游览了科隆大教堂。

[不同角度的科隆大教堂

科隆是鲁尔地区莱茵河畔的一个重要中心城市，而来到科隆又不能不看科隆大教堂。这座高达157米的哥特式天主教大教堂，1248年开始修建，1880年才完工。两座并肩而立的大钟楼是它的显著标志。在第二次世界大战中，这座教堂奇迹般地保存了下来。这里有拜恩国王路得维希一世奉献的色彩鲜艳的玻璃窗，有斯特芬·罗纳1440年画的著名的祭坛画等等。由于时间紧张我们未能在这个宗教和艺术的圣殿里细细体味。

离开大教堂的时候，望着高高的塔顶，我们议论到要能登上这157米高的塔顶眺望科隆市和莱茵河的风光该是一件多么惬意的事情。而如此显著的目标竟能在第二次世界大战盟军空中和地面的密集炮火中幸存下来，又不能不让人感到一种神秘感。

作为访问学者曾在科隆大学工作生活过的李蕾蕾博士告诉我们不要着急，今天苏迪特教授给我们安排的活动中就有一项从高处眺望鲁尔区。

[大学区道路，三人行

这里就是大学区，我们随着曾在这里作过访问学者的李蕾蕾博士在大学区穿行。建于1388年的科隆大学是一个没有围墙的大学，这些在街上行走的年轻人大多数就是大学生。

[地理系楼房

李博士带我们很快就找到了科隆大学地理系苏迪特教授的办公室。

[苏教授办公室

苏教授的公务还没有处理完，李博士带我们参观了地理系。

[绘有露天褐煤矿的地图

苏教授终于办完了几天来积压的事情。带我们走进一间实验室，我们年轻的主持人立刻发现了什么。

周宇：这张图很像昨天我们在褐煤露天煤矿看到的那张图。

苏迪德：这张地图显示了我们昨天去的地方。我们昨天参观的露天矿坑就是这种结构。这幅地图列出了所有可用于旅游开发的事物。这张图的背后有一个数据库。因为它是用地理信息系统GIS做的。我们现在利用这张图和数据库来规划诸如遗迹考察路线和道路之类的配套设施。还有一些地方各种事物比较集中，我们叫做体验岛，可以体验不同的事物，可以展现给游客。所以这是一个总体的旅游概念图，主要用来解释莱茵河地区褐煤矿的景观变化，以及设计将来的旅游产品。

解说：苏教授说的体验岛的概念引起了我们的注意，几天来考察了多处在工业遗产地组建的博物馆，他们注重体验的办馆方式已让我们深有体会了。那么体验岛一定是在苏教授等专家所设计的旅游路线中能让旅游者较密集的经受体验的工业旅游目的地。苏教授说今天我们要去的北杜伊斯堡钢铁厂景观公园就是这样一个地方。

[上路，周宇帮拎包，汽车驶过莱茵河

路过莱茵河，我们告别了科隆，沿着莱茵河向北驶去。

[汽车上，地图特写

鲁尔地区是德国的重工业基地，鲁尔地区的城市和大型工厂一般都是沿着莱茵河分布的。

[驶入杜伊斯堡、街边旅游标志、工厂大烟筒

从规模上说北杜伊斯堡钢铁厂景观公园虽然占地面积大，但从高炉的类型和气势来看并没有超过我们已考察过的世界文化遗产弗尔克林根炼铁厂，那我们还能享受到什么新的体验呢？

[大气罐

第一个项目就让我们吃惊。

周宇：大家看我和身后的建筑就是以前炼铁厂用来储气的储气罐，那你知道现在它是用来干什么的吗？

这个巨大的气罐中有一个潜水俱乐部，不过真要体验潜水的话，先要经过训练，因时间关系我们未能下水体验。

周宇：看见了吗？他们多开心呀！原来这里是用来为人们提供潜水活动服务的。

[攀岩场

从潜水俱乐部出来，苏教授又带我们来体验攀岩，这个攀岩运动的场地原来是钢

铁厂的堆料场。这回我们的主持人周宇一定要露一小手。

[周宇攀岩

她的身体像壁虎一样紧贴岩壁，果然像模像样。

[周宇上了攀岩场顶部

体验完攀岩，周宇还要体验一下当初这个堆料场是怎样把铁矿石从上面抛下来的。

[周宇钻出滑梯

[周宇转动一个介绍厂区生长的各种植物的“告示牌”

特别值得一提的是，该公园还非常重视本地生态环境的展示。工厂和工业区由于其独特的工业物质对土、水、气的影响，而可形成独特的厂区生态环境，因而可以生长出独特的厂区植被，并与相关的动物组成独特的生态群落。这里经历了由农村到钢铁厂再到现在的景观公园这样一个功能演变的过程，相应的生态环境也经历了从乡村生态到工业生态的变化，而现在又开始着生态恢复的阶段，这个自然过程被公园管理者有意识地整合到工业遗迹的再开发和利用中，因此，你可以随处看到一种任意而不受人为干预的植物生长的状况，这一点与中国当前普遍存在的将公园人为美化、净化、纯化的开发理念有着本质的差别，值得深思。

[由变电站改建成的旅游咨询中心

我们到旅游咨询中心索取资料，这里原来是变电站，许多变电设施还保留着，给游客们增加不少体验的情趣。让我们高兴的是在旅游咨询中心门口，我们碰到了来自北京师范大学的几位专家。

[北师大王民老师接受采访

我们是北京师范大学来考察鲁尔区的可持续发展的，当然我们的项目就是学校教育中的环境和可持续发展，那么这里头我们到这里也感觉到鲁尔区在发展过程中也遇到很多问题，那么对于废旧的矿井、工厂到底怎么处理，我觉得鲁尔区它把这个作为人类文化遗产的一部分来处理，然后把它作为人类文化遗产进一步的开发。昨天我们参观了鲁尔区一个废旧的矿井，它现在已经开发成一个很有意思的、内容非常丰富的一个旅游资源，但它首先是文化遗产，我觉得这个给我们一个启示：就是对于我们国家的很多地方，比如说东北的这些资源枯竭型的这些城市，他们在发展过程中怎么对待这些遗迹，这些我们发展过程中的一些比如现在可能有一些危害的工厂、矿山呀，那么这个德国鲁尔区给我们一个比较好的启示，就是这个是历史的一部分，我们不能够把这段历史忘掉，也不能说不承认这段历史，我们只有很好地承认这段历史，把它作为人类文化遗产的一部分开发，教育我们的后代。我们才能够走上一个健康的可持续发展的道路。

解说：到底是大学教授，在经过深切体验之后立刻总结出了清晰的理论。

[李莹女士接受采访

说实话我到德国已经12年了，我这是第一次到鲁尔区，但也事先了解过一些情况，这次考察对我有一个很深的印象，所以刚才听到你们介绍说深圳大学和中央电视台合作搞这个工业旅游的考察，我觉得特别地高兴和十分地钦佩，你们这是十分有见解、有远见的一个做法，因为工业这些设施虽然有的已经拆毁了，但是德国有一些比较明智的做法，我希望能传播到中国去、给中国一个借鉴。

周宇：其实我们也是希望通过这次考察呢对我们国家……（声音渐弱）

解说：在德国生活了12年的李莹女士在北杜伊斯堡景观公园经历了各种体验之后竟这么激动，她的情绪也深深地感染着我们，以至于在这独特环境中的采访也成了一种独特的体验。

接着让我们兴奋的体验是登上高炉顶部眺望鲁尔地区的整体的工业景观。

[攀登高炉

早晨我们曾渴望登上科隆大教堂钟楼的塔顶远眺，没想到此刻竟在北杜伊斯堡钢铁厂的高炉上实现了登高远眺的愿望……让我们的目光穿越近处的树林，在晚霞初现的天幕上，因具规模效益现在依然在生产的德国最大的钢铁企业——克虏伯钢铁公司以及其他一些仍然运转的或已经停产的企业的高大工业建筑，组成了一幅连绵不断的工业文明的壮丽画卷。

周宇：苏教授，鲁尔区有这么多的工厂，你能告诉我现在有多少工厂还在工作着，又有多少工厂已经变成了工业遗产了呢？

苏迪德：是的，这真是一个很有意思的问题，因为我们看到了许多工业景观、工厂、烟囱……但是，正如我们在先前所谈到的，鲁尔区的逆工业化已经使很多传统的工业，特别是钢铁工业关闭了。因此，我们可以说这是一个唯一还活着的钢铁厂。这就是大型的蒂森克虏伯（ThyssenKrup）公司，我们可以看见，它的工厂企业沿着莱茵河分布。莱茵河就在那些高炉、钢铁厂、烟囱、焦炭厂等的后面。这是德国仅存的最大的钢铁企业。我们还有一些小型的工厂在南部，莱茵河也穿过杜伊斯堡市，其他一些钢厂和高炉已经在鲁尔区东边的波恩一带存在了一百年。我们现在所站的地方就是这些关闭的工厂之一。这个高炉所在的厂区原来属于蒂森克虏伯企业。这个企业以产品多样性闻名，主要生产各种各样的熟铁，几年前它关闭了。刚开始的时候有人想拆毁它，后来有一些非常活跃的市民采取了一些行动。然后突然间，（当局认识到）保护它比拆毁它以及处理那些有一百年历史的污染物更便宜，现在它已经成为鲁尔区最有吸引力的游憩地之一。我们在这里看到一些攀岩者，我们还在储气罐看到一些潜水者，周围还有很大的公园，这里对于那些想爬到高炉顶上远眺的人很有吸引力，每个月都有数千游客来这里休闲玩耍，这里正在变化、它将改变其工业区的形象。

[演出场所——一座被改造为音乐厅的高大厂房、乐队彩排

旧厂房里传来一阵乐曲声，原来这里正在举办鲁尔艺术节，乐队正在彩排，今天晚上他们就要在这里演出。

这个旧的厂房被铺着木地板的斜面分成了两个空间，斜面之上是观众席，而斜面之下依然保持着厂房的原貌。有趣的是观众席最后面，整个建筑最高处的一个平台上也站着几个正在排练的乐手，演出时乐手将从前方低处的舞台和后方高处的另类舞台两面“夹击”观众。

我们对晚上将要进行的演出产生了浓厚的兴趣，在这个旧厂房改建的“音乐厅”里，这些衣着比较随便的乐手，也许是代表一个工人乐团搞一场自娱自乐的活动吧。我们找到经纪人要求进行采访。

[另一开放的演出场地

周宇：Ehman先生，我想知道作为一个文化经纪人，你怎样想到在这样的工业遗址这种场合展开多种多样的文化演出活动的？

经纪人：这些地方不再仅仅是工业废墟，但是我们看到这个地方对于生活在这里的人们是很特别的。虽然这里没有什么产业了，但是人们对于这些地方仍然有感情。他们来到这里，到处走走。这是他们过去记忆的一部分。

现在人们尝试着将文化重新带回这些地方，使它们充满着生气。这对于整个地区是很重要的。因为人们从四面八方来到这里，看见剧场和音乐设在这样的地方。这些地方不再仅仅是工业废墟而是可以具有独特感觉的地方。这地方让人有点儿伤感，但人们还是喜欢来这儿，去年开始的大型的鲁尔文化节在今年取得了巨大的成功。所有

的演出（的票）都销售一空，人们真的喜欢这种工业废墟上的演出……人们谈论着它。欧洲各地的媒体也来到了这里。他们派出了电视媒体人员来转播这里的节目。巴黎的记者甚至远在纽约的记者也来了。他们重新开始谈论鲁尔区。

当经纪人Ehman告诉我们今晚将演奏一位著名英国作曲家的作品，这位作曲家已来到现场并愿意接受我们的采访时，着实让我们吃了一惊。

[由厂房改造的音乐厅

作曲家Harrison Birtwistle：我1934年出生在一个非常像这里的一个城镇，那是一个没有真正的音乐厅而是充满铸造厂和工人的地方。我的创作来自于这样的社会。我感到非常荣幸在这样的一个地方，不只是简单地废除过去而是显示出一些与过去的关联。这种宝贵的关联使世界明白通过艺术会有一个真正的未来。

周宇：我觉得在这（厂房）里听你的音乐感觉很奇特。

……我们都是我们过去的产物，并且受着过去的影响。我喜欢感觉我的音乐以某种方式通过一条迂回的、长长的道路回到了一个地方，并且属于这个地方。

解说词：其实中国的音乐人很了解这位作曲家，他有一句名言："我的音乐在乐谱中，也不完全在乐谱中。"也就是说，他的乐曲给指挥家、演奏家留下了二度创作、三度创作甚至是现场即兴发挥的余地。有趣的是这位先生也成长于英国的一个工业区，他来到这里感到一切都很亲切。但他毕竟是英国著名的作曲家，今晚德国的业余乐手们能把他的作品完整地体现出来吗？

[演出开始

演出一开始，我们立刻意识到这是一个高度专业化的乐团，当然是一个非传统的（后）现代派乐团，我们最初的判断是错误的。

观众朋友你听出来了吗？这部（后）现代风格的交响音乐如同这个被分割的建筑一样也被分成截然不同的层面，因此你可看到有两个指挥各自在指挥乐队演奏两个不同的主题，被不同层面音乐分割的乐队时而对立，时而统一，同时作曲家和指挥也给领奏者留下极大的空间：领奏者逐一上前自由地发挥即兴演奏的才能。

感受着演奏者个性张扬的表演，你会为他们的才华所倾倒，但同时也感受到充满张力的整个交响音乐磅礴气势。

不知为什么，听着这首激扬的（后）现代交响音乐，眼前又浮现出了早晨所见到的科隆大教堂那高高的双塔，甚至听到了钟楼里传出的悠远的钟声，这是一种错觉吗？

不可能的！不，可能！这就是在这个传统工业建筑中演出的特殊效果！今天与过往，英国的音乐与德国的演奏者以及这首现代音乐本身的不同层面都在这看似分割实际统一的旧厂房中融合在一起。

陶醉在音乐之中，忽然想起了苏迪德教授所使用过的一个词汇"体验岛"，这一天我们真的在这个"岛"上经受了身体的和心灵的深刻体验！

第八集 "黄针"串起的鲁尔区工业旅游路线

刘会远 李蕾蕾 李 冰

[公路、车流、苏驾车

自20世纪90年代东欧发生剧变、华沙条约组织解体以来，由于东欧与西欧的经济联系越来越紧密，这给德国的公路交通造成了一定的压力。所以苏迪德教授为我们制定的计划，在通过公路转场时是留下了充足的时间的。今天的运气不错，一路没碰到塞车，我们可以提前到达宿营地。

[标志闪过，特技："山"和三角塔标志特写

苏教授减慢车速并告诉我们这个标志牌标示的是一个废矿渣山的瞭望塔。

[小镇、绿地、桥，然后摇向矿渣山顶、塔

这个位于埃姆歇尔河旁的矿渣山，现在已经成为鲁尔区的一个重要景观，原计划明天拍摄，但现在正好经过，苏教授说如果大家肯用急行军的速度迅速登顶，我们还能在天黑前完成这个项目。大家一致同意苏教授的建议：先登山，然后再去旅馆。一个60岁的德国教授能够急行军，我们还有什么不行的呢？经过一场紧张的与时间的赛跑，我们终于登上了矿渣山。

[矿渣山顶，裸露的碎石

这个矿渣山四周的斜坡都长出了茂密的植被，可有趣的是山顶上却特意裸露着矿渣，而且山顶四周硬化的路面较高，中间的碎石广场稍微有点凹陷,可能是为了汇集雨水。当然在矿渣山上最醒目的还是这个被称为Tetraeder的中间虚空的金字塔形瞭望塔，为了抢时间，我们又迅速爬到这个塔中的瞭望平台上。

[在Tetraeder瞭望平台上

周宇：在鲁尔区我们工业旅游也去过了几个点，它们之间给我们的感觉就是有一

种相辅相成和首尾呼应的特殊效果，我想这些很显然都是由那些有远见卓识的人经过策划和长期努力实施的结果。

苏迪德：我们现在站在鲁尔区另一个非常有名的瞭望点。这个地方的官方名称叫Haldenereignis Emscher-Blick。它建在一个废矿渣顶上，我们可以看到下面的埃姆歇尔河谷，这个独特的建筑常被人们称作Tetraeder。它是一个IBA计划的产物，IBA是一个10年计划，我们等会儿会谈到。让我先介绍一下我们在这里能看到的最重要的一些东西。你可以看见以后面这个焦炭厂为代表的老的鲁尔工业区，刚才有一些焦炭出炉过水冷却时产生的白色蒸汽；我们看得见另一个储气罐、大型的储气罐；你可以看见一些火焰……所以这个地方是活的工业，它是鲁尔区最后剩下的几个焦炭厂之一。这个焦炭厂与北边的依然生产的煤矿有产业链的关系。在天气好的时候，你可以看见远处几个煤井架。

现在新的鲁尔区的代表却是这个很好玩的绿色蛇形建筑。其实是一个滑雪场，人造的滑雪场、室内滑雪场，就像是一个充满了人造雪的长长的大冰箱。

近几年这个地方对于年轻人和老年人越来越有吸引力，此处是否赚钱还须假以时日，但是，这儿很有意思的是，它反映了人们将新事物带到老工业区的努力，你可以看见它也是建在过去的一个废矿渣山上。

[塔上看到的鲁尔区各工厂……

苏教授一一介绍了从瞭望塔上看到的鲁尔区依次重要的工业景观，话题终于又回到以瞭望塔为重要标志的IBA计划。

[Dieter介绍

我刚才简单地提到了IBA计划。IBA是德语International Bauausstellung 的缩写，意思是在埃姆歇尔公园举办国际建筑展。以这条鲁尔区的埃姆歇尔河命名，这条河流在过去的几十年已成为一条排污河。

这整个地区可以说是在没有什么规划的工业化时代迅速扩张而发展起来的，因此其自然景观几乎完全被摧毁了。而现在当工业化时代逐渐接近终结的时候，采煤业向北部转移和发展，这里的煤矿迅速关闭，突然之间成为一个问题重重的地区。

这里并没有真正的大城市，我们可以看见埃森市，那是埃森市中心的摩天大楼，但是埃森市以北并没有什么大城市，有的只是在煤炭工业的基础上发展起来的城镇群。因此它们缺乏基本的、先进的基础设施，而现在逆工业化过程将对这些陷入困境的城镇群产生影响，因为这里没有其他的工业也没有服务产业等等。

因此有人思考修复这个地区，或者至少给出几个通过国际建筑展的形式，即样板性项目来重新振兴被工业摧毁的、衰退的、问题性的工业地区的案例。因此，就有了这个10年计划。这个计划刚开始的时候只是局限在一些小的局部地区，而后来扩展到整个地区。经过10年的努力，有些地方已经在北威州政府、德国国家政府以及欧盟组织的补贴下得到了修复了，我们已经参观或将要参观一些这样的场地。

这个计划执行了5年之后有人意识到虽然我们已经有一些得到了很好修复的场地，但是我们如何利用它们呢？于是人们想出了将这些地方展现给游客的主意。经过巨大的努力之后，这些点已经串联成旅游产品，不久又形成了工业遗产的旅游路线（即RI路线）。

我这里有一张体现这个项目的总图，我们可以简单地看看这个图。这是整个鲁尔工业区，这是一条已经形成的工业遗产旅游路线。在这条路线里面有几个关键地点，我们已经参观了其中的几个，北杜伊斯堡景观公园是其中的一个关键地点。我们还参观过关税同盟煤矿，它是另一个拥有游客中心的关键点。还有一个演出歌剧的世纪大厅（Jahrhunderthalle），我们还参观了措伦露天煤矿博物馆等等。这里的理念就是：那些对于工业历史遗迹感兴趣的游客只要沿着这条路线旅行观光，就可以看到反映鲁尔工业区历史的最重要的地点。这是一个大型的项目，已经对很多人产生吸引力。它第一次改变了工业区肮脏的形象，并给这个地区带来了一个关注工业遗迹并以工业遗产为自豪的新形象。同时这种自豪会带来新的经济优势。

[落日、大烟囱

我们平常常说太阳落山或太阳消失在地平线上，但此刻我们在废矿渣山的瞭望塔上看到的却是太阳落在以大烟囱为标志的工厂轮廓线上，虽然有点“夕阳无限好，只是近黄昏”的感觉，但我们又深切感受到了IBA计划把鲁尔区的夕阳产业带入了另一个境界。

[落日消失在晚霞中，接几幅晚霞照片

夕阳消失在晚霞中，晚霞逐渐染红了整个天空，瞭望塔沐浴着霞光仿佛真的变成了一座金字塔。

[汽车行进、树林后炼焦厂、上方显出部分“滑雪场” 停车场下车

第二天一早，我们来到了室内滑雪场所在的另一座矿渣山。从停车场隔着树林向

矿渣山下望去，昨天傍晚灯火通明的那座炼焦厂现在仍然还冒着热气，但我们就要走进被苏迪德教授比喻为长长的大冰箱的室内滑雪场了。

[滑雪场正面照片、图、滚梯

经过长长的滚梯，我们来到了滑雪场顶部。

[雪堆

似乎这个雪堆以上是初学者的练习场地，一个绞盘带动的绳子把滑雪者拉上坡顶，再任由他们滑下来。

初学滑雪或刚刚入门是兴趣最高的时期，滑雪场刚开门不久就已经有不少初学的发烧友赶来练习了。

雪堆以下长长的滑道显然是为高手们准备的，你看这一位滑得多么从容。

看这三位小伙子用的是冲浪式的滑雪板，可惜我们没有时间欣赏他们雪中冲浪了，这个滑雪场的负责人正等待着接受我们的采访呢。

[采访建筑在废煤渣山上的室内滑雪场的负责人

周宇：刚刚我们看到这个长长的滑雪道，难道这个人工雪场真的是（在）废弃的煤渣堆（上建）成的吗？

室内滑雪场负责人：是的。我们位于鲁尔区的一个废矿渣山上。鲁尔区过去是一个巨大的以煤和钢铁为主的地区。我们拥有这个山，一座真正的山作为室内滑雪场。这是一个世界上最大的室内滑雪场，长达6040米。这个想法来自于以前的滑雪家Marc Girardelli先生。我记不准他赢得了多少次世界滑雪大奖。他的想法就是修建一个有真正雪的室内滑雪场。我们现在就在这里。

看了滑雪场，再听了负责人的介绍，我们都感受到了一种震撼，在这座废矿渣山上由一位世界著名的滑雪家设计，建起了一座世界最大的室内滑雪场，怪不得他自豪地说："我们拥有这座山！"看来矿渣山真的变废为宝了！

这座建于废矿渣山上的室内滑雪场与世界著名滑雪胜地是联网的，因为这个世界最大的室内滑雪场也是一处滑雪胜地。

[滑雪场室外，对面矿渣山、Tetraeder塔

结束采访前，我们在滑雪场外面，再一次从远处眺望昨天傍晚攀登过的对面那座矿渣山上的象征IBA计划的瞭望塔。经过对滑雪场的访问，我们对IBA计划有了更深一层的认识。

[Sodingen Herne玻璃建筑前的道路

前面我们已经介绍了IBA计划最初是以国际建筑展的形式，即样板性项目来重新振兴被工业摧毁的问题性地区。现在我们就来到了IBA计划的一个样板性建筑面前。

[玻璃建筑近景、内景

这个建筑的外观像一个养花的玻璃大温室。如果没有人介绍，你绝对不会想到这里曾经是一个煤矿，像中国的一些资源枯竭城市一样，这里也曾经遇到过同样的问题：煤矿关闭了，但废矿井中溢出的瓦斯还在继续污染着环境，进一步导致了这个前工业区的衰退。

IBA计划改变了这里的命运，不仅扭转了经济衰退，环境恶化的趋势，而且一步到位，建起这座体现了一种新的环境观的未来型建筑，使这里成为了城市新社区的中心。

[建筑内的"太空舱"、餐厅、"飞人"等

在整个玻璃屋顶下，分割出了许多功能区，甚至还存在一些独立的建筑，例如这个"太空舱"。学校、图书馆、餐厅、小旅馆以及社区管理机构都被集中到了这个玻璃屋顶下。整个建筑内一切活动所使用的能源都是由收集旧矿井中溢出的瓦斯来支撑的，变废为宝是这一建筑也是IBA计划所资助和管理这一项目的一大亮点。

[从建筑内看外面封住的矿井口

你看这面玻璃幕墙外就可以看到一个封住的矿井口以及井口上收集瓦斯气体的装置。

周宇：我们现在来到了一个非常别致的建筑物当中，要告诉你的是：这里的一切能源都是由从废弃的矿井中收集的瓦斯所提供的。

[培训中心负责人Mont Cenis接受采访

你好，我们现在在 Herne的Mont-Cenis煤矿，这个老煤矿现在是北威州内务部的继续教育培训中心。人们来这里接受继续教育，住在这个漂亮的建筑里面。这里的总体概念是"微气候覆盖"。房顶上有一个综合发电器。煤矿残留的瓦斯气体被用来给这幢建筑供热。我们还利用了雨水。这里的一切讲究一种与环境友好的生活方式。这种建筑有很多优势。一年之中我们都可以利用这个地方，住在这个地方。我们节约了能源，人们在这个（微气候覆盖的）环境中到感觉很好。世界各地的人们来这里的第二件事是参观这个建筑，因为它是这类建筑的一个范例，并且已经成为Herhe一个新的景点。

[苏迪德接受采访

这个Sodingen的新中心是在IBA计划的部分资助下加以管理和协调的。IBA计划是为了给那些严重受到工业化影响的部分被破坏地区的重构提供一些范例。我们已经谈到过遗产保护，现在我们这里有一个IBA（国际建筑展）计划的实例。这是一个很好的范例，体现了IBA计划对老的工业化地区提供了创新式重构的机会。

[玻璃屋外的社区住宅楼，其他封住的矿坑口及装置

由于这里成了Sodingen Herne的新中心，吸引了许多人到这里来居住。这个社区所需的能源也是靠废矿井溢出的瓦斯来供应的。不仅是微气候覆盖的玻璃大屋，在整个社区也都形成了一种与环境友好的生活方式。

[古船闸、黄针特写

你知道这个黄色的针标志着什么吗？噢，这是工业遗产旅游路线的意思，我们可以简称为RI路线，那么这根针我们也可称RI路线指示针。

[闪回矿渣山顶，Diter展开RI路线图

还记得在矿渣山顶瞭望塔上苏迪德教授介绍RI路线的情景吗？

这张图我们在北杜伊斯堡钢铁厂景观公园信息中心也见过，这就是苏迪德教授送给我们的那张鲁尔区工业遗产旅游路线图。现在我们来到了图上的这个地方，一个安排在古船闸旧址上的内河航运博物馆。

[黄针特写，摇向船闸及博物馆展品

自从中国的指南针传到西方后，在航海、军事等方面发挥了巨大作用，“针”也就带有了指引方向的意思。同时“针”也依然保有串联和缝补的本意，RI计划用黄针来作为工业旅游景点的标志是一个非常有创意，也非常贴切的设计。

[现代的船闸转成历史资料中的船闸，再转回来

这个气势宏伟的古船闸，位于多特蒙德——埃姆歇尔运河之上，过去在鲁尔区的工业化进程中运河起了很大作用，它以比较廉价的运输方式运送铁矿石、煤、焦炭、石灰石及钢铁产品等大宗物资。这个船闸无论是技术设备，还是建筑式样都非常讲究，是那一时代的代表作。1962年一个新的船闸在这里落成，老船闸于1970年关闭并开辟为内河航运博物馆，成为一个很有吸引力的地方，是工业遗产旅游之路的一个热点。

[资料片、大罐边上的河、公路、车流、黄针、大罐、闪回北杜伊斯堡大罐

黄针又把我们带到了一个大气罐前面，这种气罐我们似曾相识，对了，在北杜伊斯堡旧钢铁厂景观公园我们曾看见过一个类似的气罐，其内部已被改造成潜水俱乐部。而这个气罐显得更为高大，它原属于德国一家最大的钢铁企业——位于奥伯豪森市的Gute-Hoffnungs-Huette钢铁厂的一部分。

[大罐外景转内部一层展览厅

这个巨大的储气罐被分成三个层面进行利用，底层是展厅，展示着奥伯豪森市这个大钢铁厂的历史，特别是这个大气罐本身的历史，同时这个展厅也对社会开放，可以举办各种展览。今天一个展览正在这里进行。

[巨大箭头、视觉艺术

这个巨大的箭头指引我们来到了罐子的中部，这是一个体验一种新颖的视听艺术的地方。人们躺在一个漆黑的空间里，顶部、侧面映现出一些不同的流动的画面，配以怪异的音响效果，使人仿佛到了另外一个世界。在经历了画面和音响的冲击之后，定下心来仔细辨认，原来这是用高速、高清晰度摄影机拍摄的跳水运动员入水时的画面再放大后慢放给观众观赏，这时的观众就好比是泳池里的水蜻蜓，看到从天而降的巨大怪物，把平静的水面搅了个天翻地覆，怪物周身裹挟着的大量泡沫一直尾随其进入深水，每一个泡都异常清晰。

[大罐顶部

用水蜻蜓的视角观察完水和空气的界面之后，我们来到了这个高高的储气罐的顶部，开始用鸟的视角鸟瞰鲁尔工业区，站在高高的罐顶上，我们不仅可以得到登高望远的享受，而且看到大面积的鲁尔工业区的面貌，可以使我们对振兴这个老工业基地的IBA计划有更深入的了解。

你看铁路、公路、运河在罐的下面有序地铺展开，运河左边还有一条小一点的运河是原来埃姆歇尔河，后来变成了整个鲁尔工业区的排污河。典型的鲁尔工业景观就是由运河、埃姆歇尔排污河所组成的画面。

两条运河、铁路、公路都还在，但原先宏大的钢铁厂只剩下了这个高大的储气罐作为工业文明的符号还保留在这里。在过去的厂区已建起了游乐园和购物中心，但远处你依然可以看到一些仍在运营的工厂。用苏迪德教授的话来说鲁尔区再也找不到第二个更好的例子，显示出过去20年工业景观发生多么巨大的变化，显示出工业社会向后工业社会的转变。

[商场

从大气罐顶部下来，我们赶去旁边的Centro——也就是苏教授说的德国最大的购物中心之一。

周宇：真没想到这么繁华的购物中心以前也是一个工业区。

苏迪德：我们现在在一个非常著名的大型购物中心。我想它是德国最大的购物中心。有意思的是这个购物中心正好位于奥伯豪森市最大的前钢铁公司的原址上。这真是一个非常有趣的现象，一个工业场地转变为一个德国最大的或最大之一的商业零售场地。它本身也成为一个旅游胜地。从荷兰、比利时以及德国其他地方来这里购物或者称之为娱乐性购物。

[回到黄针、罐顶上鸟瞰的几个景穿插一点历史资料

原先钢铁厂等工业景观已经大部分消失了，但我们看到了这支黄色的RI指示针一方面向我们提示着这里工业文明时代的辉煌的过去，同时又为我们编制了一幅后工业文明时代的繁荣景象。

[有黄针的一个演出场地、剧场内景

黄针又带我们来到了一个由工业建筑改造的演出场地——世纪大厅。傍晚鲁尔文化节的经纪人Ehman安排我们采访戏剧艺术家Gerard Mortier，他在这次文化节上导演了一出难度很高的6小时戏剧作品，文化节后他就将上任巴黎歌剧院院长。Ehman一再向我们道歉，这出6小时大戏的所有票都已卖完，而德国法律又不允许记者在没有座位的情况下占据座位间的道路进行拍摄，所以我们只能在演出前采访，不能像上次在北杜伊斯堡旧钢铁厂景观公园那样看一次完整的演出了。有过上次在北杜伊斯堡旧钢铁厂车间改造的剧场里欣赏现代音乐的经历，我们已坚信这次文化节的演出节目都是很高档的，这一采访机会当然不会放过。

此时观众已开始入席，乐队后面舞台上有一巨大的喇叭形装置，很像钢铁厂的钢水包或铁水包，给人留下深刻印象。

[另一演出场地

导演并不在这个“剧场”，他正在旁边的另一个也是由厂房改造成的剧场里向提前来的热心观众们介绍该如何欣赏他的作品。这情景很像我国的交响乐团，或昆曲团为工人或学生演出前要向观众做一些普及高雅艺术的工作一样。

[采访导演

在导演结束了对热心观众的讲话，返回演出场地的时候，我们抓紧机会采访了他。

Gerard Mortier：我们知道在文化中，人们总是在与他们日常生活很接近和相关的地方表演。希腊人在大海面前表演，中国人或印度人在庙前表演，这些地方对人们的生活很重要。因此我认为在这个被称作为“工业圣殿”的工业遗迹上表演，可以使人们有一种家的感觉，而不会感觉这种演出是与他们生活无关的，而是属于他们生活的一部分。为了吸引观众我认为你需要做大量的工作，我认为观众在这里重新发现了美妙的音乐、发现了剧院、感受到了自豪，因为艺术就是使你能够重新关注天堂的地方。

作为无神论者，我们难以想象天堂的意境，但对于Gerard Mortier先生在这里演出所抱有的那份神圣感，我们还是充分理解的。

[剧场外的走廊

演出的铃声响了，没有票的我们不得不离开了“剧场”，回过头来看这个被称为世纪大厅的旧厂房，感到它真的是一处跨世纪的工业圣殿。

[剧场外景、穿插演出资料带中不同颜色的“钢水包”，穿插一点钢花飞溅场面

乐队奏起的序曲传到了剧场外，我忽然感受到舞台后方那个巨大的喇叭形装置产生了蒙太奇式的幻化，它开始变化颜色，蓝色中现出了明亮的黄色，仿佛成为了一个钢水包，钢水在其中激荡，溅出阵阵钢花……钢水包又逐渐变回梦幻般的蓝色，它不再倾倒钢水，而是向观众倾泻高雅的艺术。而刚才飞溅的钢水并未退回改变了颜色的钢水包，而是在空中凝结成一支黄色的针，这支针以运河、铁路和公路为线，以厂房和各种工业设备为音符为我们编织着一曲工业文明的神圣乐章。

第三次专家点评

点评专家及主持人：

陈栋生：中国社会科学院工业经济所研究员　中国区域经济学会副会长兼秘书长

肖金成：国家发改委国土开发与地区经济研究所副所长　研究员

李蕾蕾：深圳大学传播学院旅游科学研究所副教授

周　宇：中央电视台主持人

周宇：观众朋友们，大家好！《德国工业旅游》系列片已经连续播出八集了，不知道电视机前的观众朋友们是不是一直在关注我们的节目？今天呢我们依然请到了有关方面的专家，将针对第六、七、八集节目的内容进行简单的点评，和大家一起来聊一聊。在节目开始之前呢，我们还是一起来认识一下我们今天请到演播室的三位嘉宾。观众朋友一定还记得我们进行第一次专家点评的时候，有幸请到了中国科学院的一位资深院士，今天呢我们也特别荣幸地请到了来自中国社会科学院的一位权威的专家，是来自中国区域经济学会的副会长、中国社会科学院的陈栋生研究员。陈老先生，您好！好，另外一位来自国务院的决策部门，我身边这位先生呢，就是国家发改委国土开发与地区经济研究所的副所长肖金成研究员。肖所长，您好！在我们的系列短片中，经常看到她的身影，她是我们这部短片的翻译，也是我们的撰稿人之一，来自深圳大学传播系旅游科学研究所的李蕾蕾博士。李博士，你好。

李蕾蕾：你好！

周宇：仔细看过我们系列片的观众朋友一定还记得我身后这张图片当中的黄色指针。它就是我们整个摄制组在鲁尔工业区所拍摄到的RI旅游路线的这个标识，非常重要的一个标识。李博士和苏迪德教授在鲁尔工业区作过这个考察和研究，您对这个RI旅游路线是非常熟悉，给我们大家作一个介绍吧。

李蕾蕾：好的，我是2001年获得德国学术交流中心DAAD的这个资助，在德国做了三个月的短期访学。就是跟德国科隆大学地理学的一个教授苏迪德，也是我们这个片子的外方专家（向导）合作研究整个鲁尔区的工业遗产的保护和旅游开发的问题。这个RI旅游路线，全称英文就叫作Route of industry-culture，这个标识非常重要，因为它实际是把整个鲁尔区的相关的工业遗产在这个旅游路线串起来了。我想说，这个德国的成功的工业遗产旅游开发项目，绝对不是一个孤立的个案。它是一个整体的一条旅游路线。我这里有一些数据。RI的这个旅游路线，它包括大概500个景点，其中19个景点是比较关键的。有6个是国家级的工业技术和社会史博物馆，还有12个典型的工业聚落。工业聚落就包括企业家，还有工人居住的宿舍。还有九个利用废弃的工业设施改造而成的瞭望塔，像这个瞭望塔（指背景图片），就是其中的一个。

周宇：对，我们当时登的这个塔上去拍摄的，很高这个塔。

李蕾蕾：对，游客可以登上去对整个鲁尔区的全貌有一个了解。这19个主要的景点当中有三个专门为游客设立了一个旅游信息中心，游客到了这三个地方，他可以获得整个鲁尔区的所有的工业遗产旅游的资料。

周宇：很便捷的。

李蕾蕾：是的，他可以自助游。RI或者说这个黄针，只是这整个区域系统标识系统的一部分。除了这个黄针之外，我们在片子里边也看到还包括树立在每个景点，用铸铁铸成的标识牌和说明牌。还有一个现在国际上比较流行的棕色底、白色字、有一些图案反映这个工业遗产、反映景点的这样的一个指示牌。这样的一种现象，也就是一种具化的旅游路线，形成了一种规模效应。我觉得这种想法是相当好的，为什么呢？它对后来的这个区域再开展旅游业以及相关的衍生产业，具有重要的意义。那么，我们在这个鲁尔区，也拍摄到一些这样的文化活动，比方说它有专门的鲁尔文化节，有专门的音乐，为工业、为工业遗产、为钢铁而创作的音乐，有舞蹈，所以，它可以衍生出相关的文化产业。比方说，我们在这个埃森关税同盟，它的一个厂房就变成了一个设计中心。所以它只有在形成了一个规模化的效应之后，它树立整个鲁尔区的，过去它是一个工业区的形象，那么现在，它是一个绿色鲁尔，是一个后工业时代的形象，那么它就可以发展、配合后工业时代的一系列的旅游、文化、创意这样的一个产业。所以说，鲁尔区通过这样一个区域性的旅游路线的设计来引发和带动它相关的旅游、文化和创意产业，我觉得这个想法是相当好的。不知道，肖所长（有何看法）。

周宇：肖所长，您对这方面有何看法？

肖金成：通过李博士的介绍，在这部片中，我们发现德国把这个工业遗迹作为重要的旅游资源。实际上，我们国家呢，这方面的工业资源也很多，可以作为开发旅游的一些区域。你比如说，包头的白云鄂博铁矿，它有一个非常大的矿坑，你们要看了以后，会非常的惊叹。那么，甘肃的白银、白银市的铜矿又一个大矿坑。这些都是工业时代留给我们的，世界上不可多得的一些资源，应该把它们开发出来。开发出来，让人们知道这个铜是怎么出来的，在（从）哪儿挖出来的，中间呢，进行了哪些过程。比如说北京的首钢搬迁之后，我们前年给它做工业布局的时候和产业布局的时候，我们就提议要把首钢搬走之后，要开发成工业的主题公园，让这些青年、儿童都能够去参观。知道我们的钢铁是怎么生产出来的，包括我们的一些纺织厂，包括我们一些化工厂，包括这些都是值得人们去考察、去认识它。实际上，本来这个可能是要废弃的东西，都可以变成人们将来要旅游的资源或者旅游的产品。只不过是我们好多的旅游、工业资源呢，虽然有的已经开发出成为旅游的景点，但是还没有整合到人们的旅游线路当中。现在，比如说我们非常注意这个景观旅游或者说古迹旅游，但是对这个工业旅游呢，现在只不过是呈零星，没有把它整合到旅游线路当中，如果说你像德国鲁尔，类似这个黄针，整合进去的话，那么，大家的旅游路线可能就会更加的丰富。

周宇：对，我们也应该形成自己的这个RI路线。关于这个旅游景点怎么去整合呢？陈老先生，您有什么自己的看法和高见吗？

陈栋生：我很同意他们的观点。它要把包括工业遗产、旅游在内的工业旅游作为一个重要的旅游资源加以开发。现在，旅游业在我们国家，已经是一个重要的产业。拿刚刚过去的2005年来说，国内的旅游达到12亿人次，逾境的旅游是1.2亿人次，整个的总收入7600多亿。但是它依托的资源主要是自然风光、历史文物古迹。最近几年开发的农家乐，还有开发的革命圣地的红色旅游。那么现在就应该再来第五大类资源就是工业旅游、工业遗产旅游。这对于我们的经济价值，开辟新的就业门路都是很重要的。这是我讲的第一点。第二点，它不仅仅是有经济的意义，它有更深远的社会和文化意义。刚才这个RI计划，它是把一个世纪以前的德国鲁尔区复制出来的，用新的面貌让人家看到。那么中国现在尽管还是工业化的中期阶段，但是从洋务运动开始，我们走了一条非常坎坷、曲折的路，已经将近一个半世纪。江南造船厂就在苏州河、黄浦江那里，一直沿长江而上，到安徽、到武汉、到重庆，把这些工业遗产，像类似这个RI计划，我们串联起来成为一条线。它的旅游价值、文化价值是非常大的。如果说在RI计划里面是用这个针来连成线，那么我们的长江是以黄金水道连出来的一个线，这个会给现代的人，给国外的人就知道中国是怎么样工业化，怎么样一个历程。中央现在号召我们要走一条新型工业化的道路，这个新型工业化的道路不是从天而降的，它必须要对历史的反思才能够，总的讲来一句话，要让现代牵住历史，共同走向未来。

肖金成：所以长江啊，黄金水道啊，那个武汉有中国第一家兵工厂。生产汉阳造步枪的那个企业、那个厂，实际上对中国来讲也是有历史价值的。

陈栋生：对，特别这里边有一个很好的机会，就是第一个，1860、1865年的江南造船厂在上海的，现在就在（上海）世博会的会址之内，世博会是什么？世博会就是向世界推荐中国。我们不仅要推荐当前的中国，我们要推荐过去的中国，就可以让世界知道中国成为了世界的制造基地不是偶然的，我们都知道2010年在上海要举行世博会，这个世博会的会址已经圈定，我们洋务运动第一个最大的江南制造总局原来的厂址就在这个范围之内，我想把它保存起来，把它保存起来，这个，而且就在利用这个世博会的期间，把中国近代工业发展的历程推向世界，也是推向我们国内的中青年、青少年。青少年就可以知道，中国之所以在改革开放以后，一引进以后，这么迅速的发展，除了许多原因之外，一个很重要的原因，就是一个多世纪工业化的历史的丰富的积淀。所以历史的遗迹不是垃圾，是财富！我们现在要走，要探索新型工业化的道路，它不是从天上来的，我们要对过去的工业化的道路进行反思。进行反思这会对我们走新型工业化道路给予很深刻的启迪。

李蕾蕾：我对这个，就是刚才陈老，还有肖所长都谈到了我们必须保护，比方说以江南造船厂为代表的近代的中国的这个工业遗产，我还想稍微补充一点呢，就是也不要忽略了改革开放之后，那么有一部分的工业厂房也应该保护。

周宇：比如说哪些地方呢？

李蕾蕾：比如说在深圳吧。我们知道深圳是一个快速工业化和现代化的一个城市，那么，深圳怎么起来的？实际上，早期它是通过"三来一补"这样一种加工业的、贸易的形式来起来的。深圳有大量的厂房。现在呢，深圳的产业结构调整，那么有一部分工厂就搬迁到这个内陆地区了，深圳也在发展新的产业。物流啊、金融啊、高新技术啊，一些传统的制造业和"三来一补"企业，或者随着旧城改造，它就迅速消失了。所以我就强调现代的，能够反映中国的改革开放，中国现代工业化进程的这样一段历史的工业遗产、工业建筑也应该加以（得到）保护，这样一点被很多人忽略，因为他觉得离我们现实生活太近了，或者它还不能被称为现代遗产。我觉得深圳在这个方面，有时候还走在前列。深圳的这个，我们知道深圳的一个非常有名的旅游区——华侨城，它现在有一家酒店呢，是五星级的，原来要改造成，叫深圳湾大酒店，要改造成一个新的五星级的酒店，它有意识地保护了一堵墙，这堵墙呢，才二十多年的历史，它要把这堵墙留下来和新的五星级酒店呢融合在一起，来变成一个新的五星级的酒店，所以它开始，我们深圳是一个非常年轻的城市，但是它已经开始意识到这也是城市记忆的一个部分。

周宇：有历史感，让它有。

李蕾蕾：三线建设时期，那部分呢，我觉得应该也是让它加以保护。现在有一些红色旅游已经把它作为，开始意识到它的文化遗产的价值和旅游价值。

周宇：那说到这里，又有一个新的问题产生了，这么多老旧的企业都要保护起来的话，那么新的往哪儿去盖呢？这个土地问题、人口问题又怎么解决呢？

李蕾蕾：对，就是工业遗产的这个保护和旅游开发呀，这个标准和选择是一个非常重要的问题。在德国或者说英国，或者说其他的工业化国家，早我们先一步的，这个开展工业遗产保护和开发的国家，它们也并不是说，所有的废旧的矿山、企业都把它作为遗产保留下来。一般来说，它是有这样一个步骤来进行选择，它呢，首先它是由一些专家的委员会，那么来关注这样一件事情，做一个登记的工作，就是把，比方说英国，那么它就会在全国把这些废旧的这个工业的厂房、矿山呢，把它登记在册，就是记录。记录是第一部分的工作，然后再根据它的价值，这里面的价值有很多，有些是历史价值，历史价值往往是根据这个年份，那么我们讲的工业遗产呢，都是工业革命之后的，那么有些是两百年，有些是一百多年，还有的可能是只有七八十年，是历史价值。还有呢，技术方面的这个价值，那比方说，这个关税同盟的煤矿，那么它就是有一个工业的功能的组合关系，还有弗尔克林根的炼铁厂，那么它里面采用的设备、技术都在当时，能够代表当时的水平，啊，那么还有呢，是由于建筑价值，那比较明显的就是关税同盟包豪斯的建筑风格。所以它还是有不同的价值的选择这个标准，来决定什么样的能够作为工业遗产，那这个价值大的往往就可以申报世界文化遗产名录，比方说德国的三处工业遗迹就已经被列入世界文化遗产名录了。那么这个价值稍微低一点的，它可能就是国家级的，而再低点的，它可能就是省级了或者州、县这样不同级别的这样的选择。

周宇：肖所长，我们国家也有很多地区的工业遗产可以申报世界文化遗产了。

肖金成：那个，我体会这个工业文明它不仅是一个历史阶段，而且它工业化是一个历史过程。这个过程，你比如说我们中国呢，比如第一家钢铁厂或第一座高炉，比如说第一家纺织厂、第一架织机、第一个厂房或者说第一个水泥厂，第一个化工厂或者我们的第一个产业吧，第一，我们有若干个第一，那么第一呢，有计划地保护起来。而且这些第一呢，本身就含有很深厚的历史价值，而且这些也会引起很多人的兴趣。我想这是一个标准之一，比如说第一蕴涵着它的历史文化和它的旅游价值。还有呢，有些进口的，比方一些设备、一些工厂，还有我们自己生产的，比方我们自行研制，自行生产的这些设备、厂房和这个工业设施。那么也是可以作为一个标准来制定的。总的来说，这些东西要有一个标准，要登记、保护起来，有计划地开发成旅游景区。

陈栋生：工业遗产的保留标准确实是多角度的，我同意他们两位的看法。但是有一个主角度，就是要把这个国家它的历史的足迹反映出来，经济学以中国工业化来讲，它第一步是洋务运动，第二步是第一次世界大战，帝国主义互相打得很忙的时候，中国趁这个缝隙，有了一个很大的发展。再以后，是抗战时期，将上海沿海等地的工业大量内迁，特别是到四川这些地方，这是解放前。解放以后，就是156项，第一个五年计划，（肖：苏联援建的，东欧国家援建的）再一个就是三线建设，60年代的这个就是一直到改革开放。（肖：由沿海迁往内地的）这样，你要把这个变成一条旅游路线，就等于是上一次中国近代工业史，近代经济史。

肖金成：我记来一个事，重庆水泥厂，它从丹麦引进了一座回转窑，那反正是中国水泥的第一条的回转生产线，已经有七八十年了，丹麦呢，就想把这个再买回去，那么，这个实际上就是具有重要价值的，历史很久。而且丹麦已经没有，它生产的这个生产线已经没有了。所以呢，这个价值实际上不仅在中国有旅游价值，而且对世界来讲也有很重要的价值。

陈栋生：除了这条主线之外，还可以有很多的。他刚才讲的这个技术，比如炼铁，炼铁最早是无炭炼铁，到后来才焦炭炼铁等等，像过去炼钢，过去是平炉炼钢，现在平炉都淘汰了，但是你要知道过去最早开始的就是平炉炼钢，我们还有些特殊的，能够起警示作用的。大家知道，特别是最近几年，煤矿的矿难非常频繁，我就认为应该把几个曾经发生矿难的，特别是由于人为事故发生的矿难，把它保留起来。这个是对我们，对后代有重大的警示作用。从而使我们的经济发展、生产发展要坚持以人为本。

李蕾蕾：刚才呢，这个标准问题呢，我还想补充一个就肖所长刚才所说的把早期的这种炼铁的，可能是手工的，保留下来。我呢，在英国，实际上作为访问学者也待过三个月，那么，就参观过英国的一处世界文化遗产。碰巧呢，它就是1986年被联合国就列为世界文化遗产的地方，它就是，它叫作铁桥谷博物馆。它就是保留着非常原始的那种炼铁的炉子，那种炉子我们刚刚去看的时候，觉得就像我们大炼钢铁时期，那么小的，小钢炉，（肖：土钢炉）对，土钢炉。可是呢，没有想到，它在外面盖了一个这个豁的屋顶之后，就是它是非常有设计感的这种屋顶之后呢，整个这个峡谷，当然它还有别的东西了，就被列为世界文化遗产了。所以这里面就引申一个什么看法，就是到底什么东西能被列为文化遗产或者可以加以保护，获得开发，可能这里面有一个价值观的问题，可能从我们现在看来，可能是一些非常寒伧的，或者非常不起眼的，或者非常简易的这样一些东西，很有可能它恰恰是记录了当时那种低技术水平下的一种状态。可是这种状态是不能够被忽略的，我们以前传统的文化或者文物保护价值观，强调的是，我认为强调的是一种显弱的东西。所以呢，这里面关于标准的问题，它还牵涉一些比较复杂的一个问题，学术上把它叫作遗产自治学或者叫文化政治学，这样的一门学科，那么它当然是有比较批判的态度来看就是文物的遗产保护这样一个事情。我们现在都是非常正面的，要呼吁保护这个文物，保护历史，传承文化价值。可是什么样的文化价值要传递下去？那么文化政治学认为呢，这里面隐含着权力文化关系，就是由谁来决定什么样的东西应该留下去、传下去，所以我觉得还是一个比较复杂的问题。那么权威社会强调，权威的东西或者说认为英雄史观的历史是由英雄创造的，保留的是英雄的这个东西；那么人民史观呢，认为人民的东西也应该保护下来，这个传递下去，这个里面其实有一个很好的例子，在我们片子里面也谈到，就是苏迪德教授曾经带我们去看关税同盟，这个煤矿的时候，这个煤矿已经被列为联合国教科文组织的世界文化遗产了，可是它保留下来的是企业家的东西，工人的东西呢，比方说土耳其移民，当时这个有很多，德国有土耳其的外劳进入德国，对德国作了很多的贡献，可是他们的东西没有纳入到官方的这个保护系统里面去，所以说，这里面还存在一些从学术来说，是应该值得，有一定这个批评的，所以说，我们曾经，我们在建议，我们给深圳的旅游业作一个，宝安区的，宝安区是一个工业区了，在深圳十一五规划里，有一项提议，要建立世界工厂或“三来一补”的文化遗址公园，那么在这个文化遗址里面，我们要建议保留中国民工的东西，就是说，我们要有一个更民主的，更人民的遗产、文化，是人民的遗产，是他们的文化。

周宇：还是要以人为本。

肖金成：最可能把深圳农民工住过的工棚给保留下来。

众人：对。

陈栋生：这个意见很好！你刚才讲深圳，我跟你补充一点，起码两类东西要保存。

周宇：哪两类呢？

陈栋生：第一个，现在深圳的口号是什么？是“效益深圳、和谐深圳”跟这个效益深圳相对的，二十年前的深圳是什么？是速度深圳，就是一天盖一层楼。这个效益深圳是从速度深圳过渡来的，就是过去讲的，三个馒头吃饱了，但是你第一个馒头的功劳不能够抹杀。

我想在中国未来一个时期吸引力会逐步扩大。所以我觉得现在第一个阶段，是应该先保护。那么政府通过规划，把它保护起来，保护起来，然后一些企业，根据它的这个一定的阶段，进行开发。所以我想大家也不要一哄而上都去搞工业旅游。工业旅游，我想咱们有些农业观光旅游，投资很多，开始的时候，游客很多，过了一段时间，后来发现没有人来了。那么靠这个产品呢，又卖不了多少钱。结果投资失误。所以我觉得咱们当然既学习德国，借鉴经验的时候，也要考虑我们中国的现实情况。不要说德国的旅游发展得很好，我们是不是现在就都把它开发出来，那么那样呢，结果这个效益就不太好，所以我讲投资这方面呢，还是需要跟现实结合，要慎重。

周宇：对，不要一哄而上。我们的系列片到现在已经播出八集了，我想可能很多观众和我一样，有这么一个看法和想法，就是这个工业遗产，它的重要性已经被人们所接受了，但是这个工业遗产被开发和利用的实施还是需要一个过程的，我不知道专家们是怎么看待我们这样一种想法的。

陈栋生：我想，这个工业遗产的一个保护，这里，它应该跟企业的社会责任和人文精神结合起来，他们刚才两位都讲了，这个资金来源，不管是保护也好，还是进一步开发也好。需要政府、社会的各个方面结合起来。我是前两个月在山西讲到这个问题，你比如最近山西的煤炭企业家，都发了大财。发了大财干什么？现在购买几百万一辆的汽车，我就建议他们做点儿这样的社会公益事业，而且这个对他来讲，是个长远的投资。可以把这个遗产的谁捐款的镌刻在这上面，这实际上对一个企业，对企业家是一个长远的、战略性的投资。在北京，我也跟很多、小范围的房地产商讲到，我认为一片的地区，把这个地卖的时候，这里有些需要保留或者开发的历史遗产，应该把它作为一个开发商的不可推卸的责任，而不是额外的。一个有文化素质的、有社会责任的开发商也应该有这个水平，有这个眼光。从近期来看，他的开发投资增加了，从长远看，他毫不吃亏。

李蕾蕾：是的。我也是非常同意一些新的观点，你怎么样能够被社会的各个方面接受。比方说这个工业的遗产的保护和开发，怎么样能够让老百姓、让企业家能够参与进来，其实这里面就涉及一个新观念怎么普及和流行的问题。

周宇：对，我所指的就是这个问题。

李蕾蕾：我就是自己思考呢，也觉得很有意思，就是觉得这几年就是参与这个项目，就是了解这个工业遗产。那么对于这个问题，我自己提出是不是有两个很有意思的现象，我把它叫做，一个叫做边缘突围，一个叫做跨国突围。就是说一些新观念、新思想，往往是跟主流的价值系统，或者主流的意识形态，或者这个社会主导的阶层、官方的阶层是不一致的，它是来自于边缘的群体。比方说，德国吧，我们现在看来，它是一个做得比较成功的，可是在早期，在80年代的时候，当有人提出来，我们应该把这个废旧的钢铁厂保护下来。比方说，我们要把它申报为世界文化遗产的时候，很多人是不同意的。他觉得这是不是一件不可思议的事情，我刚去的时候，接触这个概念的时候，我也觉得说是不是德国人疯了，但是实际上是一些学者，一些学生，他们反而是作为这个社会的一些非主流的群体，他们很容易地就接受了这种观点。然后，还有一些非政府组织，一些群体，他们就呼吁要把它保留下来，所以我想这个政府在关注社会发展的时候，特别是一些新思想，新观念的时候，可能还是要注意一些边缘群体的一些看法，然后怎么加以引导他们，最后把它变成主流文化的一部分。第二个这个所谓的跨国突围呢，这个也是很有意思的，就是在我们国家，虽然我们知道有一些想法并不是说来自我们自己国家的人就可以把它变成现实的，往往反而是外部的一些意见或者国外的这样一些观点通过某种途径，你是学术的途径也好，你是媒体的途径也好或者是艺术家的途径也好输入到本国之后，然后才开始关注。就是它有一个所谓的曲线救国，就是这样的一个路线，外来的和尚好念经，就是有这样一个现象在里边。所以我觉得，这个就是我们拍这样一个片子，或者做这样一件事情一些额外的一些思考。

肖金成：所以我想这里也可以考虑到，这个宣传很重要。这个工业旅游呢，宣传要超前，所以大家要能够接受这个新的事物，让大家要感兴趣。那么都感兴趣了，像京剧一样，大家都感兴趣了，大家就听京剧，才能够普及。这个价值才能够挖掘出来，才能够让大家所认同，才能够成为财富，才能成为市场的一个热点。所以大家都不知道，都不认同，你就是偷偷地开发，开发出来，一看没人来，然后就关掉。刚才你讲的这两条，实际上有这个意义在里面。

李蕾蕾：所以我觉得媒体在这方面作用非常大。我们也想借助这个节目呢（周：起到宣传作用）能够进一步普及、推广这样一些观念。

周宇：陈老师，有什么要总结的吗？

陈栋生：历史告诉我们，往往都是昨天、前天的非主流成为今天的主流。这是无数的历史证明了这一点，在这个问题上，也不会例外。

周宇：好的，我们今天先聊到这儿，感谢三位嘉宾带着观众一起进一步了解工业遗产和工业旅游。如果您对我们节目感兴趣的话，欢迎您通过屏幕上的联系方式和我们联系。好的，我们下期节目再见。

第九集 彰显汽车文化的“大众汽车城”

刘会远　叶　文　李蕾蕾

[汽车行进中，一排高大的树后，嵌有大众标志的总部大厦显得很突兀

我们来到了狼堡，也就是沃尔夫斯堡市。这里因为是大众汽车集团的总部所在地而著名，从德甲劲旅沃尔夫斯堡队的队服上也都是大众集团的标志（球员合影、球衣特写），可以看出大众在当地的影响。可眼前这样一个著名的企业，为什么只有一座孤零零的总部大楼伫立在树林后面呢?

[汽车行进中，树林退去，进一步显出厂区

我们的疑问很快就打消了，随着树林退去，汽车总厂的厂房和其他相关建筑一个个显露出来。

[汽车入闸口，苏与保安问答，车驶入汽车城

[从人行桥上眺望，桥左侧（西面）厂区、船从运河驶来

而当我们站在跨越运河，从沃尔夫斯堡火车总站通往大众汽车城的人行桥上眺望厂区时，我们才真正感受到了这家企业的巨大规模和宏伟的气势。

[水、总部大楼、拉回鳞次栉比的厂区

原来大众总部大楼坐落在运河边，它的身后是集团沃尔夫斯堡总厂鳞次栉比的厂房。

[人行桥后面铁路列车驶过，桥右侧（西面）公路桥上疾驶的车辆

紧靠着运河、铁路和公路，稍有企业经营常识的人都会感叹：这是多么好的厂址呀! 像钢锭、铸铁等大宗货物可以通过便宜的水路来运输，而其他配件厂按“零库存”观念周密组织的配件，则可用铁路、公路按预订时间准时运达。

[四个大烟囱的厂房

这个有着四个大烟囱的厂房是发电厂，它发的电不仅供应汽车总厂，还解决了市区

民用电力之需。沃尔夫斯堡市共有9万人口，其中有5万人在汽车总厂或相关企业工作，剩下的人也多是厂里的家属，所以向市区供应电力也是汽车总厂的责任。

[运河、厂区

说到这里，观众一定会明白汽车总厂如何能占据如此好的厂址，毕竟沃尔夫斯堡，这个以“狼”来命名的城市是因为大众汽车总厂而兴旺起来的。工厂生产出比狼更善于奔跑的机器——汽车。

[资料、汽车疾驰（迭现）过渡 镜头转向汽车城

不过今天我们介绍的重点不是汽车的生产过程，而是大众集团在沃尔夫斯堡汽车总厂旁边建起的“大众汽车城”，这里原来是一片荒地……

[资料片、动画、“T”字形运河边展馆一个个冒出来

如今奇迹般地出现了一组园林式的建筑群。为了配合2002年在汉诺威举办的世界博览会、耗资8.24亿马克兴建的“汽车城”——是目前世界上第一个，也是最大的汽车主题公园和服务中心，大众集团所属的各个汽车品牌在这里基本都得到了展示。汽车城规划始于1996年，1998年12月开始施工，2000年6月1日正式开放。它使原来汽车总厂单纯的发货中心变成了交流平台。汽车城计划年接待参观者120万人，四年来，这里接待的参观者已超过800万。

[桥上摄的火车站及汽车城、游艇泊在码头上

大众汽车城已成为德国最受欢迎的旅游景点之一。人们可以乘火车、汽车或者乘船很方便的来到这里。

[Piazza大厅正面、尽量找到玻璃门较为突出的镜头，穿插从汽车城内回望Piazza大厅北门镜头，开门

我们首先来到了大众汽车集团大厦的接待大厅Piazza。这座气势恢弘的玻璃幕墙现代建筑的一大亮点是它上下贯通的“门”。由六根巨大立柱连接的六扇朝南的旋转玻璃门，向南面对沃尔夫斯堡市中心一字排开；另六扇玻璃门朝北开启，成为进入汽车城的入口。玻璃门的设计像飞机的机翼。当立柱旋转，玻璃门跟着转，大厅入口便随之开启或关闭，使人想起百页窗的板条闭合并由此使你感受到这座现代建筑中的部分传统“元素”。接待大厅还是个注重环保的建筑，朝南的玻璃为双层，保证了室温调节，使整个大厅冬暖夏凉。经过设计师专门的设计，可达到理想的自然通风，内外空气流通畅快，而在冬天，集团大厦及客户服务中心在必要时可以通过地面供暖。

[大厅内，玻璃地板下旋转的地球仪

这位蹲在地上的观众引起了我们的注意，原来玻璃地板下有一些名堂。我们起初以为这些在我们脚下旋转的地球仪标示着大众公司在全球的销售网络和业绩，但我们没有猜对，这些地球仪是德国一位著名艺术家的作品，每个地球仪上都标画着当前人类生存环境的现状和存在的问题，象征着大众集团汽车和艺术家对人类和世界的关注与关心。地板上蓝色的玻璃像一池碧水，而空中的球形骨架映在这“碧水”中好像是起着提纲挈领的作用，把玻璃地板下体现不同主题的球形串联了起来。多么巧妙的整体构思啊！

[苏迪德带来女公关

苏迪德教授与公司方联系后，带来了大众公司的公关部的工作人员—— 一位能在田径运动场上驰骋并保持着优秀记录的Roessler女士，她坚持说这里不是我们理解的传统意义上的博物馆。

周宇：我们现在来到了德国大众汽车城，这是我们所见到的一个企业自己所办的博物馆式的交流平台。

Roessler：这里的大众汽车城是为那些来这里取车的顾客服务的。我们每天有500多位顾客来这里取车，因此他们可以在这里与他们的家人玩一天，可以在这里吃饭。我们有很多可以参观以及孩子们可以做的活动，例如，我们为孩子们设计了一种活动，叫小学习园，孩子们可以通过练习获得例如一个小司机的“驾照”……大众汽车城是大众集团交流和市场营销的平台。我们在园区内有七个品牌车专门展厅，这是大众汽车展示自己及其哲学的地方。

[参观人群

她说这里是为买车的顾客服务的，其实不买车而单纯来参观的人同样多。也许大众公司自信地认为这些参观者最终会买车的。

[“学习园”跑道 穿插几张照片

这就是孩子们学习“驾驶”技术和交通知识并领取“驾驶执照”的小学习园，因为我们来得早，来玩或者说来“学习”的孩子还不多，不过我们摄制组有一位成员过去来过这里，拍下了不少孩子们的照片。

[小孩玩汽车模型，少年做试验，青年……

这里的确是儿童、少年学习的园地，当父母来购车的时候，把小孩子放在这里，不经意间他们就学到了许多关于汽车的知识。

[周宇钻入汽车引擎

为了让少年儿童在游戏中学到知识，汽车城的设计者可以说是煞费苦心了，最令人叫绝的是一个巨大的汽车“引擎”也成了孩子们的玩具，孩子们可以钻入其中领略汽缸内部的奥秘。我们苗条的主持人周宇经汽车城特别批准，允许她像孩子一样钻入引擎。你们看，这里的气门压簧成了跷跷板支点、活塞连杆也成了变形的秋千、当探秘结束后，周宇由排气管——一个管形滑梯——排出地面。

其实，青年人、成年人在这里都可以受到汽车文化的熏陶。

[组合齿轮体验变速、汽缸与活塞、管道风阻试验，物理学测验质量、速度关系的撞击实验、磁悬浮模型、风洞体验、被解剖的车

这辆旋转中的新款甲壳虫轿车突然裂了开来，其内部构造一览无余。

[被安全带系着旋转的周宇

解说：天性活泼的青年主持人显然开始并没有理解这项实验的真正目的。

周宇：……是不是培养飞行员的呢？……

解说：让汽车飞起来，除了特技表演就是交通事故，这两种情况都是非常危险的，而在危险中，安全带或许能保你一命。

[周宇引领体验震动、雾中行驶、结霜的玻璃

没有在北方度过冬天的人是不会理解车窗内外巨大的温差会在窗上形成一层“霜”……

[撞向墙壁的汽车、体验刹车的游戏、撞车试验。磁悬浮模型，活塞运动模型等

人们在这里不仅能学到许多有关汽车的科技知识，而且能大大提高安全驾驶的意识。

[汽车城内、湖水尽头的时光大厦、再接资料、大厦近景

人们常说似水流年，在这一池碧水的前面是汽车城一个引人入胜的大型建筑——时光大厦。这个大厦的后面就是运河和厂区，它连接着汽车业的历史与未来，连接着每天生产3000辆汽车的厂区和弘扬汽车文化的汽车城。

从外观来看时光大厦明显分为两部分：“模拟”部分与“数字”部分。它们风格迥异，各具含义。模拟部分一组组高高的长方形玻璃隔板搭建成各时代的汽车展台，盛放着不同年代的80余个历史车型，其中既有大众公司引以自豪的廉价甲壳虫系列，也

有世界最豪华的18个缸、1001匹马力的布加提（Bugati），这款车从任何角度看都仿如女人的身体，可见其设计的独到。最古老的三轮汽车并不是大众的产品，但他们也花重金搜集来，而最现代的跑车就更让人大开眼界了。这些展品让人感受到大众汽车随着岁月的流逝，堆积起来的是睿智与成熟。

[大厦上迭现光电效果画面

各个年代出产的各种车型无疑是可以用数字来精确统计的。

而时光大厦数字部分则用数控的光电手段再现辉煌的历史，展现未来的梦想。数字部分展厅的外形显示出汽车或电视机的某种曲线，当然这也是一种表现生命力的曲线，体现出汽车的社会文化内涵，也是一种更高层次上的模拟，代表着大众汽车集团的团结与激情以及对未来的展望。

[连接两部分建筑的连桥

“模拟”部分与“数字”部分之间由小桥和楼梯连接，仿佛是神经把大脑的左、右半球连在了一起。

[院内，四个大烟囱在展厅玻璃幕墙上又映出两个烟囱

进入院内，立刻会有另外一种感觉，比如四个大烟囱是大众汽车厂的标志。可是这时你感觉到有六个烟囱，原来多出来的两个是展厅玻璃幕墙折射的烟囱影子，而且在水面上也有波动着的美丽的倒影，这个园林不仅给人们提供了一个休息的场所，而且所有建筑和水面，甚至一草一木都融入了浓烈的工业文明和汽车文化的氛围之中。汽车城集优美的环境和实用功效于一身，其中既有亭亭的水榭、舒展的桥梁和片片相连的绿地，又有城市生活的盎然生机：市场、大街具备，有限与宽阔的空间共存。汽车城的设计，不是单纯地沿袭设计规则，而是融入了整体市区规划的概念，遵循了“结构与内容结合”的现代模式，比如大型建筑，“大众汽车集团大厦”、“客户服务中心”、“时光大厦”等构成了主体“结构”。与主体“结构”相协调的附属建筑，即那些规模稍小的各个汽车品牌展馆，体现了各个“结构”的不同“内容”。这种现代的城市规划方法代替了传统的从房屋到家具都遵循一种思维模式的设计方法，突出了汽车城建筑设计的独特风格。

[镜头摇过院内几个展厅、最后停在本特利展馆

若将客户服务中心比做大众汽车集团的家长，那么各个品牌博物馆就是它的孩子。它们安全舒适地躺在汽车城的中心，大众与奥迪作为家族中年长的孩子，从北部

看护着其他姊妹们：西亚特、斯柯达、兰博基尼、本特利。大众汽车力气十足的商用汽车展馆守卫在东南部。通过各具特色的造型与使用的材料，各展馆纷纷向人们传达出自己品牌追求的价值。无需靠近，游客便可猜出哪个展馆展出的是哪个品牌。

本特利展馆(Bentley Pavillon)依山而建，仿佛是绿色掩映中的一颗宝石。历史悠久的本特利通过其贵族式的轻描淡写便可显示出它的霸气。圆顶的小山代表着勒芒的赛车道。就是在勒芒，本特利跑车曾经一举成名。游客在丽兹–卡尔顿饭店前壁曾见到的绿色花岗岩，在这里又一次看到了。它代表着永恒的价值与无限的优雅。观众若想探究本特利跑车的奥秘，需从这个“洞口”进入神秘的地下展厅。

[兰博基尼展馆(Lamborghini Pavillon)

与本特利那种英国贵族气质截然相反，来自意大利的兰博基尼代表着无畏的力量与强烈的情感。这个黑色的正方体，仿若空中坠落的盘石，斜插入地；又似乎是关闭的牢笼，困住了桀骜不驯的野兽。我们行进在展馆之间的园林中，兰博基尼馆突然传来野兽怒吼般的巨响，随着阵阵白烟一辆汽车一下子在墙上冒了出来，虽不至于吓着路人，但不能不说这个创意是富有冲击力的，使兰博基尼品牌给人留下深刻的印象。馆内的展台上，观众眼前的兰博基尼亦如雷、如电、如旋风（配上资料效果）。

[斯柯达展馆

斯柯达的展馆平静如水。这里，由诸多小平面连成的展馆，仿佛有鼓风机从中心吹起一样，传递着真诚与安全。像天际静止的风车一样，斯柯达展馆在邀请客人们进入一个友好的捷克童话世界。屋顶当中的半球形可以透进光线，代表着家人的关爱和庇护。整个展馆的建筑内涵，有着深厚的中欧背景。主体为巴洛克风格，同时又显现出了带有立体主义、纯粹主义和抽象派还原艺术的捷克风格。这一设计构思与建筑语言代表着相亲相近的伙伴关系以及民主社会。同时，它又兼有调皮淘气的性格，向孩子们及至整个家庭承诺着一种经历。斯柯达的建筑风格以及物品的摆放，从整体艺术角度而言代表着足智多谋，以及这一品牌的创造潜力。

[西亚特展馆

西亚特展馆仿佛是一件激情、亮丽的白色雕塑。从桥上延伸出的一条路把观众一直牵到一位优雅又激情满怀的女士面前。在西亚特展馆中，地中海艺术与西班牙南部的快乐、创新与质量有机地交融在一起。

[奥迪展馆

奥迪展馆外部造型为扣在一起的圆球，代表着奥迪的四环标志，既透出设计的细心，又不乏艺术的高雅。这些圆环不是并排牵手相连，而是一个顶着一个垂直而上，形成了一个循环升起的大螺旋形。当游客向上而下漫步在这一大胆创新的螺旋式展馆中时，可以感受到它所刻意传达的精制而简单高雅的生活方式。

[大众汽车展馆

一个玻璃正方体包裹着一个球，代表着完美无缺，这两个基本的立体几何图形最适宜代表大众汽车这一品牌的哲学：既古典又现代、既民主又完美，以及不断进取的精神。球代表了无边无际、平等和正义。它位于代表着稳重、清晰与准确的正方体之内。除了对这两个造型进行如此艺术的安排之外，再没有其他方式能如此直接、如此坦率地表达出这一品牌信奉的价值。

[大众商用汽车展馆

商用车展馆的外观有棱有角，然而内部却不如此突兀。宽敞的大厅里，相互连接的展台上呈现着大众商用汽车的两个世界：代表劳动与成功的地勤运输的汽车世界，以及代表自由与冒险的旅游汽车世界。两个世界由一座斜桥连接在一起，表现了这一品牌追求的价值：自由、劳动与真实可靠。

汽车城依一条长长的水道向北延伸，其东北部有两座高达48米的圆柱体玻璃建筑，即作为汽车高架仓库使用的汽车塔。

一位来自中国的导游告诉我们，这个长长的水池下面有一个精心设计的自动运输系统把工厂生产的汽车送到汽车塔和客户服务中心去。

这两个高耸入云的透明建筑物是整个汽车城的标志。从远处眺望这两座装满各款车辆的透明建筑，感觉十分美丽壮观。

[资料片、地下通道、汽车自动送上两圆柱体建筑的展销中心

这两座汽车塔高20层，可以停放400辆汽车。运送车辆的电梯上下自如。通常，每隔40秒钟，便有新车运入汽车塔。同时，另一辆车便会离开汽车塔运往客户服务中心。

[资料、升降机在透明库房升降、叠印汽缸活塞模型

汽车库房是汽车生产流程的结尾、汽车销售过程的开始，如果说发电厂的大烟囱是传统工业的标志，那么这两个透明的塔状汽车库则表明大众集团在仓储、销售、广告宣传等方面也占领了制高点，隔着玻璃望着塔中时髦、漂亮的各款汽车，消费者很难抵抗大众汽车的吸引力。

而在两个圆柱体玻璃库房中频繁起落的升降机，又让人感到这像两个汽缸活塞运动的模型，象征着大众集团本身运作的强大动力。

[客户服务中心外景、内部、两老人买车

在客户服务中心，有两位老人来买车……

听了导购员耐心的关于汽车功能的说明，决定付款提车时还享受与靓车合影的人性化服务，你还有什么话好讲呢！这是一对老夫妇买车，如果换成一个单身的中青年男子来购车，当他提车拍照片时，会不会有一种要把新娘子从娘家带走的感觉呢？

[取车照片栏，叠印资料中各种人快速取车

一位华人导游出现在主持人面前：当初建汽车城的时候，我们就是想让客户……

各位观众，您听出来了吗？这是一位华人导游的声音，真遗憾，在我们的参观活动即将结束的时候，才碰上一位说中文的导游。

这位难得一见的同胞带我们来到了一处她认为最有意义的地方。

周宇：陈小姐像这展板上介绍的人物是不是大众汽车发展史上的功臣呢？

陈：不仅仅是大众发展史上的功臣，而且是汽车发展史上的一些很重要的人物。比如说这是卡尔•本茨先生。

周宇：奔驰……

陈：他在1886年的时候就造了第一辆车子，当时这辆车子是一辆三轮车，当时这辆车子登记了专利，在汽车史上称之为第一辆车。现在奔驰公司就是属于他的名下的。还有啊！这位是福特，福特先生是第一个使用流水线生产进行大批量生产的，他那个福特T形车，第一次创下世界记录历史后，大概从1908年开始生产，一年大概生产100万辆车子。

周宇：那应该有劳斯莱斯的创始人了？

陈：劳斯莱斯的创始人在这你看，这是劳斯先生，这是莱斯先生。两位先生合在一起后来成为汽车品牌，还有包括雪铁龙也在这儿或者布加迪。你看布加迪它是当时欧洲最最豪华的车子，也是顶级车。

周宇：可惜没有看到我们的同胞。

陈：将来会有的吧！

[汽车英雄榜 导游介绍本茨、福特等汽车业前辈

[某展厅一辆中国车

是的，中国人目前还榜上无名，不过汽车城里却有一辆中国车，正像那位来自中国的导游一样，它也是汽车城里唯一的中国品牌。

[镜头对准四个烟囱工厂

所有真正买车的人还享受一项特殊的待遇，可以乘坐观光车参观大众汽车总厂的车间，我们虽未买车，作为特例也享受了这一待遇。不过公司有规定进厂区是不能摄像和拍照的，我们只能从公司提供的录像资料中选出几个片段让大家了解大众汽车的生产过程。

[自动化生产线

[运河边外景，桥上见火车进站

当结束了一天的参观访问告别汽车城的时候，自动化生产线上那一只只精确的机械手还在我们眼前晃动，直到附近火车站进站列车的汽笛声把我们惊醒，刚走到停车场附近，又有一艘满载物资的船鸣着汽笛从运河中驶过，这才把我们完全拉回到现实中来。

[运河、船、汽车城远景

这就是德国，他们有科技含量极高的自动化汽车生产线，同时传统的铁路和运河仍然在有效地运营，大众汽车集团有效地整合各种资源、各种信息，在德国大地上树起一个让人惊叹的现代汽车工业和汽车文化的丰碑！

第四次专家点评

点评专家及主持人：

陈全世：清华大学汽车研究所所长　汽车安全与节能国家重点实验室副主任

王小广：国家发改委经济研究所经济形势研究室主任　研究员

罗海涛：汽车文化学者

周　宇：中央电视台主持人

周宇：观众朋友大家好！《德国工业旅游》系列片的大部分内容介绍的是工业遗产，而刚刚播出的第九集节目，主要是讲典型的活着的工业，而且是常青工业。汽车是人们现代生活的重要组成部分，而汽车工业的发展也正是集历史、现在、未来于一体的汽车文明的体现。在我们第九集节目当中向大家介绍的代表着汽车文明发展的大众汽车城，也逐步形成了具有世界性标志意义的工业旅游中心。今天节目我们特别请到了有关方面的专家：汽车方面的专家和经济领域的专家来到演播室和大家共同点评第九集节目的内容，坐在我对面这位是来自清华大学汽车研究所的所长、汽车安全与节能国家重点实验室的副主任陈全世教授，陈教授您好！陈教授身边这位呢是陈教授的助理罗海涛老师，罗老师您好！坐在我身边这位是国家发改委经济研究所经济形势研究室的主任经济学博士研究员王小广。王主任你好！陈教授您是汽车领域方面的专家了，我不知道您看了我们今天播出的介绍《德国工业旅游》的片子之后，当中的汽车城，您看了有什么深刻的感受吗?

陈全世：片子介绍的大众汽车城，是国际上汽车城的一个典型代表之一，实际上国际上有名的跨国的大汽车公司都有自己的汽车博览馆，都有自己的介绍。典型的有戴姆勒—— 奔驰公司，它在德国，还有在慕尼黑的宝马公司的BMW，美国的福特公司也有很大的一个博物馆，还有日本的丰田公司都有自己一个很大的博物馆，介绍它自己公司的发展历程介绍它的品牌。（周宇：陈教授，既然汽车城在汽车企业当中这么普遍，为什么这样的品牌企业愿意出资去建造这样宣传自己这样一个汽车城呢？）这是因为他的企业发展战略所决定的，首先汽车它厂子要建立自己的品牌，要在老百姓中间树立自己品牌的形象，这对它销售、对它汽车的发展是非常有用的。另外一方面汽车厂它都有几十年上百年的历史，人员在一茬一茬在换。新员工和新的管理层进来以后，它一定要遵循它原先的一些经验教训，这些对他内部的发展都是非常有用的。另外一方面就是对当地起很大的贡献，作很多很多贡献。比如说，当地的经济的一些发展，对它当地的一些旅游、其他的发展起很大作用，整个合起来实际这个内容，我们把它归称为汽车文化的内容。（周宇：这是一种企业文化的体现）对，这是企业文化的一个典型的体现，它能把企业的一些管理的理念，它的一些技术的理念和它生产的实际情况展示在群众面前。使买车的人觉得它这个厂这么管理井井有条，它是一个百年老店，它是非常有信誉的一个企业，因此它的产品肯定在社会上是能站住脚的。因此从这个意义上来说：也是能促进它企业能够不断发展的。（周宇：在我们国家还没有像这么大规模的汽车城吧？）现在我们国家目前还没有，但是正在筹建，据我所知上海一个国际汽车城正在筹建这个叫国际汽车博览馆，筹建中。（周宇：您把这个消息第一时间告诉了我们电视机前的观众朋友）对，因为我也参加过他们具体内部展览的一些评审，他们有请了一些专家做这方面的工作，这些人把世界各地的一些汽车博览馆都看过了，他们想设计一个能够集所有汽车博览馆大成的一些东西，今年年底到明年年初就可以接待参观者。

王小广：汽车城这些年在我们国家的许多地方都在搞,成为一种时尚,遍地开花,但是这些正建或拟建的中国汽车城和我们片子里看到的不一样,它们多数是销售为目的,突出卖车,即汽车超市,有些看起来像农贸市场,当然也有以汽车生产加工为中心的汽车城,主要是建在开发区中。即在中国，汽车城是一个销售概念，部分是一个生产概念。不是一个综合概念，更不是一个品牌创造与企业文化发展的展示，及与旅游休闲结合的新创意。部分是因为是与中国汽车工业的发展阶段，与社会汽车化的水平有关，部分是因为我们缺乏品牌，汽车企业缺乏成功的历史及文化的沉淀，因此汽车城要么是“卖车中心”，要么是“生产中心”，产生的是单纯的经济效益，而没有“城”的功能和效益，城市是一种多功能的结合和展示，产生的是综合效益。而德国大众设计或创造的汽车城，由于是一种成功历史、企业技术和品牌创造过程的展示，同时集教育、科技与休闲娱乐于一体，它建成后本身就是一个品牌或者是汽车或企业品牌的延伸或放大。因此也就具有了世界性的影响力。这就是中国现在建设的汽车城与德国的汽车城的不同，中国汽车城只是一个销售或部分的生产概念，不是综合的、品牌发展的概念，因此我认为，两者不仅不属于一个层次，而且不是一个方向，我的意思是说，我们建设的许多汽车城永远都不可能发展成为大众汽车城那样的综合功能和品牌效应，发展的顺序完全不一样，大众汽车城是从深厚的企业文化中升华的产物，而我们却完全相反或不同。所以我们这些以“卖车”为主的汽车城的含义和大的成功汽车企业建立的以汽车品牌创造和汽车文明展示为中心的汽车城根本不同（周宇：就像一个交流地，我们知道这个汽车制造本身就是一种工业，所以人们说汽车城就是工业中的工业了）。

罗海涛：因为我们国家是正在走向汽车工业的大国，在这个过程中很有必要学习像一些有百年历史的这样发达的大的跨国公司汽车经验。这个汽车城的经验它就是多样性的，就像老师讲的不光是销售，主要是一种文化，同时陈教授讲的具有传承历史、推动未来的功能。同时也是对于市场推广的一种很好的形式，因为现在我们很多企业还停留在比较传统的，派人出去搞什么市场调查和推广。它这样一个城呢，它把人吸引到自己的企业里来了，不光要看到我的产品还要看到我的管理，看到我的生产，看到我的各个环节。我还给你创造休闲、娱乐。还给你创造一种学习的环境。（周宇：从而引导你的消费）引导你的消费。（周宇：变被动为主动的方式）它这里面有公开的推广自己的产品的做法，但是这种用文化、用一种安排你的休闲、度假，甚至一种享受，享受汽车在这个在博物馆看得非常明显，不论是小孩还是老人。（周宇：非常开心）非常开心。包括他买到车之后，他是享受汽车。这种享受好像在现在企业中没有这种概念，让人享受工业文明享受工业产品，而大众这样做呢，包括其他几个都是有这样含义的。（周宇：他是用一种经营理念去吸引你，我们看到在德国汽车非常普及的国家，不论你买的是小型车还是大排气量的汽车或者高档车，它主要从这个汽车城出来以后，它都要一家人去买，然后工作人员让这一家人在出厂之前在汽车前去合个影，做一个留念，每个人都很高兴很开心）它是一种享受。

陈全世：因为你买的是一辆车，你在汽车城看的是一个汽车的群体，你可以试驾任何一辆车，甚至一些古代的车你也可以通过声、光、电去驾驶它，虽然那是个模拟的。你走到戴姆勒—奔驰公司看它有些复古的东西，都是拿一些声、光……

罗海涛：都是仿造（模拟）的。

陈全世：你可以看F1最早的比赛，看第一次汽车赛跑的一些。当然据我估计不是当时的，是电影。（周宇：但是你感觉身临其境一样）年轻人特别高兴看那个东西。（罗海涛：它把电视技术应用到这里边了）确实是一个很好的享受，一个历史的回顾，但是它也有一个馆，今后的汽车是什么？它给你留一个发挥的余地。你可以说我想象汽车是什么，方向盘可能不是方向盘了，是个舵手，有可能不用方向盘了拿说话去用声去控制，向左，它就可以向左。（周宇：声控）你可以想象力，你可以（罗海涛：让你有创作的空间）有这个空间，这确实对年轻人很好的教育（周宇：确实很有意思，我想我们每个人没去过的听到的都想去看一看见识见识，我们的人口和我们的经济决定了我们将是一个汽车大国，那么汽车文明在今后我们的建设当中将会是一种什么样的作用呢？）。

王小广：汽车确实是一种很特别的商品，我们说它特别不是因为我们老百姓追求不到，而是它可以普及，它能影响人们生活各个方面，所以它是生活的一个载体，同时是工业化的核心部分，工业化在很大意义上就是汽车化，就是汽车文明，汽车作为一个商品，汽车工业作为工业中的工业，机器中的机器，即它是一个工业发展的集大成者，因而这个产业具有战略性的作用，特别是它对经济、社会及人们的生活带动作用非常大。中国汽车工业现在处于一个初级的阶段，今年我们年产销量接近600万辆，产销量居世界第二位，但是我们的汽车工业还很空洞的，缺乏内涵支持，因此它还没有变成一个工业中的工业，还没有把我们的工业集成到一个相当高的水平，所以只有汽车工业发展达到一定的高度以后，你的工业才能自足。我一直认为汽车产业是一个战略性的产业，必须有这样的一个基本认识，汽车文明对社会经济及人们生活的影响是巨大的，可以说没有汽车就没有现代化。福特，即福特公司曾夸口说："现代是我创造的。"因为他使汽车在美国普及，他创造了那么多汽车，福特公司光生产的T型车就达1500万辆。现代就是摩登，就是时髦，汽车的遍及使人们越来越时髦。这个普及过程给社会打开了非常方便之门，使人类生活的方式，人的自由度，人的工作的选择及效率，都发生了巨大而深刻的变化，包括旅游业这个大的服务业的发展，也包括我们讲的工业旅游，人的旅游没有汽车是不可想象的，所以它也是一个现代越来越丰富的文化生活的集成者或者是极重要的促成者，因为它的大发展把你的许多可达性、你的自由度、你的享受都全部包含了，所以我说汽车文明是现代文明的一个集成者。

陈全世：从这个意义上说，汽车工业确实是一个非常重要的，包括汽车的一些内饰，汽车本身的技术的发展和人类的关系非常密切，你看有的汽车的外形，似乎是模拟某种动物的，意大利模拟一种熊猫，那就是按照我们国家的大熊猫的样子去设计的，你看（个性化、很憨厚）车很短，很胖。有的是人的爱好，因此汽车文化还包含着非常重要的内容，包含着汽车外形的设计，你到底能迎合什么人的观点呢！这个汽车一般的博物馆都有，最后都有一个你喜欢的汽车是什么样的？定期它还进行汽车外型设计，各种比赛。你可以邮寄作品也可现场把你的作品贡献出来，这是公司求之不得的能够征求的群众的意见，消费者的意见。把中学生叫来，五年以后、三年以后、我自己要买个车，我喜欢什么样的车、什么样的颜色、什么样的外形、什么样的内饰、什么样的方向盘、什么样的坐椅，这样同学们肯定说得很详细，得奖的很高兴，但是汽车厂得到了非常丰富的内容，他的设计可能按这个东西走，因为今天设计的汽车可能两三年以后才能面世，这样它的市场就很有基础。为什么呢？是这些人发自内心的想法，因为他这个汽车文化本身也符合它商业的内容，而且非常密切的，没有这样的东西汽车产业就不会去建这些东西而且陆续都在建。这对他的品牌对他的发展确实是好的，老百姓也觉得得到了实惠，为什么呢？我能买到我合适的车，我能把我的不满意见发泄出来，或者发表出来也是他表达的一种方式吧。因为他觉得这个汽车城从顾客、公司都得到了利益，因此我觉得这是一个它发展很快的主要的观点。

周宇：就是我们在大众汽车城拍摄的时候，发现它完全是体验式的方式让人们去认识它的企业（和技术），比如说它很多实验，小孩子、中学生包括青年人可以去做这个风动实验，还有这个平衡实验，还有观看这个汽车撞车实验等等，可以说它是一种文化、娱乐等等学习一体集一身的那么一种企业文化宣传。

陈全世：它实际上也是一种创新，作为一个汽车城这种模式，刚才讲了，它不是一种、我们是一种销售商业的模式——它把文化的、把历史的许多的东西，经济的这些因素、技术的因素结合在一块。所以我们的这个现在是讲创新能力，创新能力，中国就是原来以销售为主导的模式。现在的这个阶段，主要的一个是集成创新，还有一个是模仿创新，大约我们自主的所谓的这种基础的创新，这种创新能力我们现在还没到那个阶段。但是，我特别要讲一下的就是这个集成创新的作用。汽车工业它实际好多东西不是新东西，但是我集成一下子，它就变成一个新东西。所以呢集成创新非常重要，在我们这个大众汽车城里，它实际上就是一种集成，集成创新。这种集成创新，他还不是一种纯技术的创新集成，就像我把几个技术压缩然后折腾一个什么产品，它是一个多元化的、丰富的，包含了文化的这样一个创新（还有教育），所以它既是一个休闲的、汽车展示的，又是一个销售的品牌。所以呢，它变成了一个销售中心。然后宣传他的品牌。所以我觉得他这种模式，这种创新的，对我们有非常大的借鉴作用。

周宇：刚刚王主任提到的这个大众汽车城的这个品牌的展示，其实它自己就是一种集成的品牌，那么品牌的这种理念对于我们国家有些什么借鉴呢？

罗海涛：我们国家对这个品牌呀、宣传呀，还有研究还是不够。在国际上，这种品牌之争可以说是如果不重视、不抓紧、不加强这方面的工作，那个效果是非常明显的。有一个最典型的例子，就是大家都知道波音飞机，波音飞机它就非常重视自己的品牌，它也搞这种工业旅游，不仅是汽车行业了，飞机它也做这个。但是呢，相对来讲，跟它这个技术水平相当的，苏联的飞机工业包括现在俄罗斯的飞机工业，它把飞机工业看成什么，看成是军事工业，保密，不能让别人知道。（周：它都是推销战斗机）啊，不是，你不要讲那些东西，不是说，对于这种直接推向市场的，它却没有把它放在市场经济地位中。把它放在军事工业里面，因此呢，它的这个飞机的认知度就非常差。那么我们可以在中国作个调查，很多人都知道波音飞机，但是可以说只有非常非常少的人知道俄罗斯也有与它同类型的或者说比它还好的飞机，可以说它的市场份额占多少呢？可以说，还不足这个波音飞机的百分之一。它的价格呢，居然达不到波音飞机的四分之一，所以这种品牌呢所带来的经济效益，这个非常非常明显，我们中国不重视这个。我们也可能会走进这个灾难，就是不重视自己的品牌，不重视这种集成性的品牌的宣传，也不重视这种像发达国家已经开始的这种工业性旅游以及这种集社会学习、旅游及休闲等方面的这种集成品牌的宣传，我们可能也要走到这种灾难性的后果当中。

王小广：这品牌，它是一种效应，是一种通过市场的影响力，创造一种效益。这个效益必须要得到消费者的认同，所以呢，你必须要宣传它，而且你这种品牌是什么层次，像我们中国的一些品牌，基本是一个区域的品牌，少数可能有点全球性，真正全球性的品牌还没有出现，所以它没有影响力，所以它的增加值是非常小的。我们讲创新就是通过品牌影响力创造价值的过程，同时品牌创新的国家还产生一种强大的产业带动效应，我们现在好多产业，包括汽车行业，它缺乏一个自主的强势品牌，所以它的商业服务链及消费链，与生产链没法形成一个大的产业链，对汽车来讲，强势品牌创造带动的强势汽车产业链化的形成，否则整个汽车工业里面处于一个非常被动的局面，所以我觉得汽车业发展，首先是要创造技术的品牌，一些产品的品牌，且不断变为强势的品牌，然后带动产业生产链、销售服务链，及整个的产业链条。然后你这个汽车工业才能成为一个非常强大的态势，这种态势就可以跟西方的现在6大集团抗衡，汽车工业处于工业化的核心地位，汽车工业品牌创立了，受它的带动，整个工业的竞争力将大幅地提高，这是我们的汽车梦。（周宇：我们花了这么长时间去认识到我们的问题，认识到这种高度之后我们的汽车品牌您估计还有多少年能达到这种效果）目前作为轿车这个品牌我们是一个弱势，如果现在让我们老的汽车企业来完成这一使命，显然是勉为其难，像一汽生产红旗的，红旗这个品牌它影响力是很小的。目前的民营汽车企业发展则是一种萌芽，类似奇瑞、吉利啊这样的品牌的诞生及快速地成长，使我们也看到了一些萌芽，确实有一种希望，但必须把它置身于我们中国的文化，置身于我们的汽车产业链整合中来发展壮大它，通过品牌营销使我们的品牌，先具有对中国老百姓的品牌影响力，成为中国市场的强势品牌。现在世界上的汽车品牌都在中国这么大的市场竞争，实际上你在中国的市场上有影响力就部分地在世界上有影响力，你在国内占有一席之地你就占有了世界一席之地。所以你首先是要成为国内的强势汽车品牌，然后才能走向世界。到时候你才有能力整合世界的汽车产业链，所以我觉得现在的路才刚刚开始。（周宇：刚刚王主任比较强调这个产业链这个概念。陈教授您是汽车方面的专家，我们这个汽车产业链是怎么带动其他品牌自己的发展的？）

陈全世：这个汽车可以说，我们过去讲是在工业里面产业链最长的一个行业或者一个产品，它包括材料、制造。然后开矿山下有包括它的服务的它的一些维修保养、汽车文化、汽车比赛，它这个产业链是很长的。那它的核心在什么地方呢？它的核心是在技术。它这个有什么技术呢？技术的特点在于还有对它的管理，实际上福特把这个汽车推广还不是从技术上来的，他主要是从管理上来，他用了一个简单的方法，就是把复杂的东西变成一个简单的东西，叫什么一条龙的生产线，装配线就把它解决了。正因为如此，汽车要创造一个品牌是很困难的，它要相当长的过程，要你的特色：在戴姆勒—奔驰公司的汽车的发展初期，他创造了一个豪华车的品牌。但是到了美国以后就等于把它变成一个平民的车，丰田公司就把汽车多样化，他这公司一定要有特色，所以他自己下很多的功夫，从他的技术管理包括服务，最终你这个汽车要干什么？要被老百姓所用。没有不出问题的汽车？没有出现完全能满足所有老百姓需要的汽车？因此汽车的服务也需要很重要的品牌，也是品牌里面很重要的一个内容。我们过去可能由于短缺经济不强调这些，汽车都买不到还想到服务吗？现在不一样了，因此汽车产业链是很长的，从设计、生产、原材料、制造一直到出去，到最后服务，一直到其实还有一个很重要的问题，汽车的自动回收。1年全球大概生产6000万辆车，报废大概将近5000万，这样的问题现在可能在我们国家已经非常明显了，这个问题是一个很重要的内容，因此我们通过这个循环经济对我们目前节约型社会也能做一些贡献，看一看汽车的生产和它的销售的过程，也是对老百姓的一个教育。

周宇：王主任我们去拍摄的时候，发现大众汽车总部设的这个城市沃尔夫斯堡这是一个很小的小型城市，只有8万人口。

王小广：我看了以后觉得不可思议，这么一个小城市，这么一个世界强势的品牌，大产业，大品牌，却联系在一起。对我真是太震撼了，因为我们国家好像是给人感觉你大品牌大企业一定在大城市，或者你做大了你就要跨地区发展，然后你就得将总部迁到上海或北京。但是看了这个片子后，我觉得这里面的有些东西确实令我们非常吃惊。我理解，除了交通方便，小城市与大城市一样具有直达性，使距离不再成为影响企业发展的问题，企业在大城市与小城市一样，都能发展，都能成为全球性的企业。我觉得更重要的它是一种文化，它这个企业100年就在这个地方发展，它可以通过产业链分散到全球，但是它的总部永远在这，它的根在这，这是一种根的文化，跟当地的文化、跟当地人的生活、跟社会的认知及经济的结合，我觉得是一种很关键的东西。所以我感觉我们的产业是浮的，没有根，下面扎不下根，一个是与当地经济文化的根扎不下，一是与市场的根也不深，即消费者认同度不高。在中国企业，经常仍是生产为导向，而不是以消费为导向。重视消费者的利益，以服务和质量创造信任度，企业的全球化依赖于这两个根的深入，根深才能叶茂，一个是当地的地域文化的根，可以扎下根以后辐射到全球，能辐射就是有消费者的根，消费者都大部分认同你形成一种品牌。所以我觉得在中国企业缺乏这个东西，所以我们搞了企业以后最后跟当地没什么关系了，或者好多企业都变成了“飞地”，“飞地”就是没有与当地文化和人们的生活结合。这一点我深为感触。

周宇：王主任我们知道您在经济学领域提出过一个紧凑型城市这么一个概念，我们在这个系列片的拍摄过程中，也发现德国大众总部设在这个城市里也是一个小型城市沃尔夫斯堡，这个城市只有8万人口，我们想请您从紧凑型城市这么个概念当中，这个角度来向我们观众介绍一下大众所存在的这个城市。

王小广：紧凑型城市像我提出来的紧凑型产品，如发展紧凑型汽车、紧凑型住房一样，重点是节约资源，高效利用资源，又能满足大众的内在需求，代表一种大众消费倾向变化。大众汽车总部所在的沃尔夫斯堡这样的一个小城镇，在中国不过就相当于一个县城，好像觉得不可思议，好像和紧凑型城市不完全一致。但是从产业来讲，它也是紧凑的，因为什么呢？他总部在这里可以辐射到全球，所以我想它这个里面更深的意义在于，它是通过更宽的产业延伸及地区、全球的大分工，来实现它的紧凑型发展，紧凑是一种有机结合，有一种非常浑厚的机制和影响力结合，一种高效的生产方式，就城市而言，就是一种高效的生活工作方式。中国的城市长得很大，但不紧凑，而且是有机结合的紧凑，不是堆集的紧凑，一些企业摊子铺得很大，但也不是紧凑。紧凑而有效的发展在西方城市和企业中普遍存在，为什么出现这种现象？这种现象在中国就不可思议，你就想我们一个什么品牌起来了，然后开始在全国有影响了，然后他们就考虑将企业迁到省城去，省城还不够，还要摆到上海、北京去，觉得这就是有全国性的影响、全国性的品牌了。实际上不是，所以我的理解是，像大众汽车这种品牌它不光除了技术，更重要的是我们刚刚讲的汽车销售跟文化跟当地的经济结合形成一种根，所以我觉得这种根系扎得越深它可能辐射的力度越大，所以我想尽管大众汽车总部设在沃尔夫斯堡这个小城镇，但是它的影响力是全球性的，同时借助于另外一个根——市场的根，创造巨大的影响感召力及扩展力，假如讲有另外一个星球国家，它也可以辐射到这个星球国家地方去。我想，两个根的结合才创造了这样一个品牌，所以对中国企业恰恰缺少这个东西，我们看不到这种情况：一个小城市，一个全球型企业，一个世界性品牌，结合在一块。所以中国企业特别是中国汽车工业亟待创造两大根系，才有可能形成全球的品牌，产生全球性的市场影响力。

周宇：其实有关汽车的话题还有很多很多，今天我们带着大家一起游览了大众汽车城，同时通过专家的点评，我们也认识到了汽车化也是现代化的代名词之一，那就让我们一起走向汽车化，走向现代化。好了，感谢三位专家也感谢电视机前的观众对我们的节目的关注，如果您有什么意见或建议的话，欢迎您通过屏幕上方所显示的方式来信、来电和我们联系，我们下期节目再见！

附录三

体现深厚人文内涵的德国工业旅游

——刘会远、李蕾蕾12期连载《德国工业旅游面面观》书评[1]

李　冰

国内的工业旅游文章大部分是简要介绍我国的工业旅游现状及有关工业旅游知识的基本内容。一些"旅游科学"学者也发表了不少文章介绍国外的（主要是组织工业旅游的方法等方面）一些经验，但有影响的文章并不多见，有一位黑龙江某大专院校的教授在《旅游科学》2002年第4期、《世界地理研究》2002年第4期、《桂林旅游高等专科学校学报》2003年第3期、《社会科学家》2003年11月号（总第104期）等杂志上连续发表了关于工业旅游的多篇文章，其所依据的理论（甚至大部分案例），多来自约翰•斯沃布鲁克所著的一本教科书《景点开发与管理》（直到他的第三篇文章才注明是引用的中国旅游出版社2001年1月出版的这本书的中文版）。而且这些文章还是"XX基金"项目，还是"重大课题"，登载其文章的刊物档次也很高，多为国家核心期刊。这位教授很典型地代表了我国工业旅游学术研究的现状：研究者根本不注重调查研究，仅依赖国内出版的（往往是多年以前）外国学者旧作的中文版，照搬人家的理论，分析人家早已分析过的第二手、第三手案例，然后会以权威的身份，承接国内工业旅游项目的设计……

本人生长于老工业城市长春，大学本科也是学工的，对工业旅游有着一种与生俱来的兴趣。大学毕业几年来我在工作中一直关注着国内学术界对工业旅游的研究，但现状令我非常失望。那些粗制滥造的"学者"的表现让我产生了诸多疑问，"旅游科学"这门学问的属性到底算自然科学，还是算社会科学？甚至从根本上怀疑，这能称得上是科学吗？尽管这类文章登载在《旅游科学》《社会科学家》等杂志上。

2004年夏，我幸运地被深圳大学经济学院录取为研究生。进校后我很快被刘会远、

1. 原发表于《世界地理研究》2006年第4期。

李蕾蕾老师这一年在《现代城市研究》杂志12期连载的文章《德国工业旅游面面观》吸引住了，后来又陆续读到二位老师分别发表的其他有关工业旅游的论著，终于使我重新对“旅游科学”这门学问刮目相看了。

在12期连载《德国工业旅游面面观》里，作者全面、系统地介绍了德国工业旅游发展的现状，同时也追溯了德国工业旅游过去发展所面临的各种问题。德国现在处于逆工业化时代，过去工业化时代的许多厂矿企业已经退出了历史舞台，如何对待这些废弃的工业厂矿和各种设备，德国人开展了很多开创性的实践。在12期文章里，作者以每个工业旅游景点为单元逐一对其进行了详细的介绍和深入的剖析，包括它们过去的历史及景观蕴涵的人文精神，并根据在德国的所见所闻，结合我国的实际提出了许多对我国工业旅游非常有借鉴意义的观点和看法。9月下旬中央电视台第10套节目连续播出的主要由刘会远、李蕾蕾撰稿，刘会远、狄文达编导，狄文达摄像，薛英忠、狄文达制作的电视专题片《德国工业旅游》，更把他们的思想表达在声像节目中，使更多的观众受到了启发。

让我钦佩的是，这几位深大老师承继了老一代（地理学、社会学等学科）科学家田野调查的传统，他们所介绍和分析的案例多是他们自己实地掌握的第一手资料，他们的文章及所拍摄的那些精美照片和电视片（我还有幸部分参与了《德国工业旅游》多集电视专题片的部分撰稿工作，获益匪浅）引领我们走进了一处又一处工业旅游胜地，其中有“活着的”工业，更多的是有代表性的工业遗产地。

我们从刘会远、李蕾蕾等老师的作品中不但得到了许多关于采矿、冶炼、航运、汽车等工程和技术方面的知识，同时在他们的引导下也跟着进行了社会、经济、人文等方面的思考，而这正是国内许多学者所严重忽视或没有能力达到的。

实际上德国也经历过对有代表性工业遗产的忽视和破坏，正是经过一些学者和大学生的积极努力才得到政府官员和广大市民的认可。就他们中的大多数而言，也许至今还不能完全理解这些工业遗迹中所包含的深刻人文内涵，这也正应了中国的一句古诗：“不识庐山真面目，只缘身在此山中。”

因此，中国学者在德国工业遗迹中能发现也许连德国学者自己都难发现的“金子”，本人通过认真研读二位老师的著作，初步认为以下几方面令人称道。

一、通过工业旅游让人们看到了工业化国家完善的制度和价值观

《面面观》之四——“有着教堂般工业建筑的措伦煤矿”这一集给了我们很大的

冲击。在我们以往的印象里会认为煤矿代表着肮脏、危险。而作者给我们呈现的又是什么样的画面呢？在这里我们看到了一片高大、庄重、混合着巴洛克、哥特和古罗马风格的建筑群，如果仅仅是根据这些典雅的建筑来判断，我们很难想象这是一个煤矿企业，反而感觉它一定是一个与文化息息相关的地方，但它确实是一个煤矿，建立于20世纪早期的措伦煤矿。为什么一个老煤矿的建筑会这样讲究？作者以其敏锐的眼光捕捉到一些关键的细节，并剖析了其所蕴涵的丰富内涵，也引导我们找到了答案。

比如，那个专门用来发工资的高大、宽敞、好似教堂一般庄严的建筑，一方面说明了煤矿企业对工人所付出的辛勤劳动的认同和尊重，这增强了工人对企业的归属感；同时又体现了企业家（以至于整个统治阶级）的一种思想和制度的设置——工作是神圣的，干好工作，成为一个可靠的人是一种光荣。我国政府和媒体现在正探讨建立信用社会，其实这件事情是要落实到每一个企业的，措伦煤矿的案例值得我们研究。另一方面，这里也是大家进行交流的一个公共空间，在这个空间领工资的同时也让大家的心灵（在煤神画像前）得到慰藉，并在相互交流中舒缓紧张与疲劳。领钱是物质上的满足，但他们还需要精神上的满足。

刘会远老师抓拍的一张照片很有震撼力：有两个穿着过去矿工的工作服、满脸煤黑但昂首挺胸走出矿区的孩子充分说明了劳动神圣、光荣的传统价值观在德国下一代身上延续着。但是在中国对体力劳动（特别是恶劣条件下的体力劳动）鄙视的传统又呈抬头之势，谁要是组织少年儿童下煤矿参观，恐怕很难有家长响应，反而看到满脸煤黑的矿工走过，家长却很可能跟孩子说："你要是不好好念书，将来就是这样！"这也体现了中外劳动观念的差别，它告诉我们必须摒弃那种只尊重脑力劳动而不尊重体力劳动的狭隘、错误的价值观。在新中国成立初期的五六十年代，劳动并未分高低贵贱，由于"左"的思潮影响，体力劳动者有更强的国家主人翁感，脑力劳动者中的相当一部分却要在一次次政治运动中改造思想。改革开放后进行"左"的思潮的清理，出现了一种矫枉过正的现象，旧社会剥削阶级鄙视体力劳动者的价值观又死灰复燃，这不利于我国社会主义精神文明的建设，而且也会影响到我国从工业化的中级阶段向高级阶段发展的进程。目前我国年轻人不愿意读技校、中专，更羞于当学徒工，致使我国工矿企业严重缺乏技术工人。这已成为影响国家命运的很不好的兆头。在这种情形下，让我们看看德国措伦煤矿（已成为博物馆和工业旅游目的地）又能给我们些什么启示呢？我很粗浅地总结出下面几点。

1. 在企业层面体现了国家的人文精神，它不仅在那个时代为德国工业化的高速发展做出了巨大贡献，而且百年后的今天虽然它不再出产原煤，但它却成了时代精神和文化的载体，完成了从物质贡献到精神贡献的转变。

2. 工业景观是历史的缩影。措伦煤矿曾是一个很有影响的煤矿，它的独特工业景观反映了德国工业化的过程和特色，从这个角度讲可以说它是德国工业化的一个缩影。正因为如此，德国把这个有代表性的工业遗产保护起来，直到今天成为了教育后代的活教材。

3. 职业精神或劳动伦理的体现。对此韦伯有关新教伦理的论述谈得比较清楚[1]，韦伯说的资本主义精神基本上从主观层面来讲每个人要克己、勤俭，以劳动为光荣。但是资本主义的发展关键还需要一个制度上的保障。德国作为一个后起的资本主义国家，吸取了英国资本主义原始积累时期造成社会动荡的教训，建立了一套社会保障制度。这套制度上的建立，促使了德国人对这种所谓最艰苦的劳动不会产生太大的抵触情绪。制度保障与精神说教互相配合产生了很好的作用。

当人类从农业社会进入到工业社会时，从工作或职业的角度讲，企业就成了社会的基本组成单元，企业文化是社会文化的重要组成部分和直接体现。企业在进行经济行为的同时，也在用它的价值观和人性化的制度去约束和影响员工的行为，此时企业扮演了对个人进行继续教育的角色，承担了一部分社会责任，从这一角度讲，企业无形之中起到了对人的教化的作用。我国现在已把建设和谐社会作为发展目标，但我们不能仅仅依靠法律去制约企业（制定法律的人总是认为，企业以获取最大利润为最大目标，常常损害工人和消费者利益）而忽视了企业和整个社会的文化建设。德国的措伦煤矿提醒我们，要想成为真正的世界工厂，就应该学习西方国家的经营哲学和理念，学习、借鉴它们成熟的人性化制度[2]。

20世纪90年代中期，何厚铧先生和澳门经济学会曾委托深圳大学区域经济研究所研究世纪末澳门回归后的经济发展战略，刘会远老师等主持完成了这一课题，在编辑出版（体现这一成果的）《澳门与中国的对外开放》一书时，刘老师特意将“中学西传、西学东渐和中国文化的现代性转型”这篇看来与经济无关的长文编入该书作为附件。其目的是强调人文环境也是经济发展的重要因素。当年利玛窦等通过澳门进入中国的传教士身在中国，而其影响或许在欧洲更大一些。因为他们寄往欧洲的信件，以及他们翻译过去的文学作品，给伏尔泰和其他许多反对教会的欧洲启蒙思想家提供了一些世俗文化的范例，最终形成了他们自己的思想体系。而哲学家莱布尼茨汲取中国儒家的哲学思想，开创了德国古典思辨哲学。这样的例子还有很多，可见西方人曾经全面、系统、认真地研究过我们的传统并吸收了其中合理的东西。而反观我们自己呢？那个时候已开始的“西学东渐”就步履维艰，蹒跚前进。直到今天我们依然没有在东西方文化的交流中完成中国文化的现代性转型。了解了这个背景，读者们对刘老师等深入探寻德国工业景观中的人文价值就不难理解了[3]。

二、对“技术集成”和“工艺圈”的培养及保护，也有技术哲学层面和社会科学方面的重要意义

从技术和工艺的角度来看待工业遗产旅游也是非比寻常的。人和动物的最主要区别之一就是人能制造工具，在考古工作中一块不起眼的石块（经过人工打磨的石器）可以判断当时人类的制造技术水平，通常我们也是通过考古出土的各种器物来推断那个时代人类的技术、生活及文化发展水平。这些器物是那个时代技术和工艺的高度集合，集中体现了当时社会的科学技术水平。从远古人类手中的石块、陶罐到今天的飞机、轮船，人类的制造水平已经今非昔比。这一切变化不仅说明了人类技术的巨大进步，同时也说明了技术和工艺的积累让人类不断超越自身，由这种积累而产生的技术进步不断推动着人类社会向前发展。尤其到了近代，技术和工艺的发展大大加快，人类社会的发展也是一日千里，技术上的进步深刻地改变了人类的生产和生活方式。

为什么要强调这些？从技术和工艺的角度分析，有代表性工业遗产是工业文明在技术和工艺上的最集中体现，代表着多层次的技术体系，也是一个国家在不断追求技术进步的见证。众所周知，技术和工艺水平的高低是衡量一个国家综合实力的重要指标。例如，中国在大力发展航天业，航天工业集中了冶金、机械、化工、材料等众多学科的技术，代表了国家技术和工艺上的最高水平。但是，这些工艺和技术不是短期内所能获得的，需要长期的积累。在德国被保护的有代表性的工业遗产中，常常各种工业设备的放置是坚持“原真性”原则，按照它原有的工艺流程进行摆放的，而且能够感受到他们向后代传输技术知识是多么的煞费苦心。比如大众汽车城中特制的一个巨大引擎（详见《面面观（十）》）孩子们可以钻进其中，领略汽缸运作的奥秘。这种对少年儿童技术知识的不遗余力地培养已成为德国的一种文化，中国正努力提倡技术创新，开发自主技术，但是如果不注重对原有技术设备的保护利用，没有了基础，新技术从何而来？在日本人丸山伸郎所著的《中国工业化与产业技术进步》一书中指出，日本

工业发展的秘诀是从明治时代起就不断进行始于棉纺业的技术积累，战后按基础产业—— 机械装配业—— 高技术产业的次序向前关联发展[4]。而我国许多部门和企业却往往依赖进口成套设备，不重视在自己技术积累的基础上逐步更新并掌握自主知识产权，这种认识上的差距是我国对工业遗产保护不力的根本原因之一，我们有必要从技术哲学以及培养国家综合国力的高度来认真反思这一问题[5]。

三、开展“工业旅游”需要重视它的渊源并多学科合作

“工业旅游”这个词是个舶来品，中国开展工业旅游是近几年的事，可以说绝大多数中国企业或地方政府在开展工业旅游时主要基于两点考虑：一是经济利益，二是宣传自我。但是我们必须清楚，在西方的老牌工业化国家“工业旅游”的形成并不是一蹴而就的，而是经历了一个曲折漫长的过程，也就是说要深入探寻工业旅游的真正起源和它涉及的学科范围。李蕾蕾老师是国内最早探寻“工业旅游”源头的学者，她在《世界地理研究》杂志撰文指出：工业旅游起源于发生工业革命最早的国家——英国，英国经历了由工业考古—工业遗产保护—工业旅游的80年左右的渐进过程。19世纪末的英国，部分有识之士开始对其在早期工业革命时的一些遗址进行有意识的发掘和记录。在他们看来，这是工业革命留下的宝贵历史文物，像农业文明的历史文物一样具有不可估量的历史价值。开始的记录和保护范围仅仅局限于采矿业、机械制造业等少数领域，后来逐渐扩展到工业革命时的所有领域，而且还涵盖了厂房、宿舍、食堂等这样的功能性建筑以及整个工业区。正是这种渐进式的发掘、记录和保护使英国人树立了“工业遗产”的意识，以后又通过在工业遗迹原址建立大量的博物馆对文物进一步保护和展出，最终产生了工业遗产旅游的概念[6]。

英国进行工业旅游的出发点是保护工业历史遗迹，一般称它为狭义的工业旅游。而中国基本上是在开展广义的工业旅游——工厂观光游，这也就更偏重经济效益却忽视更重要的社会人文效益，由此带来的后果就是中国不注重工业遗迹的保护。上海市政府在筹办市博的最初规划中竟然要拆除江南造船厂为世界博览会会址腾地方。稍有些中国近代史知识的人都知道，江南造船厂（前身江南制造总局）乃是洋务运动时李鸿章亲手创办的工业企业之一，代表着中国当时的工业技术水平，那可是我们国家为数不多的有着百年历史的工业遗迹，它记录了中国工业化开始时期的艰难足迹。如果对其进行积极的保护，至少它应该成为一处很好的爱国主义教育基地，对年轻一代的教育和警示作用是不言而喻的。《现代城市研究》2004年第5期深大研究生唐修俊

文对上海拆江南造船厂办世博提出质疑，之后得到了社会广泛响应，政府接受了人们的建议，使这一重要的工业遗产得到了保留[7]。

在《面面观（七）》中，作者向我们描绘了在旧的工业厂房中，一支现代派乐队演出的情况。乐手们个性张扬的演出显然代表了人们对工业化时代一切都是标准化的一种反叛，但这种反叛也是工业化的产物，所以放在旧厂房中演出非常贴切。从中我们也可以感到历史前进的步伐，感受到现代音乐对强烈依赖创新意识的信息产业的催生。利用旧厂房进行现代派艺术演出，在西方已成为一种潮流，值得我们借鉴。

另外，工业旅游会给游客带来多学科方面的知识并体验现场的震撼性感受。也就是说，研究、规划和开展工业旅游需要多门类学科知识的综合，以及对现场各种资源进行实地调查研究和富有创意的整合才能有效地进行，广大学者在进行这类研究时，不但需要旅游、工业技术、经济方面的知识，也更需要有人文、地理、历史、建筑、美学等知识的积累和努力获取第一手资料的精神，否则将是不全面或肤浅的，更会对广大读者产生误导。在这里我冒昧地以一个年轻学者的身份呼吁广大工业旅游学术界的同仁，在进行工业旅游研究时，一定要用严谨务实的态度和亲赴现场的实地研究精神来开拓出中国工业旅游的一片新天地。

四、文章为我们呈现了德国企业的品牌文化建设和创新能力培养

在《面面观（九）》中，作者向我们介绍的不是工业遗产而是活着的常青工业——汽车工业，汽车工业的发展也正是集历史、现在、未来于一体的汽车文明的体现。我们所看到的大众汽车城代表了汽车文明的发展，逐渐成为了具有世界性标志意义的工业旅游中心。可以说，大众汽车城包括它的展览馆和博物馆对企业自身甚至国家的发展都是非比寻常的。

首先，世界上著名的跨国汽车公司都有自己的汽车城和展览馆。一方面这有助于企业的品牌建设，在消费者中间树立自己的品牌形象，从而促进它的汽车销售。像这些百年历史的汽车企业，人员的更换连续不断，新进入的员工和管理层必须要借鉴以往的经验教训，使其更适应于企业内部发展建设的需要。另一方面，这种汽车文化会有力地推动当地经济、旅游等方面的发展，它是企业文化的一种体现，能把企业的一些管理的理念、技术理念和它生产的实际情况展示在消费者面前。让买车的人感觉它这个厂管理如此的井井有条，也在告诉消费者它是一个百年老店，它是非常有信誉的一个企业，因此它的产品在社会上肯定是能站住脚的。

其次，这里的汽车城和国内的许多纯粹搞销售的、以经济效益为目标的汽车城是大不一样的，它是品牌的展示、历史的展示，有丰富的文化内涵。这也是我们国家的汽车企业应该向大的跨国汽车公司学习的地方，汽车城代表了它的文化，这种文化可以传承历史，推动未来。它通过这样的推广形式把人们吸引过来，使人们能够亲眼看到它的产品、生产、管理甚至各个环节，同时给人们创造了休闲、娱乐、学习的良好环境，让买车成为一种享受，从而引导人们的消费，在消费者心目中牢固树立起品牌认知度。这是汽车企业的一种经营理念。

大众汽车城里还向参观者提供设计“概念车”的电脑，当设计者最后通过彩色打印机打印出漂亮的汽车图像时常常兴奋得手舞足蹈。许多人认为大众汽车城提供这项服务表现得很大气。清华大学汽车研究所所长、汽车安全与节能国家重点实验室的副主任陈全世教授却指出，类似的项目其他汽车厂博物馆里也有，这其实是一种非常高明的测试消费者偏好，甚至吸收其创作灵感的高招！比如一群高中生设计了一批概念车，而厂家捕捉到了他们的偏好并吸收到设计中，两三年后生产出的新车型可能正符合刚在社会上能自立的这批青年消费者的需要[8]。

从这里可以看出，汽车城这种模式是一种创新。它把文化的、历史的、经济的、技术的等等因素结合在一块，这是集成创新。在这个大众汽车城里，这种集成创新不是一种纯技术的创新集成，就像可以把几个技术压缩然后开发出一个新产品。而它是一个多元化的、丰富的、包含了文化（还有教育）的这样一个创新，这种创新模式对我国企业有非常大的借鉴作用。

五、在德国工业旅游对我国的借鉴意义方面开启了一扇大门

刘会远、李蕾蕾二位老师由德国开始对发达国家工业旅游的研究，可以说是用心良苦。古代日耳曼人原是一个落后的民族，德国在经历了漫长的落后岁月以后走向先进（而我国却一度从先进走向了落后挨打），其中的奥秘很值得我们探究。从某种程度上可以说在德国考察工业遗迹、进行工业旅游就是在探寻这个奥秘。我想这其中的奥秘之一就是德国早期的工业企业造就了大批经过良好专业培训，有很好的职业道德和专业精神并有严格组织纪律性的产业工人。现在，德国进入了后工业化时期，产业工人的比例在大幅缩减，但上述特点已成为民族精神，并成为信息化时代发展创新产业的动力。

德国工业旅游的发展日臻成熟，但也经历了像英国一样的艰难、曲折之路。中国

在这方面处于德国当年所面临的境况，德国人的这种示范效应是很明显的，在工业遗产保护和开发方面我们可以参照德国，德国对工业遗产的有意识保护和合理开发的具体做法是非常值得我们借鉴的。像鲁尔工业区工业遗产旅游的一体化开发，出台了比较系统的工业旅游资源开发方案，把所有的工业旅游景点串联起来，形成了一条有特色的工业遗产旅游路线（见《面面观（九）》）。中国有些地方具备了类似的条件，如果能由政府牵头统一综合规划和开发，一定能打造出具有中国特色的工业遗产旅游路线。

开展工业旅游特别是工业遗产旅游应该以社会效益为主兼顾经济效益，否则就可能舍本逐末，工业遗迹代表着工业文明的历史，是技术的综合体，这些都是无价的。我们必须意识到保护有代表性工业遗迹实际上也是对中国工业文明的保护。中国正处在工业化的中期，迟早也会像德国一样进入到逆工业化时代。到那个时候我们回过头来看今天所做的一切是如此的有价值，因为我们在用工业遗迹记录中国工业文明过去的存在和它的辉煌历史，它们是书写工业文明史最好的教科书，我们不能让后人对工业文明的认识停留在课本上、图片里或每个人的想象中。

综上所述，我感到旅游科学是一门多学科交叉的学科，现在为适应旅游业蓬勃发展的需要，许多中专（含职业中学）、大专学校开辟了旅游课程。但我感到综合性大学更有条件进行旅游科学（特别是工业旅游方面）的深入研究。我为自己能在深圳大学这所综合性大学里完成硕士研究生学业，并得到刘会远、李蕾蕾二位老师的指导而感到荣幸。

参考文献

[1]马克斯•韦伯著，彭强等译：《新教伦理与资本主义精神》，陕西师范大学出版社，2002年。

[2]刘会远、李蕾蕾："德国工业旅游面面观"，《现代城市研究》，2004年第1—12期。

[3]刘会远、刘志强、李梦梅主编：《澳门与中国的对外开放》，河海大学出版社，2000年。

[4]丸山伸郎著，高志前译：《中国工业化与产业技术进步》，中国人民大学出版社，1992年。

[5]刘会远："也谈造城运动（二）——就广义的文化遗产保护事业与冯骥才商榷"，《现代城市研究》，2004年第4期。

[6]李蕾蕾："逆工业化与工业遗产旅游开发：德国鲁尔区的实践过程与开发模式"，《世界地理研究》，2002年第9期。

[7]唐修俊："对上海拆江南造船厂（办世博）及北京第一机床厂被拆除的质疑"，《现代城市研究》，2004年第5期。

[8]电视系列专题片《德国工业旅游》学术交流版之专家点评注3。